"十四五"普通高等教育系列教材

模拟电子技术基础

主编 张志恒

编写 逯 暄 苏晋荣

主审 李月乔

中国电力出版社

CHINA ELECTRIC POWER PRESS

内 容 提 要

本书为"十四五"普通高等教育系列教材。

本书共分十章,主要内容包括半导体元器件基础、基本放大电路、放大电路的频率响应、集成运算放大器、放大电路中的负反馈、集成运算放大器的线性应用、集成运算放大器的非线性应用、正弦波振荡电路、功率放大电路和直流电源。本书在选材和内容编排上力求体现模拟电子技术与工程实践的紧密联系,每章都有典型器件和电路的 Proteus 仿真实例,突出其工程技术属性。为了帮助读者加深对课堂教学内容的理解,每章后均附有小结和习题。

本书主要作为普通高等院校电气信息类专业教材,也可作为高职高专相关专业教材,同时还可供从事电子技术工作的工程技术人员参考。

图书在版编目(CIP)数据

模拟电子技术基础/张志恒主编 . —北京:中国电力出版社,2021.8(2022.6 重印)

"十四五"普通高等教育系列教材

ISBN 978 - 7 - 5198 - 5611 - 3

Ⅰ.①模… Ⅱ.①张… Ⅲ.①模拟电路—电子技术—高等学校—教材 Ⅳ.①TN710

中国版本图书馆 CIP 数据核字(2021)第 083026 号

出版发行:中国电力出版社

地　　址:北京市东城区北京站西街 19 号(邮政编码 100005)

网　　址:http://www.cepp.sgcc.com.cn

责任编辑:乔　莉(010 - 63412535)

责任校对:王小鹏

装帧设计:郝晓燕

责任印制:吴　迪

印　　刷:北京天宇星印刷厂

版　　次:2021 年 8 月第一版

印　　次:2022 年 6 月北京第二次印刷

开　　本:787 毫米×1092 毫米　16 开本

印　　张:17.25

字　　数:414 千字

定　　价:56.00 元

前　　言

　　模拟电子技术基础是电力、电子、自动化等学科的一门重要的专业基础课，主要讲授各种模拟电子器件的特性、电路及应用。本书是作者根据多年的教学实践经验编写而成，本书注重基本概念、电路工作原理与基本分析方法的阐述，侧重物理概念的理解，并联系实际的工程应用，以阐明电子技术中的基本原理和基本规律。

　　本书共十章。第一章为半导体元器件基础，主要介绍半导体分立元件；第二章介绍基本放大电路，是模拟电子技术的重点内容之一；第三章是放大电路的频率响应；第四章介绍集成运算放大器的组成单元和运放实例；第五章介绍放大电路中的负反馈；第六章和第七章分别介绍集成运算放大器的线性应用和非线性应用；第八章为正弦波振荡电路；第九章介绍功率放大电路；最后在第十章介绍常用的直流电源电路。在每章的最后一节，采用 Proteus 软件对本章的重点电路之一进行虚拟仿真练习，可加深学生对知识的理解。各章附有小结，方便学生梳理和总结知识点，再通过思考题与习题加强练习，巩固和熟练所学内容。

　　本书由山西大学张志恒主编，其中第一、十章由山西大学张志恒编写，第二至五章由山西大学苏晋荣编写，第六至九章由山西大学逯暄编写。本书由华北电力大学李月乔主审，对本书提出了详细的修改意见，在此表示衷心感谢。

　　限于编者水平，书中难免有不妥和错误之处，敬请读者批评指正。

编者
2021 年 4 月

本书所用符号说明

一、基本符号

V　直流电源

u、U　电压

i、I　电流

p、P　功率

η　效率

r、R　电阻

L　电感

C　电容

M　互感

X　电抗

Z　阻抗

g　电导

A　放大倍数

F　反馈系数

f　频率

t　时间

ω　角频率

K　绝对温度

T　温度、周期、变压器

Q　静态工作点

VD　二极管

VT　三极管

G　石英晶体

二、电压、电流、电源电动势

$u(i)$　（下标小写）交流电压（电流）瞬时值

$U(I)$　（下标大写）直流电压（电流）值

$u(i)$　（下标大写）含有直流的电压（电流）瞬时值

$U(I)$　（下标小写）正弦交流电压（电流）有效值

$\dot{U}(\dot{I})$　正弦交流电压（电流）相量

V_{BB}　基极电源电压

V_{CC}　集电极电源电压

V_{EE}　发射极电源电压

V_{GG}　栅极电源电压

V_{DD}　漏极电源电压

V_{SS} 源极电源电压

U_{BEQ} 基极—发射极的静态电压

$U_i(I_i)$ 输入电压(电流)

$U_o(I_o)$ 输出电压(电流)

$U_s(I_s)$ 信号源电压(电流)

$U_f(I_f)$ 反馈电压(电流)

$U_d(I_d)$ 净输入电压(电流)

$U_+(I_+)$ 集成运放同相输入端的电压(电流)

$U_-(I_-)$ 集成运放反相输入端的电压(电流)

$U_{o(AV)}$ 输出电压平均值

U_{om} 最大输出电压

U_{REF} 参考电压

U_T 温度的电压当量

I_{BQ} 基极静态电流

I_{REF} 基准电流

三、电阻

R 电路中外接电阻、电路的等效电阻

r 器件的等效电阻

R_s 信号源内阻

R_L 负载电阻

R_o 输出电阻

R_{if} 有反馈时电路的输入电阻

R_{of} 有反馈时电路的输出电阻

四、放大倍数

$\dot{A}_u$ 电压放大倍数

$\dot{A}_{us}$ 源电压放大倍数

$\dot{A}_i$ 电流放大倍数

$\dot{A}_R$ 互阻放大倍数

$\dot{A}_G$ 互导放大倍数

$\dot{A}_f$ 闭环放大倍数

$\dot{A}_{uf}$ 闭环电压放大倍数

A_m 中频放大倍数

A_{um} 中频电压放大倍数

A_L 低频放大倍数

A_H 高频放大倍数

A_d 差模电压放大倍数

A_c 共模电压放大倍数

五、功率

P_{OM}　最大输出功率

P_V　电源提供的功率

六、频率

f_L　下限频率

f_H　上限频率

f_{Lf}　有反馈时放大电路的下限频率

f_{Hf}　有反馈时放大电路的上限频率

BW　通频带

BW_f　有反馈时放大电路的通频带

f_0　回路固有振荡频率

七、有关器件参数符号

1. 二极管

I_p　空穴电流

I_n　自由电子电流

I_R　反向电流

U_F　正向电压

U_{th}　门槛电压、死区电压

U_{BR}　反向击穿电压

i_D　二极管电流

u_D　二极管两端的外加电压

I_S　二极管的反向饱和电流

I_F　最大整流电流

U_R　最高反向工作电压

U_S　稳压管稳定电压

I_S　稳压管稳定电流

P_M　稳压管最大耗散功率

r_S　稳压管动态电阻

2. 晶体三极管（BJT）

b　基极

c　集电极

e　发射极

I_B　基极电流

I_C　集电极电流

I_E　发射极电流

U_{BE}　基极与发射极间电压

U_{CE}　集电极与发射极间电压

α　共基交流电流放大系数

β　共射交流电流放大系数

$\bar{\alpha}$　共基直流电流放大系数

$\bar{\beta}$　共射直流电流放大系数

I_{CBO}　集电极—基极反向饱和电流

I_{CEO}　集电极—发射极反向饱和电流（穿透电流）

I_{CM}　集电极最大允许电流

BV_{CEO}　基极开路时，集电极与发射极之间的反向击穿电压

BV_{CER}　b-e之间接一电阻时的集电极和发射极之间的反向击穿电压

BV_{CES}　短接b-e时的集电极与发射极之间的反向击穿电压

P_{CM}　最大允许集电极耗散功率

$r_{bb'}$　基区体电阻

$r_{b'e}$　发射结动态电阻

r_{be}　等效电阻

f_{β}　共射截止频率

f_{α}　共基截止频率

f_T　特征频率

3. 场效应三极管（FET）

g　栅极

d　漏极

s　源极

U_T　增强型FET开启电压

U_P　耗尽型FET夹断电压

I_D　漏极电流

U_{GS}　栅源电压

U_{DS}　漏源电压

I_{DSS}　漏极饱和电流

BV_{DS}　最大漏源电压

BV_{GS}　最大栅源电压

R_{GS}　JFET直流输入电阻

g_m　低频跨导（互导）

r_d　FET输出电阻

r_{gs}　栅源之间输入电阻

r_{ds}　漏极输出电阻

4. 集成运放

A_{od}　开环差模电压增益

K_{CMR}　共模抑制比

R_{id}　差模输入电阻

U_{io}　输入失调电压

α_{Uio}　输入失调电压温漂

I_{io}　输入失调电流

α_{Iio} 输入失调电流温漂

I_{iB} 输入偏置电流

U_{icm} 最大共模输入电压

U_{idm} 最大差模输入电压

BW_G 单位增益带宽

S_R 转换速率

八、其他符号

γ 非线性失真系数

K 波耳兹曼常数

Q 一个电子的电荷量

《目录》

目　录

目　录

第一章 半导体元器件基础

半导体元器件是模拟电路和数字电路、集成电路和分立元件电路等各种电子电路的基本元器件。本章将介绍半导体基本知识，包括半导体二极管、双极型三极管和场效应三极管的物理结构、工作原理、特性曲线和主要参数。同时，对广泛使用的稳压二极管、发光二极管也做简要介绍。

第一节 半导体基本知识

一、半导体材料

电阻率是衡量物质导电能力的重要指标，导体的电阻率小于 $10^{-4}\,\Omega cm$，绝缘体的电阻率大于 $10^{10}\,\Omega cm$，而**半导体**是导电能力介于导体和绝缘体之间的物质。常用的半导体材料有硅（Silicon，元素符号 Si）、锗（Germanium，元素符号 Ge）和化合物半导体，化合物半导体包括砷化镓（GaAs）、磷化铟（InP）、磷化镓（GaP）等。其中，硅目前应用较广泛。

半导体材料具有热敏性、光敏性、杂敏性等特性，其导电能力随温度的升高，光照的增强、掺入杂质元素的增加等因素而增加。例如，当温度从 20℃增加到 30℃时，硅的电阻率会减小一半，而导体或绝缘体即使温度增加到 100℃，电阻率也不会有太大变化。人们利用这些特性，制造出各种半导体器件。下面介绍半导体材料的导电机理，以便深入了解半导体器件。

半导体的导电能力取决于其原子结构。以硅为例，硅的原子序数是 14，有 14 个核外电子围绕原子核旋转，其排布规律为 2、8、4，在最外层的 4 个电子称为价电子（四价元素）。由于物质的化学性质取决于价电子，所以在以后的讨论中采用其原子结构简化模型，将原子核和除最外层电子外的核外电子合并表示，带电量为 +4。图 1.1 所示为硅原子结构简化模型。锗的原子序数是 32，核外电子排布为 2、8、18、4。显然也可以采用与硅相同的简化模型表示。

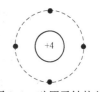

图 1.1 硅原子结构的简化模型

当大量的硅原子形成晶体结构时，相邻原子之间价电子共用，形成稳定结构。这种价电子作为共用电子对而形成的相互作用即为共价键。每一个硅原子周围都有四个硅原子因共价键而紧密结合，形成一个三维空间立体结构，其平面示意图如图 1.2 所示。

二、本征半导体

本征半导体是指纯净的、结构完整的半导体晶体。在热力学零度和没有外界影响时，本征半导体的价电子均束缚在共价键中，不存在自由电子，此

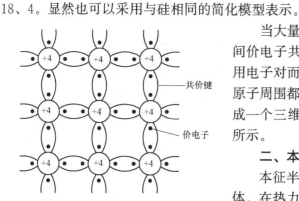

图 1.2 硅晶体的结构（平面示意图）

时本征半导体不导电。当温度升高或受到光线照射时，会有一些价电子获得足够的能量来摆脱共价键的束缚，成为自由电子，同时，在共价键中留下相同数量的空位，该现象称为本征激发或热激发，如图 1.3 所示。此时，相邻原子的价电子会很容易的转移过来填补这个空位，使该原子重新变成电中性，但相邻提供价电子的原子会变成正离子。该过程持续下去，就相当于一个空位在晶体中移动。为讨论方便，人们把空位看成是一种可移动的、带正电的**载流子**，称为**空穴**。本征激发会在半导体内产生两种载流子：**自由电子**和**空穴**，两者带电量相同而极性相反，均可移动，且成对出现。

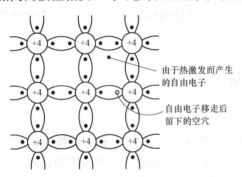

由于热激发而产生的自由电子

自由电子移走后留下的空穴

图 1.3 本征激发（自由电子—空穴对的产生）

热激发产生的自由电子和空穴在运动的过程中也会相遇，自由电子重新变为价电子，此时二者同时消失，这一现象称为**复合**。在热激发中产生自由电子—空穴对是价电子获得能量摆脱共价键束缚的过程，而复合则是自由电子释放出所获得的能量重新被共价键俘获的过程。

由于热激发产生的自由电子—空穴对的数量正好等于因复合而消失的数目，当温度一定时，自由电子和空穴对的浓度宏观上不再变化，称为此温度下的**热平衡浓度**。热平衡载流子浓度 n_i 与温度等因素有关，表达式为

$$n_i = AT^{\frac{3}{2}} e^{\frac{-E_{g0}}{2kT}} \tag{1.1}$$

式中：k 为波尔兹漫常数（8.63×10^{-5} eV/K $= 1.38 \times 10^{-23}$ J/K）；E_{g0} 为 -273℃时价电子摆脱共价键所需的能量，硅为 1.21eV，锗为 0.785eV；A 为常数，硅材料 $A = 3.88 \times 10^{16}$ cm^{-3}K$^{-3/2}$，锗材料 $A = 3.88 \times 10^{16}$ cm^{-3}K$^{-3/2}$。

由式（1.1）可知，当温度升高时，载流子浓度 n_i 会显著增加。

三、杂质半导体

在本征半导体中掺入杂质元素，会改变半导体的导电能力和导电类型，成为杂质半导体。根据掺入的是五价或三价元素，可以得到 N 型和 P 型两种类型的杂质半导体。

1. N 型半导体

在本征半导体中掺入五价元素磷（或为砷、锑），其五个价电子中有四个与相邻的硅原子组成共价键。还有一个价电子仅受磷原子核吸引，这种引力比共价键的化学结合力小得多，在室温下即可摆脱磷原子核的吸引变成自由电子，磷原子因丢失一个价电子而带正电，成为不能移动的**正离子**。由此可见，掺入五价元素可提供自由电子，所以称其为**施主元素**，电离后出现的正离子称为**施主离子**，如图 1.4 所示。

考虑到热激发所产生的自由电子—空穴对将使晶体中存有微量空穴，所以这种半导体中自由电子占多数，称之为**多数载流子**，简称多子。空穴数量少，称为**少数载流子**，简称少子。由于这

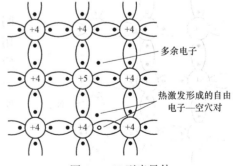

多余电子

热激发形成的自由电子—空穴对

图 1.4 N 型半导体

种特征，该杂质半导体称为**电子型半导体**或 N **型半导体**❶。

2. P 型半导体

在本征半导体中掺入微量三价元素硼（或为铟、铝），硼原子在嵌入硅晶体中时，只能提供三个价电子与相邻的四个硅原子中的三个组成共价键，从而形成一个空穴，而在其他硅原子附近运动的价电子可以很容易地过来填补这一空穴。硼原子因多了一个价电子成为不能移动的**负离子**，同时提供一个空穴。

在室温下，掺入的硼原子均可提供一个空穴，自己电离成负离子。同时半导体中原有热激发产生的微量自由电子—空穴对将使该半导体中有少量自由电子。因为掺入的三价元素会接受电子，故称三价元素为**受主元素**，电离后的负离子称为**受主离子**，如图 1.5 所示。这种半导体中，空穴是多子，自由电子是少子。导电时将以空穴电流为主，故将其称为**空穴型半导体**或 P **型半导体**。

在电中性的本征半导体中掺入电中性的杂质元素不会使整个晶体带电，所以杂质半导体也是电中性的。这一点可以从下面等式看出。

在 N 型半导体中：自由电子数＝空穴数＋正离子数。

在 P 型半导体中：空穴数＝自由电子数＋负离子数。

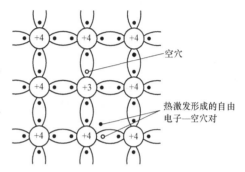

图 1.5　P 型半导体

四、PN 结及单向导电性

1. 载流子的运动方式

载流子在晶体内的运动方式有**扩散运动**、**漂移运动**和热运动。热运动是物质中的普遍现象，不在这里讨论。

扩散运动是由于浓度差，载流子由浓度高向浓度低方向的运动而引起的。扩散运动的动力是浓度差，浓度差越大，则扩散进行得越剧烈。因载流子扩散形成的电流叫**扩散电流**。

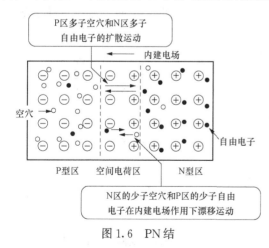

图 1.6　PN 结

漂移运动是指载流子在电场作用下做的定向运动。自由电子带负电荷，在电场力的作用下，它逆着电场方向运动；空穴带正电荷，它将顺着电场方向运动。漂移形成的电流称为**漂移电流**。

2. PN 结的形成

PN 结是半导体器件构成的基础，几乎所有半导体器件都是由不同数量和结构的 PN 结构成，如图 1.6 所示。在一块本征半导体上形成 P 型和 N 型半导体区域，其交界处就会形成载流子的浓度差，载流子在浓度差作用下

---

❶　N 型半导体的命名来自 Negative，因为自由电子带负电。同理 P 型半导体则因空穴带正电，故用 P（Positive）表示。

会引起多子的扩散运动,扩散运动结果会产生内电场,而内电场作用下又引起少子的漂移运动,同时内电场会阻尼扩散运动,两种运动方向相反,当多子扩散与少子漂移达到动态平衡时,空间电荷区(亦称为耗尽区)的电荷数量不再变化,PN结的宽度基本稳定下来,PN结就形成了。

3. PN结的单向导电性

所谓单向导电性是指PN结在外加电压的作用下,只允许通过单向电流。将PN结的P区接高电位,N区接低电位,称为加正向偏置电压,简称正偏;反之称为反偏。

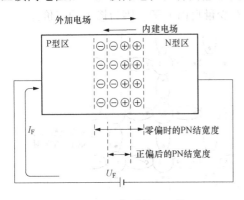

图1.7　正偏时的PN结

在图1.7中,将外加电压U_F的正端接P型区,负端接N型区,U_F所产生的外加电场与内建电场方向相反。这样的接法称为加正向偏置电压,PN结处于**正偏状态**。此时,PN结两端的电压降称为**正向偏置电压**,这个电压降分为三部分:P型区上的压降、PN结上的压降和N型区上的压降。其中,由于P型半导体和N型半导体的体电阻小,外加电压在这两个区域上的压降很小,而PN结内载流子都已经消耗尽,是一个高阻区,因此外加电压大部分降落在PN结上。在外加电场的作用下,P型区的多子空穴向N型区移动,进入空间电荷区与硼离子复合,N区多子自由电子向P型区移动,抵消空间电荷区的部分磷离子。空间电荷区中的正负电荷量减少,PN结将变窄。同时外加电场与内建电场的方向相反,削弱了空间电荷区的电场。这就减小了对多数载流子扩散的阻碍作用,因此两边多数载流子能够越过PN结扩散进入对方的数量大大增加。此时的扩散运动大于漂移运动,P区的空穴不断扩散到N区,N区的自由电子不断扩散到P区。PN结内的电流便由起主导作用的扩散电流所决定,在外电路形成一个流入P区的电流,称为**正向电流I_F**。此时的正向偏置电压约在$0.6\sim0.8V$(硅管)之间,正向电流是由多数载流子扩散形成的,是一个比较大的电流。当外加正向电压稍有增大时,PN结内电场将进一步被削弱,正向电流还将随之显著增加。这就是PN结的正向导通状态。

在图1.8中,将外加电压U_R的负端接P区,正端接N区,U_R产生的外加电场与内建电场方向相同。这种接法称为加反向偏置电压,PN结处于**反偏状态**,PN结两端的压降称为**反向偏置电压**。此时,外加电场与内建电场方向相同,这使得PN结内的总电场大大加强,P区的空穴和N区的自由电子将离开PN结,PN结将变宽。外加电场与内建电场叠加在一起,一方面将使P区和N区多数载流子的扩散变得极为困难,导致多子的扩散电流趋近于零。另一方面更有利于P区和N区的少数载流

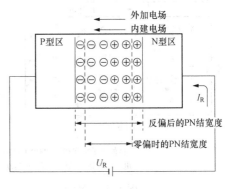

图1.8　反偏时的PN结

子的漂移运动。在这种情况下,PN结中的电流就是少子的漂移电流。宏观表现为外电路出现一个流入N区的反向电流I_R。这个电流主要是由少数载流子作漂移运动形成的,而少数

载流子的浓度很小，故 I_R 很小，一般为微安数量级以下。而且 I_R 与反向电压的大小关系不大，表现为当反向电压增大时，I_R 基本上保持恒定。所以又将 I_R 叫做**反向饱和电流**。

半导体中少子是由热激发产生的，当温度增加时，少子的数量增多，I_R 会随之增大。通过实验得知：温度每升高 12℃，硅材料 PN 结的 I_R 增加近一倍；温度每升高 8℃，锗材料 PN 结的 I_R 增加近一倍。工程上估算时常统一认为温度每升高 10℃ 时 I_R 增加一倍，即

$$I_R(T_2) = I_R(T_1) \times 2^{\frac{T_2-T_1}{10}} \tag{1.2}$$

4. PN 结电容

PN 结上电压大小变化时，PN 结内储存的电荷量也随之发生变化，这种电荷数量随外加电压而变的特点，说明 PN 结还具有一定的电容效应。这种 PN 结电容包括两部分，即**势垒电容和扩散电容**。

势垒电容来源于 PN 结内空间电荷区的电荷数随外加电压的变化而变，空间电荷区又称为势垒区。例如，当外加反向电压增大时，空间电荷区变宽，电荷量增多，而当反向电压减小时，空间电荷区变窄，电荷量减少。当外加正向电压变化时，也有类似情况。这种 PN 结上外加电压改变时，电荷量也随之发生变化的现象，与普通电容的充放电过程相似。不同的是势垒电容不是一个常数，而是一个非线性电容。

扩散电容是由于多数载流子在扩散过程中的积累电荷量随外加正向电压而变这一现象引起的，PN 结正偏时，P 型区的空穴和 N 型区的自由电子扩散进入对方，并形成一定的浓度分布，离结近的地方浓度高，离结远的地方浓度低。也就是说，在 P 型区有自由电子的积累，在 N 型区有空穴的积累。当外加正向电压增大时，扩散运动增强，正向电流加大，就会有更多的多数载流子扩散到对方积累起来，以满足电流加大的要求。反之，若正向电压减小，则积累的电荷量就会减少。这个现象也与普通电容的充放电过程相似，这就是所谓的扩散电容效应。

PN 结电容的大小与其自身结构和工艺有关，一般为几皮法～几百皮法。由于结电容容量较小，在低频工作时，PN 结电容的影响可以忽略不计，但在工作频率较高的场合则必须考虑其影响，选择结电容小的管子，否则将失去单向导电性。

第二节 半导体二极管

一、半导体二极管概述

在 PN 结两端做上引线，并用不透光的管壳密封起来，就可以制成半导体二极管，管壳材料有金属、塑料、玻璃等。图 1.9（a）所示为几种常见的二极管的外形图，图 1.9（b）所示为二极管的电路符号，阳极 A（也叫正极）从 P 型区引出，阴极 K（也叫负极）从 N 型区引出。

图 1.9 二极管

（a）常见二极管的外形；（b）电路符号

二极管的类型有多种,按材料来分,有锗二极管和硅二极管。按功能来分,有整流二极管、检波二极管、稳压二极管、发光二极管、开关二极管、光敏二极管、恒流二极管、变容二极管等。按结构来分,有点接触型和面接触型两类,如图1.10所示。点接触型二极管的PN结结面积很小,不能流过较大的电流,但它的结电容也很小,适用于工作频率高的场合,如收音机中的检波电路、脉冲数字电路中的开关元件等,也可以作高频小电流整流。面接触型二极管因结面积较大,可以通过较大的电流,但其结电容也较大,只适用于工作频率较低的场合,如整流电路。2AP7是国产锗材料点接触型检波二极管,它的最大整流电流为12mA,最高工作频率为150MHz。2CZ54是国产硅材料面接触型整流二极管,它的最大整流电流为500mA,最高工作频率为3kHz。

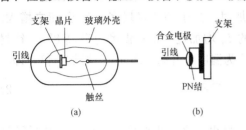

图1.10　二极管的类型
(a) 点接触型;(b) 面接触型

在二极管外壳上除印有其型号外,还标注管脚极性。例如,在外壳印上二极管的符号,或在二极管阴极一侧印一色圈(一般塑料封装印白色、玻璃封装印黑色)。在无法辨认或不知其含义的情况下,可用万用表的欧姆挡来判断管脚极性。

二、二极管的特性曲线

二极管的电流随外加偏置电压的变化规律以曲线形式描绘出来就是其伏安特性曲线。图1.11所示为硅二极管的伏安特性曲线。

1. 正向特性

二极管正偏时,其电压和电流为正向电压和正向电流,特性曲线在第一象限。此时,二极管两端的正向压降只有零点几伏,但流过的电流较大,且正向电压稍有增加时,电流会增加得很快,其特性曲线为一条随正向电压的增加,电流迅速增大的曲线,这是二极管的**正向导通状态**。

在正向特性的起始部分,由于外加正向电压较小,外加电场还不足以对空间电荷区的电场强度产生明显的抵消作用,此时的正向电流几乎为零,PN结呈现为一个大电阻,不能导电。当正向电压超过某一数值后,正向电流才明显增大。这一数值通常称为"**门槛电压**"或"**死区电压**",用U_{th}表示。硅材料二极管的U_{th}约为0.5V,锗材料二极管约为0.1V。

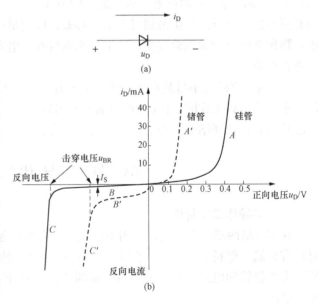

图1.11　二极管的伏安特性
(a) 参考方向的约定;(b) 二极管的伏安特性

2. 反向特性

二极管反偏时,其特性曲线是一条与横轴接近且近似平行的直线,表示流过二极管的电流是反向饱和电流，方向与正向电流相反，其值很小且基本上不随反向电压而变。这是二极管的**反向截止状态**。

3. 反向击穿特性

如果使反向电压继续增大，当超过 U_{BR} 后，曲线突然向下弯曲，反向电流急剧变大，这种现象称为**击穿**，U_{BR} 叫做**反向击穿电压**。这种 PN 结的击穿，包括**雪崩击穿**和**齐纳击穿**。这类击穿会导致反向电流猛增，PN 结消耗功率过大，使 PN 结因温度升高而烧毁。所以，除了专门制造的供稳压用的稳压二极管外，要严格注意可能出现在 PN 结两端的最大反向电压，不能超过产品技术手册中给出的最高反向工作电压。

二极管的伏安特性可近似表达为

$$i_D = I_S(e^{u_D/U_T} - 1) \qquad (1.3)$$

式中：i_D 是通过二极管的电流；u_D 是二极管两端的外加电压；I_S 是二极管的反向饱和电流；U_T 是温度的电压当量，$U_T = \dfrac{kT}{q} = \dfrac{1.38 \times 10^{-23} \times T}{1.6 \times 10^{-19}}$；$k$ 是波耳兹曼常数，$k = 1.38 \times 10^{-23}$ J/K；q 为一个电子的电荷量 $q = 1.6 \times 10^{-19}$ C；T 为热力学温度，在室温约 27℃ 时，$T = 300$ K，此时的 $U_T \approx 26$ mV。

当二极管正向偏置时两端的正向电压范围为 $0.6 \sim 0.8$ V，满足 $u_D \gg U_T$，则式（1.3）中的 $e^{u_D/U_T} \gg 1$，所以 $i_D \approx I_S e^{u_D/U_T}$，说明正偏时电流 i_D 与电压 u_D 基本上是指数关系。如果给二极管加反向电压，即 $u_D < 0$ 且 $|u_D| \gg U_T$，则 $i_D \approx -I_S$。即反偏时二极管中的电流为反向饱和电流。

三、二极管的主要参数

1. 最大整流电流 I_F

二极管长期运行时，允许通过的最大正向平均电流即为**最大整流电流**。其值与 PN 结面积及外部散热条件等有关，点接触型二极管的最大整流电流在几十毫安以下，面接触型二极管的最大整流电流较大。因为电流流过 PN 结会引起管子发热，电流过大，温度超过限度，就会烧毁 PN 结，所以 I_F 的数值是由二极管允许的温升所限定。使用时，通过管子的平均电流不得超过此值。

2. 最高反向工作电压 U_{RM}

最高反向工作电压 U_{RM} 是指工作时加在二极管两端的反向电压最大值。为确保管子安全运行，一般器件手册上给出的最高反向工作电压约为击穿电压 U_{BR} 的一半。

3. 反向电流 I_R

在室温条件下，在二极管两端加上规定的反向电压时，流过二极管的反向电流。其值越小，单向导电性就越好。由于反向电流由少子形成，温度升高，I_R 会明显增大，所以使用二极管时要注意这一点。

4. 最高工作频率

当频率过高时，PN 结的电容效应将使 PN 结的单向导电性变劣，最高工作频率是指二极管两端电压变化频率的最大值。结电容小的二极管，最高工作频率比较高。

表 1.1～1.3 列出了一些常见二极管的参数。

表 1.1　　　　　　　　　　　　　　**2AP 型检波二极管（点接触锗管）**

参数\型号	最大整流电流（mA）	最高反向工作电压（V）（峰值）	反向击穿电压（V）（反向电流为 $400\mu A$ 时）	正向电流（mV）（正向电压为 0.5V）	最高工作频率（MHz）	用途
2AP1	16	20	≥ 40	≥ 2.5	150	检波
2AP2	16	25	≥ 45	≥ 2.5	150	检波
2AP3	25	25	≥ 45	≥ 7.5	150	检波

表 1.2　　　　　　　　　　　　　　**2CZ33 整流二极管（面接触硅管）**

参数\型号	最大整流电流（A）	最高反向工作电压 U_{RM}(V)	正向电压（V）$I=3I_{F}AV$	反向电流（μA）$U_R=U_{RM}25℃$	反向电流（μA）$U_R=U_{RM}130℃$	最高工作频率（kHz）	用途
2CZ33A		50					
2CZ33B		100					
2CZ33E	1.5	400	1.6	10	75	3	整流
2CZ33F		600					
2CZ33J		1200					

表 1.3　　　　　　　　　　　　　　**1N4000 系列整流二极管**

参数\型号	最大整流电流（A）	最高反向工作电压(V)（峰值）	正向电压（V）	反向电流（μA）$U_R=U_{RM}100℃$	反向电流（μA）$U_R=U_{RM}25℃$	最高工作频率（kHz）	用途
1N4001		50					
1N4002		100					
1N4003		200					
1N4004	1	400	≤ 1	< 500	< 5	3	整流
1N4005		600					
1N4006		800					
1N4007		1000					

四、二极管电路的分析方法与应用

1. 二极管电路的图解分析法

二极管是非线性器件，其伏安特性曲线的正向偏置部分如图 1.12（a）所示。其两端电压与流过的电流之比随电流变化而变化（R 随不同的工作电流而变，所以用万用表测量二极管的正向电阻时，不同的欧姆挡测得的阻值不一样）。

图 1.12（b）所示为一个 $2k\Omega$ 电阻的伏安特性。在电子电路的分析中，常常要用到非线性器件的直流电阻和交流电阻（也称为静态电阻和动态电阻）这两个概念。直流电阻的定义式是

$$R=\frac{U}{I} \qquad (1.4)$$

交流电阻的定义式为

$$r=\frac{\mathrm{d}u}{\mathrm{d}i} \qquad (1.5)$$

在实际分析计算中，常用有限小量 Δu、Δi 替代无限小量 $\mathrm{d}u$、$\mathrm{d}i$，所以交流电阻可以近似表示为

$$r \approx \frac{\Delta u}{\Delta i} \tag{1.6}$$

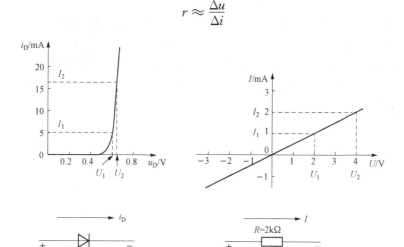

图 1.12 非线性元件与线性元件伏安特性的对比

（a）二极管的伏安特性曲线；（b）普通电阻的伏安特性曲线

图 1.12（a）所示的二极管的伏安特性曲线是一条曲线，在曲线上 I_1、I_2 对应的两点处，直流电阻并不相等，而且各点处的交流电阻也不相等，这就说明了二极管具有非线性特性。含有非线性器件的电路属于非线性电路，对非线性电路进行分析时，不能沿用线性电路的分析方法。例如，线性电路中常用的叠加原理在非线性电路中就不能使用。下面通过例题介绍二极管电路的图解分析法。

【例 1.1】 试计算图 1.13（a）所示电路中，流过二极管的电流（即回路电流）i_D 和二极管上的电压降 u_D 的大小。

解： 图 1.13（a）电路可以分成非线性电路和线性电路两部分，如图 1.13（b）所示。非线性电路由二极管组成，其两端电压和流过电流的函数关系由二极管的伏安特性曲线反映，如图 1.14（a）所示；线性电路由直流电压 U 和电阻 R 组成，其两端电压和流过电流的关系为 $u_D = U - i_D R = 1.5 - 0.15 i_D$，在 u_D-i_D 坐标系中，这是一条直线，如

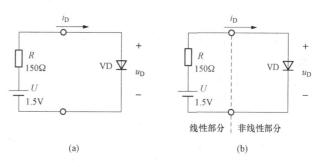

图 1.13 ［例 1.1］二极管电路

（a）二极管电路；（b）线性部分与非线性部分

图 1.14（b）所示。该直线描述的正是线性电路端电压 u_D 和流出电流 i_D 之间的关系，当 u_D =0 时，电流 i_D 最大（10mA），当 i_D =0 时，u_D =U，而当 i_D 在 0~10mA 范围内变化时，u_D 在 1.5~0V 范围内随之而变，所以这条直线就是由 u_D 和 i_D 所决定的点在坐标系中的运动轨迹。电阻 R 决定了直线的斜率，而电阻 R 被看作是二极管的负载，所以这条直线称为**负载线**。设负载线方程中的 i_D =0，则有 u_D =1.5V。这是负载线在横轴上的交点，设为 N

点；再设负载线方程中的 $u_D=0$V，则 $i_D=U/R=10$mA，这是负载线在纵轴上的交点，设为 M 点。用直线连接 NM 两点，即可得到直流负载线。

　　图 1.13（b）中，线性电路和非线性电路构成一个完整的回路，回路电流既是流过二极管的电流也是流过线性电路的电流，u_D 是二极管两端电压同时也是线性电路的端电压。显然 u_D 和 i_D 是两个函数关系的共同解，所以应将负载线与二极管的伏安特性曲线画在同一个坐标系中，如图 1.14（c）所示。其相交点对应的横坐标和纵坐标分别表示了二极管两端电压及其中的电流大小。此交点被称为工作点，用 Q 表示。图 1.14 所示为图解法的求解二极管电路过程。从图中 Q 点位置可读出此时二极管两端电压 u_D 约为 0.71V，电流约为 5.3mA。

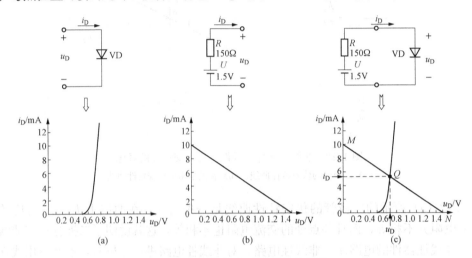

图 1.14　二极管电路的图解分析法
（a）非线性电路的伏安特性；（b）线性电路的伏安特性；（c）Q 点坐标是实际 u_D 值和 i_D 值

　　采用两点定一直线的办法画负载线，先根据负载线方程 $u_D=U-i_DR=1.5-0.15i_D$，找出与横轴、纵轴的交点，然后在两点之间画一条直线即为负载线。

　　2. 二极管电路的估算分析法

　　估算分析法是工程实践中经常采用的一种简便迅速的方法。它根据二极管的特点，对电路进行合理的近似计算。从图 1.11 所示二极管的伏安特性可以看出，二极管正偏时，曲线比较陡峭。在正向电流有较大变化的情况下，正向压降 u_D 的变化却较小，硅二极管大约在 0.6～0.8V 范围内变化（I_F 大的管子可达 1V 以上）。所以在近似计算中，可将 u_D 看成一个不变的常量，典型值为 0.7V（硅管）或 0.2V（锗管）；在参与运算的外加电压远大于 u_D 的情况下，还可将 u_D 的影响忽略不计，按理想二极管进行计算（理想二极管是为简化运算而提出的一种理想模型，其特性是正偏时正向电阻为零，正向压降为零；反偏时，反向电阻无穷大，电流为零）。下面通过［例 1.2］说明其应用。

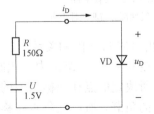

图 1.15　［例 1.2］二极管电路

【例 1.2】　试估算图 1.15 所示电路的回路电流。

　　解：根据 KVL 可得出图 1.15 所示电路的回路电流为

$$i_D=\frac{U-u_D}{R}=\frac{(1.5-0.7)\text{V}}{150\Omega}\approx5.3\text{mA}$$

此结果与图 1.14 中对同一电路的图解分析结果基本上是吻合的。

3. 二极管简单应用电路分析举例

【例 1.3】　试画出图 1.16（a）所示电路中二极管两端电压 u_D 波形和输出电压 u_o 的波形。已知输入正弦电压峰值 $u_{im}=20V$。

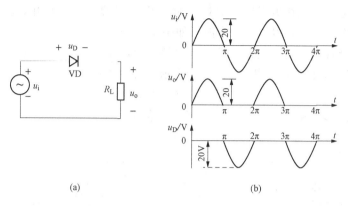

图 1.16　［例 1.3］二极管整流电路
(a) 二极管电路；(b) 波形图

解：因输入电压峰值远大于二极管正向压降，所以二极管的正向压降可以忽略不计，将二极管按理想二极管处理。

在输入正弦波的正半周，二极管正向导通，正向压降为零，回路电流由输入交流电压和负载电阻 R_L 决定，R_L 上电压波形与输入波形相同。

在负半周，二极管反向截止，回路电流为零，输入正弦电压全部降落在二极管上，R_L 上电压为零。

根据以上分析，可画出 u_o、u_D 各波形如图 1.16（b）所示。

该电路具有波形变换作用，当输入正弦波时，输出波形为单一极性的正弦波半波，这种输出波形中包含了直流成分，若配之以波形平滑电路（滤波电路），将其中包含的交流分量滤除，则可以实现交流到直流的转换，称为整流电路。常用于各种电子设备的电源电路中。

【例 1.4】　限幅电路的作用是将信号幅度限制在一定的电平范围内，二极管限幅电路如图 1.17（a）所示。已知输入电压峰值为 6V，基准电压 $U_{REF}=3V$，试画出输出电压 u_o 波形。

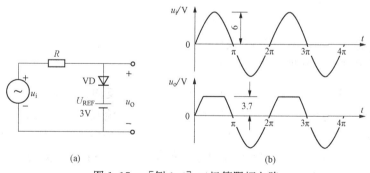

图 1.17　［例 1.4］二极管限幅电路
(a) 限幅电路；(b) 输出电压 u_o 波形

解：该电路中二极管正偏导通时，将把输出电压限制在 3.7V 上（$u_o=U_{REF}+U_D=$ 3.7V），而当二极管反偏截止时，回路电流为零，限流电阻 R 上压降亦为零。输出波形与输入波形相同。u_o 在输入电压为正半周且幅值大于 3.7V 后，二极管阳极电位高于阴极电位，故正偏导通，输出电压被限制在 3.7V，输入电压波形中大于 3.7V 部分降落在限流电阻 R 上。

在输入电压虽然是正半周但幅值小于 3.7V 时，二极管截止。进入负半周后，二极管亦截止，最大反偏电压出现在负半周峰值处，为 -9V。只要二极管截止，输出电压波形就与输入波形相同。由此分析，可画出输出波形如图 1.17（b）所示。

实际上，二极管在正向电压超过 U_{th} 后就开始导通，刚开始导通时电流增长较慢。因此，输出端观察到的波形并不是如图 1.17（b）所示的在 3.7V 处形成一个平台，而是在 3.5V 到 3.7V 之间是一段圆弧，如图 1.18 所示。

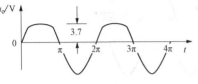

图 1.18　二极管限幅电路的实际波形

五、其他常用二极管

1. 稳压二极管

（1）稳压二极管的工作原理。稳压二极管利用二极管的反向击穿特性实现电压稳定。其外形与普通二极管没有区别，电路符号及伏安特性如图 1.19 所示。

稳压二极管的伏安特性曲线也分为正向导通区、反向截止区和反向击穿区。与普通二极管的伏安特性曲线相比较，稳压二极管的反向击穿区要比普通二极管陡峭，且反向击穿电压值随稳定电压值不同而不同。

由于特性曲线在反向击穿区很陡峭，较大的电流变化量只会引起电压微小的变化，利用这一特性便可实现稳压作用。曲线越陡，动态电阻 $r_S = \Delta U_S / \Delta I_S$ 越小，稳压效果越好，因此在设计稳压电路时要选择动态电阻小的稳压管。

稳压管工作于稳压状态（反向击穿区）时，两端电压基本稳定，当流过的电流增大时两端电压会稍有增加，其等效电路如图 1.20 所示。

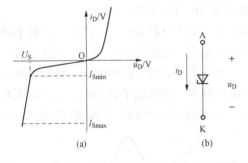

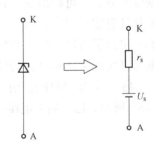

图 1.19　稳压二极管的伏安特性曲线与电路符号　　　图 1.20　稳压二极管的等效电路
（a）伏安特性曲线；（b）电路符号及参考方向的约定

（2）稳压二极管的主要参数。稳定电压 U_S：稳压管反向击穿后的稳定电压值。例如，稳压管 2CW1 的稳定电压为 7～8.5V。每个管子的工作电流确定后，稳压值也是确定的。

稳定电流 I_S：工作电压等于稳定电压时的工作电流，是稳压管工作时的参考电流值。

最大耗散功率 P_M：由管子的允许温升限定的最大功率耗散。根据公式 $P_M = U_S \times I_{SM}$ 可以计算出稳压管的最大稳定电流 I_{SM}。

动态电阻 r_S：是指管子工作在稳压条件下两端电压变化随电流变化的比值。反向击穿区曲线越陡，r_S 越小，稳压性能越好。

电压温度系数：当稳压管中的电流等于稳定电流时，温度变化 1℃，稳定电压变化的百分数。它表示稳压管稳压值的温度稳定性，电压温度系数越小，温度稳定性越好。

（3）稳压二极管的应用。稳压二极管正常工作时应处于反向击穿区，因此稳压管必须反向连接，且输入电压要大于稳压管的稳定电压。反向击穿时，电流增加很快，稳压管的功率消耗大增，使管子发热剧增。这又促使管子中的电流增加，发热量进一步变大。这种情况如果不加限制，必会发生热击穿，导致管子被烧毁。为此，需要限制稳压管反向击穿时的电流大小，方法是串入一个阻值适当的限流电阻，保证稳压二极管有工作在合适状态。稳压二极管的典型应用电路如图 1.21 所示。电路中输入电压是待稳定的直流电源电压，比如是经由整流滤波电路提供的不稳定电压（见第 10 章）。电阻 R 是限流电阻，R_L 是用电设备，在这里相当于负载。稳压管 VS 在电路中起着关键作用，当 U_i 或 R_L 变化时，VS 两端电压的微小变化会引起 I_S 的较大变化，这种电流变化会改变限流电阻 R 上的压降，达到维持输

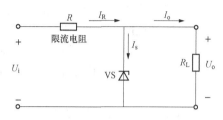

图 1.21　稳压二极管的稳压电路

出电压基本稳定的目的。例如，当 R_L 固定而 U_i 增大时，将有下面的自动调整过程：

$$U_i \uparrow \rightarrow U_o \uparrow \rightarrow I_s \uparrow \rightarrow I_R \uparrow \rightarrow I_R R \uparrow \rceil$$
$$U_o \downarrow \longleftarrow$$

其结果是输出电压基本上维持恒定。同理，当 U_i 减小或 R_L 变化时，也会有一个自动调整的过程，以维持输出电压基本不变。读者可自行分析之。

除了构成稳压管稳压电路外，稳压管还可以用来把信号电压的幅度限制在一定的电平上，作为限幅元件使用。

【例 1.5】　已知图 1.22（a）所示电路的输入电压 $u_i = 12\sin\omega t$（V），稳压管稳定电压 $U_S = 6V$。试画出电路输出电压 u_o 的波形。

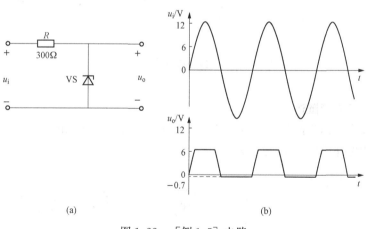

(a)　　　　　　　　　　　　　(b)

图 1.22　［例 1.5］电路
（a）电路原理图；（b）输入输出波形图

解： 当输入正弦波电压为正半周，且幅值大于 U_S 时，稳压管进入反向击穿区，输出电压稳定在 6V 上；当输入的正半周波形幅值小于 U_S 时，稳压管处于反向截止状态。既然稳压管截止，限流电阻中的电流为零，电阻上的压降亦为零，则输出波形与输入波形相同；当输入波形进入负半周时，稳压管正偏导通，若考虑其正向压降为 0.7V，则输出电压将被限

制在-0.7V上。

根据以上分析，可画出输出波形如图1.22（b）所示。

2. 发光二极管

发光二极管是一种将电能直接转换成光能的半导体光电器件（Light Emitting Diode，LED），其电路符号和外形如图1.23所示。制造PN结所用材料不同，光的颜色也不同，例如，砷化镓（GaAs）材料发出的是不可见的红外线；磷化镓（GaP）材料的发红光或绿光；磷砷化镓（GaAsP）材料的发红光或黄光；氮化镓（GaNs）材料发蓝光。发光二极管的工作原理是通过正向电流时，PN结内部P型区和N型区的多数载流子扩散到对方区域，并与对方区域中的多数载流子复合，而这种复合所释放的能量会产生光辐射。

发光二极管的伏安特性除了正向压降较大和反向击穿电压较小外，与普通小电流二极管基本相同。发光二极管的正向压降范围为$1.3\sim2.5$V（材料不同压降亦不同），反向击穿电压一般为$5\sim6$V。工作电流通常在几毫安到十几毫安之间。发光二极管的亮度与正向电流的大小有关。在正向电流1mA以内发光二极管已开始发光；在$1\sim10$mA时发光二极管亮度与电流基本上成正比，一般的发光二极管的工作电流是20mA，超过25mA，亮度随电流增长变慢。此外，发光二极管还有响应速度快、寿命长、稳定性好、抗震性强、体积小等优点。发光二极管的应用极其广泛，如电源指示灯（见图1-24）、数码显示器、光电检测光源、光辐射源、照明用点光源等。

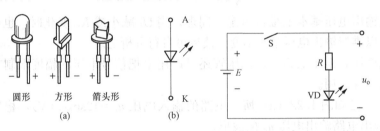

图1.23　发光二极管　　　　　图1.24　LED用于直流电源指示
（a）外形；（b）电路符号

第三节　双极型三极管

一、双极型三极管概述

双极型三极管又称为晶体三极管、双极型晶体管（Bipolar Junction Transistor，BJT），简称三极管，常见外形如图1.25所示。

图1.25　常见三极管的外形

晶体三极管是在同一块半导体材料上，通过一定的工艺加工形成不同杂质类型和浓度的三个区以及两个PN结而制成的。根据PN结排列方式的不同，三极管可分为NPN型和PNP型两种，其结构示意图和电路符号如图1.26所示。NPN型管中，两个PN结对应的三个区域依次为**发射区**、**基区**和**集电区**，发射区和集电区是 N 型半导体，基区是 P 型半导体，它们的三个电极引出线分别叫做**发射极 E**、**基极 B** 和**集电极 C**。在 N 型和 P 型半导体之间的 PN 结分别是**发射结**和**集电结**。为使三极管有较大的放大系数，在制造工艺上要使基区的宽度做得很薄，且为低掺杂，发射区高掺杂，而且集电结的面积要比发射结大。PNP 型管与 NPN 型管类似。图 1.26 中，电路符号的发射极箭头方向反映了发射结正偏时发射极电流的实际方向。

三极管的种类很多，按照使用材料分为硅管和锗管；按功率大小分为小功率管、中功率管和大功率管；按照工作频率分为低频管、高频管等。

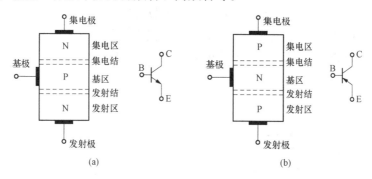

图 1.26　三极管结构示意图和电路符号

(a) NPN 型；(b) PNP 型

二、三极管的工作原理

1. 三极管内载流子的传输过程

在三极管内部，发射区的任务是向基区注入载流子，集电区的任务是收集载流子。为达到此目的，应给发射结加正向电压（正偏），集电结加反向电压（反偏），这是使三极管工作于放大状态的**外部条件**。以 NPN 型三极管为例，当满足上述两个条件时，三极管内部载流子将产生如下运动过程。

（1）发射区向基区注入自由电子。由于发射结正偏，发射结宽度将变窄，有利于 PN 结两边多子的扩散运动。发射区的自由电子将连续不断地通过发射结向基区扩散，形成自由电子扩散电流（因为电子带负电，电流方向与自由电子运动方向相反）。与此同时，基区的空穴也将向发射区扩散，形成空穴扩散电流。发射极电流 I_E 应是上述两个电流之和，但由于发射区掺杂浓度远大于基区，基区空穴形成的扩散电流远小于发射区自由电子的扩散电流，可以忽略不计，所以 I_E 基本上是由发射区自由电子的扩散运动产生的。

（2）电子在基区边复合边扩散。由发射区注入的大量自由电子进入基区后（称其为非平衡少子），使得基区靠近发射结处的自由电子浓度升高很多。而基区离发射结远的地方电子的数量很少，因此电子进入基区后将由于浓度差继续扩散。在扩散过程中，有些电子会与基区多子空穴复合，使最终到达集电结的电子数量减少，在基区复合越多，到达集电结的电子就越少，三极管的放大系数就越小。为减少这种复合，必须将基区做得很薄，且基区掺杂浓度很低，以减少电子与空穴的相遇概率。这样电子在扩散时与基区空穴复合的很少，大多数都能到达集电结处。

在基区与电子复合的空穴由接在基极的正电源 V_{BB} 补充，以维持其浓度。随着发射区电子源源不断地注入，这种基区空穴的复合和补充也将连续进行，由此形成的电流 I_{Bn} 是基极

电流 I_B 的主要部分。

（3）集电区收集扩散过来的电子。由于集电结反偏，在集电结内产生了一个较强电场，该电场阻止了集电区电子和基区空穴的扩散，有利于从基区扩散过来的电子漂移通过集电结，进入集电区而形成集电极电流 I_C 的大部分。只要集电结反偏，集电结内电场就对扩散过来的电子有吸引或抽取作用，所以基区靠近集电结处电子的浓度为零。另外，由于集电结反偏，集电结还存在反向饱和电流 I_{CBO}。该电流是由集电结两边区域中的少子（基区中的电子和集电区中的空穴）形成的漂移电流，如图 1.27 所示。该电流的大小取决于少数载流子的浓度，由于室温下少子数量很小，电流很小。少数载流子的浓度与温度有关，当温度升高时反向饱和电流将会增大，所以这个电流对放大不仅没有贡献（不受输入信号的控制），还会大大降低管子的温度稳定性。在三极管的制造生产过程中要尽量设法减小 I_{CBO}。

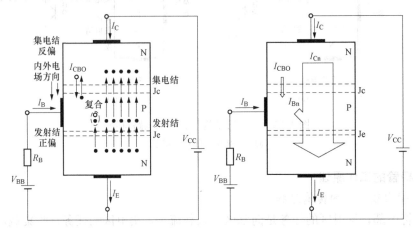

图 1.27　三极管内载流子的运动和电流关系

综上所述，要使三极管具有放大能力，需为其提供一定的工作条件。内部条件是：①**发射区高掺杂**；②**基区低掺杂且很薄**；③**集电结面积比发射结大**。外部条件是：①**发射结正偏**；②**集电结反偏**。当发射结的正偏电压变化时，在基区中复合的载流子和到达集电区的载流子数量都会随之而变。

三极管工作时有两种极性的载流子参与导电，既有多子又有少子，故称其为**双极型晶体管**。

2. 电流分配规律

三极管生产出来后，由发射区出发的自由电子中，到达集电区的自由电子数量和。在基区，复合自由电子数量的比例关系已经确定了。这种比例关系是表征三极管放大能力的重要参数，如果考察到达集电区的自由电子数量与发射区发射的自由电子数量之间的关系，可以用一个系数 $\bar{\alpha}$ 来表示，即

$$\bar{\alpha} = \frac{I_{Cn}}{I_E} \tag{1.7}$$

$\bar{\alpha}$ 称为**共基极直流电流放大系数**。到达集电区的电子数与在基区复合的电子数之间的关系，也可以用一个系数 $\bar{\beta}$ 表示，即

$$\bar{\beta} = \frac{I_{Cn}}{I_{Bn}} \tag{1.8}$$

$\overline{\beta}$ 称为**共发射极直流电流放大系数**。由于在基区复合数很少，所以三极管的 $\overline{\alpha}$ 是一个小于 1 但接近 1 的数，而 $\overline{\beta}$ 则远大于 1，通常为几十至几百（对于小功率三极管而言）。

由图 1.27 可知，集电极电流由 I_{C} 和 I_{CBO} 两部分组成

$$I_{\mathrm{C}} = I_{\mathrm{Cn}} + I_{\mathrm{CBO}}$$

而基极电流为

$$I_{\mathrm{B}} = I_{\mathrm{Bn}} - I_{\mathrm{CBO}}$$

将 $I_{\mathrm{Cn}} = \overline{\beta} I_{\mathrm{Bn}}$ 和 $I_{\mathrm{Bn}} = I_{\mathrm{B}} + I_{\mathrm{CBO}}$ 代入 $I_{\mathrm{C}} = I_{\mathrm{Cn}} + I_{\mathrm{CBO}}$，可得

$$I_{\mathrm{C}} = \overline{\beta}(I_{\mathrm{B}} + I_{\mathrm{CBO}}) + I_{\mathrm{CBO}} = \overline{\beta} I_{\mathrm{B}} + (1 + \overline{\beta}) I_{\mathrm{CBO}}$$

根据 KCL（Kichhoff's Current Law），三极管各管脚电流满足关系式 $I_{\mathrm{E}} = I_{\mathrm{C}} + I_{\mathrm{B}}$，则

$$I_{\mathrm{E}} = (1 + \overline{\beta}) I_{\mathrm{B}} + (1 + \overline{\beta}) I_{\mathrm{CBO}}$$

式中，I_{CBO} 是三极管在发射极开路的条件下，反偏集电结的反向饱和电流，方向是从集电极流入，从基极流出（对于 PNP 管则相反）。该电流的下标 CBO 表明电流流向是从 C 到 B，且除了 C、B 之外的另一管脚 E 开路（Open）。

这样可得到描述三极管各管脚电流分配规律的关系式为

$$\left.\begin{array}{l} I_{\mathrm{C}} = \overline{\beta} I_{\mathrm{B}} + (1 + \overline{\beta}) I_{\mathrm{CBO}} = \overline{\beta} I_{\mathrm{B}} + I_{\mathrm{CEO}} \\ I_{\mathrm{E}} = (1 + \overline{\beta}) I_{\mathrm{B}} + (1 + \overline{\beta}) I_{\mathrm{CBO}} = (1 + \overline{\beta}) I_{\mathrm{B}} + I_{\mathrm{CEO}} \\ I_{\mathrm{E}} = I_{\mathrm{C}} + I_{\mathrm{B}} \end{array}\right\} \qquad (1.9)$$

在式（1.9）中，集电极和发射极电流中都包含了一个相同的电流成分 $(1 + \overline{\beta}) I_{\mathrm{CBO}}$，此电流定义为**穿透电流** I_{CEO}，即 $I_{\mathrm{CEO}} = (1 + \overline{\beta}) I_{\mathrm{CBO}}$。这是一个当基极开路时从集电极流入，从发射极流出（对于 PNP 管则相反）的电流，此电流大小一般在微安数量级上。因其与 I_{CBO} 有关，是一个受温度影响较大的电流。所以在选择三极管时要选 I_{CEO} 小的管子。

由于通常 I_{CEO} 很小，一般可以忽略不计，则式（1.9）可简化成

$$\left.\begin{array}{l} I_{\mathrm{C}} \approx \overline{\beta} I_{\mathrm{B}} \\ I_{\mathrm{E}} \approx (1 + \overline{\beta}) I_{\mathrm{B}} \\ I_{\mathrm{E}} = I_{\mathrm{C}} + I_{\mathrm{B}} \end{array}\right\} \qquad (1.10)$$

这是三极管处于放大状态时的电流分配规律，它反映了当三极管处于放大状态时管脚之间的电流关系。其中，$I_{\mathrm{C}} \approx \overline{\beta} I_{\mathrm{B}}$ 说明了三极管的集电极电流受基极电流控制，如果能控制基极电流 I_{B}，就能控制集电极电流 I_{C}。这种以小电流控制大电流的能力就是三极管的电流放大作用。

式（1.9）和式（1.10）描述的电流分配规律反映了基极电流对集电极电流的控制作用，它适用于以基极作为电路的输入端的情况。

由图 1.27 还可以得出

$$\left.\begin{array}{l} I_{\mathrm{C}} = \overline{\alpha} I_{\mathrm{E}} + I_{\mathrm{CBO}} \\ I_{\mathrm{E}} = I_{\mathrm{C}} + I_{\mathrm{B}} \\ I_{\mathrm{B}} = (1 - \overline{\alpha}) I_{\mathrm{E}} - I_{\mathrm{CBO}} \end{array}\right\} \qquad (1.11)$$

忽略 I_{CBO} 后的近似关系为

$$
\left.
\begin{array}{l}
I_{\mathrm{C}} \approx \bar{\alpha} I_{\mathrm{E}} \\
I_{\mathrm{E}} = I_{\mathrm{C}} + I_{\mathrm{B}} \\
I_{\mathrm{B}} \approx (1 - \bar{\alpha}) I_{\mathrm{E}}
\end{array}
\right\}
\qquad (1.12)
$$

式（1.11）和式（1.12）描述的电流分配规律反映了发射极电流对集电极电流的控制作用。$I_{\mathrm{C}} \approx \bar{\alpha} I_{\mathrm{E}}$ 说明：可以通过改变 I_{E} 实现对集电极电流 I_{C} 的控制，它适用于以发射极作为电路输入端的情况。

3. 放大作用

三极管的基本作用之一是将微弱电信号放大。图 1.28 所示是一个简单的共射极三极管放大电路。图中，三极管的基极是信号输入端，基极电流 i_{B} 是输入控制电流，集电极电流

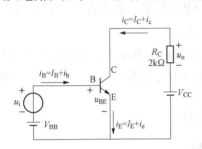

图 1.28　简单的共射极三极管放大电路

i_{C} 是输出电流，发射极是输入、输出回路的公共端，所以称此电路为**共发射极电路**。电路中直流电源 V_{BB} 用来保证三极管的发射结正偏，V_{CC} 用来使集电结反偏。在待放大信号 u_{i} 加入以前，三极管发射结的正偏电压为 $U_{\mathrm{BE}} = V_{\mathrm{BB}}$，基极电流和集电极电流分别为 I_{B} 和 I_{C}，此时电路的各电流和电压均为直流量。加入输入信号 u_{i} 后，u_{i} 与 V_{BB} 叠加，使发射结两端电压在原正偏电压的基础上开始按 u_{i} 的规律变化，从而改变发射区进入基区的载流子数量，所以基极电流和集电极电流中会出现与 u_{i} 相同变化规律的交流成分，i_{b} 和 i_{c}，且 i_{c} 的幅值比 i_{b} 大 β 倍。假设三极管的 $\beta = 50$，输入信号幅值为 $10\mathrm{mV}$ 时产生的基极交流电流 i_{b} 为 $10\mu\mathrm{A}$。则集电极交流电流 $i_{\mathrm{c}} = \beta i_{\mathrm{b}} = 0.5\mathrm{mA}$，在 $2\mathrm{k\Omega}$ 的集电极电阻上得到的交流输出电压为

$$u_{\mathrm{o}} = -i_{\mathrm{c}} R_{\mathrm{C}} = -0.5\mathrm{mA} \times 2\mathrm{k\Omega} = -1\mathrm{V}$$

输出电压比输入电压大了 100 倍。

由此可见，电路的放大过程是通过输入信号电压改变三极管发射结正偏电压的大小，使从发射区进入基区的载流子数量随输入电压而变，利用三极管内各电流之间确定的分配关系实现对集电极电流的控制作用，在输出回路利用电阻将变化的集电极电流变换成输出电压。

三极管组成的放大电路中，一个电极作为输入端，一个作为输出端，另一个作为输入、输出回路的公共端。因为需要用输入信号电压控制发射结的正偏电压，所以能做输入端的只能是基极或发射极。根据公共端的不同，三极管可有**共发射极**、**共基极**和**共集电极**三种连接方式。为了保证三极管工作于放大状态，具有对集电结电流的控制能力，都必须使这三种接法中的三极管发射结正偏，集电极反偏。这三种电路的详细分析将在第二章讨论。

图 1.29 所示为共基极放大电路，该电路以发射极作输入端，输出端是集电极，基极是输入、输出回路的公共端。交流输入电压 u_{i} 加入后将使发射结两端电压等于 $V_{\mathrm{EE}} - u_{\mathrm{i}}$，由于输入电压的变化，将使发射极电流的大小发生变化，出现交流电流 i_{e}，而 $i_{\mathrm{C}} = \alpha i_{\mathrm{E}}$，所以集电极电流中也会出现交流电流 i_{c}，i_{c} 在 R_{C} 上产生的交流压降即为输出电压 u_{o}。

上述关于 NPN 型三极管放大电路工作原理的讨论同样适用于 PNP 型三极管电路。图 1.30 所示为采

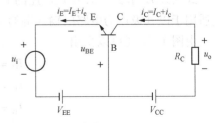

图 1.29　共基极放大电路原理图

用 PNP 型三极管的共射极放大电路，图中标出了三极管各电极直流电流的实际方向，基极与发射极之间的直流电压 U_{BE} 和集电极与发射极之间的电压 U_{CE} 的实际极性与参考方向相反，为负值。

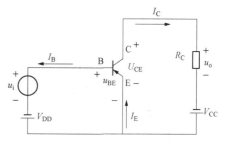

图 1.30　PNP 型三极管共射极放大电路

三、三极管的伏安特性曲线

三极管的伏安特性曲线是描述电极间电压与电极电流之间关系的曲线。三极管电路可分为输入回路和输出回路，所以需要选用两组伏安特性曲线来完整地描述三极管电压电流关系，一组以输出端电压为参变量，描述三极管输入端电压电流关系的曲线称为**输入特性曲线**。另一组以输入端电流作为参变量，描述输出端电压电流关系的曲线称为**输出特性曲线**。

在实际应用中，所用三极管的特性曲线需要通过测试电路或使用专用测试仪器（晶体管特性图示仪）测量得出。图 1.31 所示电路是用描点法测试三极管输入、输出特性曲线的实验电路。

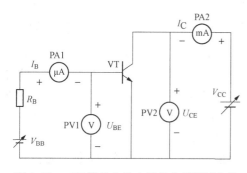

图 1.31　三极管输入输出特性曲线测试电路

下面仍以 NPN 型硅材料三极管为例，讨论共发射极接法下的伏安特性曲线和参数，以及三极管内部载流子运动规律。

1. 输入特性曲线

三极管接成共射极电路输入端电流为 i_B，输入端电压为 u_{BE}，输出端电压为 u_{CE}，输出端电流为 i_C，共发射极输入特性曲线是指以 u_{CE} 为参变量时，u_{BE} 与 i_B 之间的关系曲线，即

$$i_B = f(u_{BE})\,\big|_{u_{CE}=常数}$$

图 1.32 所示为 NPN 型硅三极管参考方向及输入特性曲线。图 1.32（b）中，当参变量 u_{CE} 取不同值时对应不同的曲线，规律是从 $u_{CE}=0$V 开始，随着 u_{CE} 的增大，输入曲线将右移。且 u_{CE} 从 0V 变到 1V 时，曲线右移距离较大，而 u_{CE} 大于 1V 后再增大，曲线右移现象减缓，具体表现为 u_{CE} 大于 1V 后各条曲线基本上重合在一起，采用 u_{CE} 大于 1V 后的任何一条曲线都可以近似代表 u_{CE} 大于 1V 后的各种情况。三极管实际使用时 u_{CE} 都将大于 1V，因此在实际工作中用到的输入特性曲线是 u_{CE} 大于 1V 后的某一条曲线而不再加以区分。

从特性曲线看，当发射结电压 u_{BE} 大于一定值后，才出现基极电流，否则基极电流为零，这意味着欲使三极管导通，发射结正偏电压 u_{BE} 要大于此值。

当环境温度升高时，特性曲线将左移，规律是温度每升高 1℃，对应一定基极电流所需的 u_{BE} 减小 $2\sim2.5$mV，

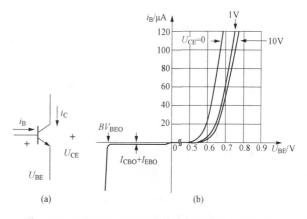

图 1.32　NPN 型硅三极管参考方向及输入特性曲线
（a）参考方向的约定；（b）共发射极输入特性曲线

即其温度系数为

$$\frac{\mathrm{d}|u_{\mathrm{BE}}|}{\mathrm{d}T} = -(2 \sim 2.5)\mathrm{mV/℃}$$

当 $u_{\mathrm{BE}} < 0$ 时，发射结反偏，i_{B} 等于发射结和集电结反向饱和电流之和，即 $i_{\mathrm{B}} = -(I_{\mathrm{CBO}} + I_{\mathrm{EBO}})$，当反偏电压增加到 BV_{BEO} 时，i_{B} 急剧增大，发射结反向击穿。一般小功率三极管的 BV_{BEO} 只有几伏。

2. 输出特性曲线

共射极输出特性曲线是指以基极电流 i_{B} 为参变量时，三极管集电极电流 i_{C} 与电压 u_{CE} 之间的关系曲线，即

$$i_{\mathrm{C}} = f(u_{\mathrm{CE}})\,|_{i_{\mathrm{B}}=常数}$$

图 1.33 所示为实测的共射极输出特性曲线，根据各处不同的特点，可以将其划分为放大区、饱和区和截止区三个区域。

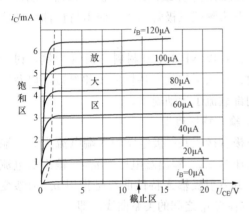

图 1.33　实测共射极输出特性曲线

（1）放大区。在此区域内，输出特性曲线是一簇间隔基本均匀，比较平坦的平行直线。这是因为三极管处于放大区时，发射结正偏，集电结反偏。集电极电流 i_{C} 与基极电流 i_{B} 之间满足

$$i_{\mathrm{C}} = \overline{\beta}i_{\mathrm{B}} + i_{\mathrm{CEO}} \approx \overline{\beta}i_{\mathrm{B}} \qquad (1.13)$$

因此，当参变量 i_{B} 为定值时，i_{C} 的值基本上不随 U_{CE} 而变，当基极电流 i_{B} 有一个微小的变化量 Δi_{B} 时，相应的集电极电流将产生一个较大的变化量 Δi_{C}，即 $\Delta i_{\mathrm{C}} = \beta \Delta i_{\mathrm{B}}$，体现出了受控电流源的基本特性。一般来说三极管的 β 值只是在 i_{C} 的一定范围内才保持常数，当 i_{C} 过大或较小时 β 值都将减小，表现为在输出特性曲线上 i_{C} 过大和过小的区域，特性曲线会因 β 下降而显得间距近一些。放大电路中的三极管应工作在输出曲线比较均匀的区域，三极管的 β 值可以根据式 $\beta = \dfrac{\Delta i_{\mathrm{C}}}{\Delta i_{\mathrm{B}}}$ 估算，如图 1.34 所示。对于 NPN 型三极管，处于放大区时的电位关系为 $U_{\mathrm{C}} > U_{\mathrm{B}} > U_{\mathrm{E}}$，且 U_{BE} 为正值。对于 PNP 型三极管，其电位关系为 $U_{\mathrm{C}} < U_{\mathrm{B}} < U_{\mathrm{E}}$，且 U_{BE} 为负值。

（2）饱和区。当 $U_{\mathrm{CE}} < U_{\mathrm{BE}}$ 时，三极管进入饱和区，此时随着 U_{CE} 的减小，I_{C} 将迅速减小到零。在此区域内，各条特性曲线间距迅速减小并重合，说明进入饱和区后，三极管的 β 值急剧减小，集电极电流 i_{C} 基本上不再受基极电流 i_{B} 的控制，所以电流分配关系式 $i_{\mathrm{C}} \approx \overline{\beta}i_{\mathrm{B}}$ 不再成立，三极管失去放大作用。三极管**饱和管压降**用 U_{CES} 表示，一般小功率硅三极管的饱和压降只有零点几伏，典型值常取 0.3V。三极管进入饱和区后，除了发射结正偏外，集电结也开始承受正向

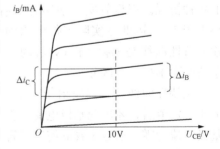

图 1.34　β 的估算

偏置电压，因集电结收集能力减弱。从发射区进入基区的载流子会在基区"堆积"起来，基区中载流子的复合数量剧增，导致了 β 减小。当 $U_{\mathrm{CE}} = U_{\mathrm{BE}}$，即 $U_{\mathrm{CB}} = 0$ 时，集电结上的偏置

电压为零，三极管处于临界饱和状态。这是放大区和饱和区之间的分界线，在放大区，集电结反偏，在饱和区，集电结正偏，在临界线上集电结零偏。三极管处于饱和区时，NPN 型三极管的管脚电位关系为 $U_B > U_E$，$U_B > U_C$。对于 PNP 管，则为 $U_B < U_E$，$U_B < U_C$。

（3）截止区。通常取特性曲线中 $i_B \leqslant 0$ 的区域为截止区，在图中对应的是 $i_B = 0$ 曲线以下部分。因基极电流 i_B 为零，此时 i_C 也基本为零，三极管处于截止状态，没有放大作用。严格地说，当 $i_B = 0$ 时，i_C 并不为零，而是有一个很小的穿透电流 i_{CEO}，由于硅三极管的 i_{CEO} 一般为微安级以下，所以输出特性曲线上 $i_B = 0$ 对应的那条曲线基本上与横轴重合。当发射结反偏，集电结也反偏时，三极管处于截止状态，由三极管输入特性曲线可知，当发射结电压 U_{BE} 小于门槛电压时，基极电流就已为零，所以当发射结处于正偏电压小于门槛电压、偏置电压为零和反偏这三种情况下都会使三极管进入截止区。实际上，当三极管的管压降过大时，集电结反向击穿，出现 i_C 不受 i_B 控制急剧增大的情况，特性曲线迅速上扬，形成一个击穿区。为避免三极管因击穿过热损坏，保证三极管正常工作，三极管 Q 点要远离该区。

四、三极管的主要参数

1. 电流放大系数

电流放大系数是反映三极管电流控制能力的重要参数，主要有以下四个参数。

（1）共射直流电流放大系数 $\bar{\beta}$。$\bar{\beta}$ 是用来描述三极管集电极直流电流 I_C 与基极直流电流 I_B 之间的控制关系，根据 $I_C = \bar{\beta} I_B + I_{CEO}$，在忽略穿透电流 I_{CEO} 时，三极管的直流电流放大系数为

$$\bar{\beta} \approx \frac{I_C}{I_B} \tag{1.14}$$

（2）共射交流电流放大系数 β。β 的定义是集电极电流与基极电流的变化量之比，即

$$\beta = \frac{\Delta I_C}{\Delta I_B} \tag{1.15}$$

β 体现了共射接法时三极管的电流放大能力（或控制能力），是使用最多的一个参数。交流信号加入后，基极、集电极电流中出现的交流成分 i_b 和 i_c 就是电流变化量，所以 β 还可以理解为集电极电流与基极电流中交流成分之比。只有在特性曲线间距基本相等的情况下，β 才可以认为是基本恒定的。如果 I_{CEO} 可忽略，则 $\bar{\beta}$ 和 β 的大小相等。

（3）共基直流电流放大系数 $\bar{\alpha}$。$\bar{\alpha}$ 是用来描述三极管发射极直流电流对集电极直流电流的控制作用，根据电流关系式 $I_C = \bar{\alpha} I_E + I_{CBO}$，在忽略 I_{CBO} 的情况下，三极管的共基直流电流放大系数为

$$\bar{\alpha} \approx \frac{I_C}{I_E} \tag{1.16}$$

（4）共基极交流电流放大系数 α。α 为集电极电流与发射极电流变化量之比，即

$$\alpha = \frac{\Delta I_C}{\Delta I_E} \tag{1.17}$$

α 反映了发射极电流对集电极电流的控制能力。当发射极电流变化时，三极管的集电极电流也会发生相应变化，这种电流变化在输入正弦电压的情况下，也可以理解为集电极电流与发射极电流中的交流电流之比。

α 和 β 都是描述三极管内电流关系的参数，根据其定义可得出它们之间的关系为

$$\alpha = \frac{\beta}{1+\beta}, \qquad \beta = \frac{\alpha}{1-\alpha}$$

2. 极间反向电流

（1）集电极—基极反向饱和电流 I_{CBO}。I_{CBO} 是指发射极开路，集电结加反偏电压时的反向电流，测量电路如图 1.35 所示。其特点与普通 PN 结反偏时相同，I_{CBO} 的值在一定温度下基本为常数，不随反偏电压而变，故称为反向饱和电流。一般 I_{CBO} 的值很小，为纳安级，但其值会随温度的升高而增大。

（2）集电极—发射极反向饱和电流 I_{CEO}。I_{CEO} 是指当基极开路时，集电极与发射极之间加反向电压时的集电极电流。I_{CEO} 的测量电路如图 1.36。I_{CEO} 从集电极流入，穿过基区从发射极流出，所以又叫穿透电流。它和 I_{CBO} 的关系是 $I_{CEO} = (1 + \beta)I_{CBO}$，一般小功率硅管的 I_{CEO} 在几微安以下，因此在分析计算时往往忽略不计。此外，I_{CBO} 与温度有关，所以 I_{CEO} 也会随温度的升高而增大。

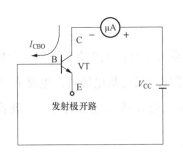 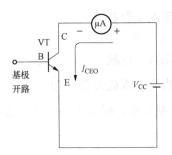

图 1.35　I_{CBO} 的测量电路　　　　　图 1.36　I_{CEO} 的测量电路

3. 极限参数

（1）集电极最大允许电流 I_{CM}。三极管的电流放大系数 β 与集电极电流大小有关，引起 β 明显下降时的最大集电极电流称为 I_{CM}。当电流超过 I_{CM} 时，三极管的性能显著下降，失去放大作用。小功率管的 I_{CM} 一般在十几毫安到一二百毫安，而大功率管的 I_{CM} 则在几安以上。

（2）反向击穿电压。当集电结的反偏电压足够大时，三极管产生反向击穿，表现为集电极电流迅速增大，输出特性曲线在击穿处急剧上升。三极管的反向击穿电压不仅与管子本身的特性有关，还取决于三极管的接法。在半导体器件手册上常用的反向击穿电压有 BV_{CBO} 和 BV_{CEO} 两个：BV_{CBO} 是指当发射极开路时，三极管集电极与基极之间的反向击穿电压，是三极管共基极接法时允许加到集电极与基极之间电压的极限值；BV_{CEO} 是指当基极开路时，三极管集电极与发射极之间的反向击穿电压，三极管在共发射极接法时所加电压不能超过此值。此外还有 BV_{CES} 和 BV_{CER} 两个击穿电压，BV_{CER} 是在 B-E 之间接一电阻时集电极和发射极之间的反向击穿电压，BV_{CES} 是短接 B-E 时集电极与发射极之间的反向击穿电压。对于同一个管子来说，各击穿电压的大小关系如下

$$BV_{CEO} < BV_{CER} < BV_{CES} < BV_{CBO}$$

（3）最大允许集电极耗散功率 P_{CM}。P_{CM} 是集电结允许损耗功率的最大值。集电结上消耗的功率称为集电结耗散功率，用 P_C 表示，此功率将导致集电结发热，结温升高，当结温超过允许的最高工作温度时，管子可能会烧坏。因此集电结的允许最高工作温度决定了三极

管所能承受的最大允许集电极耗散功率（简称最大功耗），用 P_{CM} 表示。在三极管共发射极输出特性曲线上可以根据 P_{CM} 画出最大功耗线，如图 1.37 所示。最大功耗线与 I_{CM}、BV_{CEO} 一起，为三极管划出一个安全工作区。在实际使用时，三极管的 I_C 和 U_{CE} 都必须在安全工作区内。

表 1.4 列出了常用三极管各项参数特性，供大家参考。

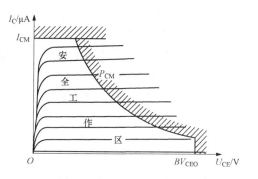

图 1.37　三极管的安全工作区

表 1.4 　　　　　　　　　　　　　　　　常用三极管的特性表

型号	P_{CM}	I_{CM}	BV_{CBO} (V)	BV_{CEO} (V)	BV_{EBO} (V)	U_{CES} (V)	f_T (MHz)	用途
3DG6	100mW	20mA		15			100	NPN 高频放大
3DX204D	700mW	700mA		50				NPN 低频放大
JE9012	625mW	500mA	40	20	5	<0.6		PNP 低频放大
JE9013	625mW	500mA	40	20	5	<0.6		NPN 低频放大
JE9014	0.45W	100mA	50	45	5	0.3	150	NPN 中低频
JE9015	0.45W	100mA	50	45	5	0.3	150	PNP 中低频
JE9016	0.4W	25mA	30	15	4	<0.3	400	NPN 高频放大
JE9018	0.4W	50mA	30	15	5	0.5	1000	NPN 高频放大
2SC1855	0.25W	20mA		20			550	NPN 中高频
2N2222	0.5W	800mA		60				NPN 低频放大
TIP127	65W	8A		100				PNP 达林顿管
BUT11A	100W	5A		450				NPN 低频放大
MJE10007	60W	2.5A		1500				NPN 大功率管

第四节　场效应三极管

一、场效应三极管概述

场效应三极管（Field Effect Transistor，FET），简称场效应管，是工作原理完全不同于前面介绍的晶体管（BJT）的放大器件。晶体管需要用输入电压改变发射结上的正偏电压，利用随输入电压而变的输入电流对输出电流的控制关系来实现信号的放大过程，所以BJT属于**电流控制电流器件**。而场效应三极管是利用输入电压的电场效应来控制输出电流，属于**电压控制电流器件**。在这种类型的器件中，参与导电的只有一种载流子（多数载流子），所以场效应三极管又称为**单极型三极管**。与 BJT 相比，FET 具有输入阻抗高，噪声小，热稳定性好，耐辐射能力强，制造工艺简单，占用硅片面积小等优点，在许多场合都有应用，特别是在大规模和超大规模集成电路中得到了广泛应用。

场效应管根据结构分为两大类，分别为结型场效应管（junction field effect transistor，

JFET）和绝缘栅场效应管（Insulated Gate Field Effect Transistor，IGFET）。

二、结型场效应管

结型场效应管是一种利用输入电压改变反偏 PN 结的厚度，进而控制输出电流的器件。

1. 结型场效应管的结构和工作原理

（1）结构。结型场效应管分为 N 沟道和 P 沟道两种，结构分别如图 1.38（a）和图 1.39（a）所示。在图 1.38（a）中，N 型半导体两侧制作了高掺杂的 P 型区（用 P⁺ 区表示），形成了两个 PN 结，在两个 P⁺ 区做引线，将其连在一起作为控制电极，称为栅极 G（Grid），在 N 型半导体的两端引出的电极分别称为源极 S（Source）和漏极 D（Drain），两个 PN 结之间的 N 型区域称为导电沟道（Channel）。图 1.38（b）和图 1.39（b）表示两种结构结型场效应管的电路符号，用来区分 N 型沟道或 P 型沟道的是栅极的箭头方向，指向沟道的是 N 型沟道结型场效应管。图 1.38（c）所示为实际 N 型沟道结型场效应管的结构剖面图，其中 P 型衬底栅要和栅极连接。源极、漏极电极下方的 N⁺ 区是为了减小铝电极与半导体之间的接触电阻，提供低阻通路。

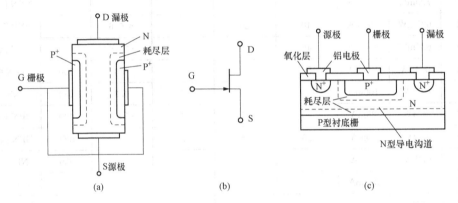

图 1.38　N 型沟道结型场效应管

（a）结构示意图；（b）电路符号；（c）实际 N 型沟道结型场效应管结构剖面图

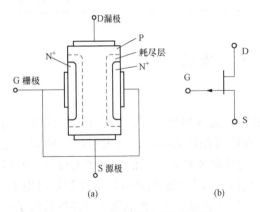

图 1.39　P 型沟道结型场效应管

（a）结构示意图；（b）电路符号

（2）工作原理。当 PN 结两侧掺杂浓度相差悬殊时，称为不对称 PN 结。这种 PN 结加上反向电压时，耗尽层将主要向掺杂浓度低的一侧扩展，如图 1.40 所示。结型场效应管的 PN 结是不对称 PN 结，工作时，要求 PN 结始终处于**反向偏置状态**。在漏极与源极之间还需加一正电压 U_{DS}，使 N 型沟道中的多数载流子（自由电子）在电场作用下由源极向漏极运动，形成**漏极电流 I_D**。

栅源电压 U_{GS} 和漏源电压 U_{DS} 的大小都会对结型场效应管的工作情况产生影响，下面分两种情况讨论其工作原理。

1）U_{GS} 变化对导电沟道的影响。图 1.41 所示为在 $U_{DS}=0$ 时，改变 U_{GS} 对导电沟道的影响。将电源电压 V_{DD} 减到足够小，排除 U_{DS} 对导电沟道的影响。当栅源电压 $U_{GS}=0$ 时，PN

结零偏，耗尽层最薄（因 PN 结的 N 区掺杂浓度低于 P⁺ 区，耗尽层在低掺杂一侧的宽度远大于高掺杂区，图 1.41 中只画出了 N 区的耗尽层变化情况），导电沟道的截面积最大，沟道电阻最小，如图 1.41（a）所示。随着 U_{GS} 绝对值的增大，PN 结上的反偏电压将使耗尽层变宽，导电沟道变窄，沟道电阻增大，如图 1.41（b）所示。当 U_{GS} 的绝对值增大到一定值时，两侧耗尽层将在中间合拢，导电沟道消失（称为夹断），如图 1.41（c）所示。夹断后，沟道电阻趋于无穷大。

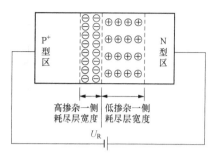

图 1.40 P⁺N 结的耗尽层宽度

此时对应的 U_{GS} 值称为**夹断电压**，用符号 U_P 表示（在半导体器件手册和部分教材中用 $U_{GS(off)}$ 表示夹断电压）。结型场效应管的 $|U_P|$ 多在 2～6V 之间，而其 PN 结的反向击穿电压通常在十几伏到几十伏以内。可见，改变 U_{GS} 的大小，可以有效控制导电沟道的电阻。若在场效应管的漏源之间加上一定电压 U_{DS}，通过改变 U_{GS} 的大小就可以实现对漏极电流 i_D 的控制，其规律是，$|U_{GS}|$ 增大时，沟道电阻增大，i_D 减小。

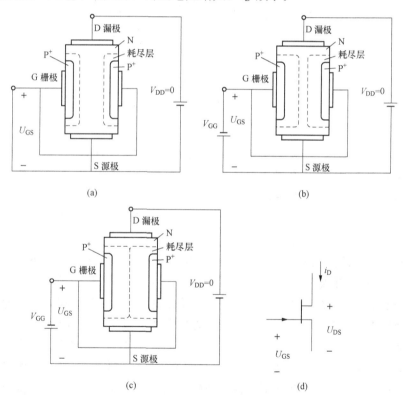

图 1.41 $U_{DS}=0$ 时，改变 U_{GS} 对导电沟道的影响

(a) $U_{GS}=0$, $U_{DS}\approx0$；(b) $U_P<U_{GS}<0$, $U_{DS}\approx0$；(c) $U_{GS}\leqslant U_P$, $U_{DS}\approx0$；(d) 参考方向

2）U_{DS} 变化对导电沟道的影响。图 1.42 所示为 $U_{GS}=0$ 时，改变 U_{DS} 对导电沟道的影响。首先分析栅源反偏电压在 $U_{GS}=0$V 时的情况，此时导电沟道截面积最大，沟道电阻最小。

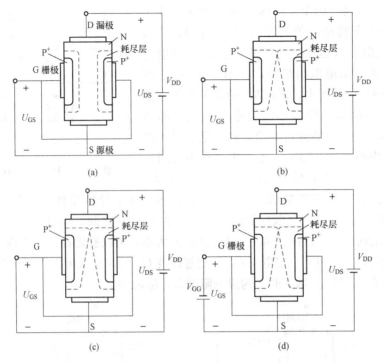

图 1.42　$U_{GS}=0$ 时，改变 U_{DS} 对导电沟道的影响

(a) $U_{GS}=0$，$U_{DS}<|U_P|$ 时的情况；(b) $U_{GS}=0$，$U_{DS}=|U_P|$ 时的情况；
(c) $U_{GS}=0$，$U_{DS}>|U_P|$ 时的情况；(d) $U_P<U_{GS}<0$，$U_{DS}>|U_P|$ 时的情况

　　当 U_{DS} 从 0 开始增加时，漏极电流 i_D 也将从 0 开始增大。而且 U_{DS} 在 0V 附近较小范围内增长时，导电沟道的形状不会发生明显变化，随着 U_{DS} 的增大，I_D 从 0 开始线性增大，且因沟道电阻小，电流随电压增长速度很快。

　　随着 U_{DS} 的增大，沟道中从漏极指向源极的电场强度随之增强，造成 PN 结 P 区一侧与 N 区（沟道）之间的反偏电压沿沟道长度方向发生变化。由于沟道中从源极到漏极的电位逐渐升高，P 区与 N 区之间的反偏电压也从源极到漏极逐渐增大，PN 结在源极处的反偏电压最低，为 $|U_{GS}|$；在漏极端处的反偏电压最高，为 $|U_{GS}|$ 与 U_{DS} 之和。这种 PN 结反偏电压的不均匀必然引起 PN 结耗尽层厚度的变化，反偏电压增大则耗尽层厚。而耗尽层向导电沟道扩展将使导电沟道变窄，所以靠近漏极端处导电沟道截面积将小于源极端处，导电沟道呈现楔形，如图 1.42（a）所示。由于沟道截面积变小，沟道电阻将增大，将会减缓漏极电流随 U_{DS} 增长的速度。因此，U_{DS} 增大，在引起沟道中电流增长的同时，还将因导电沟道形状变化，使沟道电阻增大，产生阻碍电流增长的因素。只是在 U_{DS} 较小时，沟道中的这种电位变化影响微弱，靠近漏极端处导电沟道的截面积还较大，这种阻碍因素仅处于次要地位，故漏极电流 I_D 呈现出随 U_{DS} 线性增长的态势。但随着 U_{DS} 的增长，靠近漏极端处沟道截面积越来越小，阻碍漏极电流 i_D 随 U_{DS} 增长的因素逐渐成为主要因素，i_D 随 U_{DS} 增长的速度明显变缓。

　　若 U_{DS} 继续增大，耗尽层将在靠近漏极端处首先合拢，称为**预夹断**，如图 1.42（b）所示。此时栅极与漏极之间的反偏电压等于夹断电压 $|U_P|$，即 $U_{GD}=U_{GS}-U_{DS}=U_P$。在 U_{GS}

$=0$ 的条件下，出现预夹断所需的 U_{DS} 为 $U_{DS}=-U_P$。当 $U_{GS} \neq 0$ 时，出现预夹断所需的 U_{DS} 为 $U_{DS}=U_{GS}-U_P$。此后 U_{DS} 继续增大，将使栅漏之间反偏电压超过 $|U_P|$，夹断点将向源极端延伸形成一小段夹断区，如图 1.42（c）所示。由于夹断区（耗尽层）电阻极大，自从出现预夹断后，U_{DS} 的增加量大部分降落在夹断点（区）上，使夹断区上形成较强的电场，而夹断点与源极端之间的剩余导电沟道中电场强度不再随 U_{DS} 的增大而明显增强。沟道中自由电子在电场作用下漂移的数量也基本上不再随 U_{DS} 而变化。这些自由电子到达夹断区后，在夹断区电场作用下，穿过夹断区形成漏极电流。为保证场效应管处于放大状态，在夹断区上形成较强电场是必需的。它的作用与双极型三极管反偏集电结中的电场相似，担负着收集载流子的任务。由以上分析可知，自预夹断后，漏极电流便基本上不再随 U_{DS} 增大，呈现出**恒流特性**。

如果在栅极与源极之间加入一个负电压 U_{GS}，使其值在 $U_P < U_{GS} < 0$ 范围内，由于耗尽层宽度增大，夹断点到源极之间的导电沟道变窄，沟道电阻变大，因而漏极电流 i_D 将减小，如图 1.42（d）所示。

若 $|U_{GS}|$ 较大，满足 $U_{GS} \leqslant U_P$，则耗尽层全部合拢，导电沟道完全夹断，i_D 基本等于零。

由以上分析可知：

（1）通过改变栅源电压 U_{GS} 即可控制漏极电流 i_D，因此结型场效应管是利用输入端电压控制输出电流的器件，称为**电压控制器件**。

（2）为达到控制目的，栅源之间要加反向偏置电压，使 PN 结反偏，结型场效应管的栅极电流约等于零，因此结型场效应管的输入电阻很高，一般在 $10^7 \Omega$ 以上。

（3）沟道预夹断前，i_D 与 U_{DS} 呈近似线性关系，预夹断后，i_D 具有恒流特性。

2. 结型场效应管的特性曲线

结型场效应管的电压和电流之间的关系可用输出特性曲线和转移特性曲线来描述。如果采用描点法来测绘其特性曲线，测试电路如图 1.43 所示。

（1）输出特性曲线。结型场效应管的输出特性曲线反映的是当栅源电压 U_{GS} 为一定值时，漏极电流 i_D 与漏源电压 U_{DS} 的关系。即

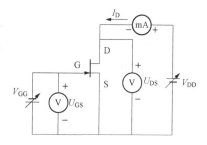

图 1.43 结型场效应管特性曲线测试电路

$$i_D = f(U_{DS}) \mid_{U_{GS}=常数}$$

它是一个曲线簇，当 U_{GS} 每取一个定值时，就可以得到一条 i_D-U_{DS} 曲线。图 1.44 所示为 N 沟道结型场效应管的共源极输出特性曲线。根据其特征，特性曲线可以划分成可变电阻区、恒流区和击穿区。

1）可变电阻区。图 1.44 中，虚线左侧部分所示的区域就是可变电阻区，虚线分界线由 $U_{GD}=U_P$ 确定，即 $U_{GD}=U_{GS}-U_{DS}=U_P$，虚线方程为 $U_{DS}=U_{GS}-U_P$。该区域内，场效应管的导电沟道尚未被预夹断，I_D 同时受 U_{GS} 和 U_{DS} 的控制。U_{DS} 较小时，沟道的宽度和沟道电阻值仅受 U_{GS} 控制，因此 I_D 随 U_{DS} 的增加呈直线上升，两者之间基本上是线性关系。改变 U_{GS} 就可以得到一簇直线，因此，在 U_{DS} 较小时，结型场效应管相当于一个受 U_{GS} 控制的可变线性电阻。U_{GS} 越大，沟道电阻也越大。

2）恒流区。图 1.44 中，虚线右侧直到被击穿之前的区域是恒流区，进入此区后导电沟

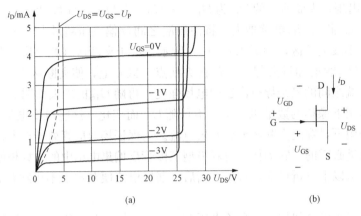

图 1.44　N 沟道结型场效应管输出特性曲线

(a) N 沟道结型场效应管输出特性曲线；(b) 参考方向的约定

道已被预夹断，I_D 几乎不随 U_{DS} 变化而变化，此区内的特性曲线是一组受 U_{GS} 控制的水平线，故称为恒流区，也叫做饱和区。场效应管的饱和区与双极型三极管的饱和区不同，它相当于双极型三极管输出特性曲线中的放大区，是根据该区中 I_D 呈现出饱和特性而几乎与 U_{DS} 无关的特点命名的。

3) 击穿区。当 U_{DS} 增加到一定值后，栅极漏极之间的 PN 结首先因反偏电压过大而击穿，致使 I_D 急剧上升。结型场效应管的特性曲线进入击穿区。开始出现击穿的 U_{DS} 称为击穿电压，用 BV_{DS} 表示。多数结型场效应管的击穿电压在 20～50V 之间。

(2) 转移特性曲线。场效应管的转移特性曲线是从另一个角度反映栅源电压 U_{GS} 对漏极电流 I_D 的控制作用。它是以 U_{DS} 为参变量时描述 i_D 随 U_{GS} 变化规律的曲线簇。其表达式为

$$i_D = f(U_{GS}) \mid_{U_{DS}=常数}$$

N 沟道 JFET 的转移特性曲线如图 1.45 所示，当 U_{DS} 取不同值时，应画出不同的转移特性曲线，因在恒流区 i_D 几乎不随 U_{DS} 而变，对应于不同 U_{DS} 值的转移特性曲线相差甚微，所以通常用一条曲线近似表示。由图 1.45 可知，当 $U_{GS}=0$ 时，漏极电流最大，此电流称为场效应管的**漏极饱和电流 I_{DSS}**，它是结型场效应管的最大漏极电流，I_{DSS} 前两个下标的排列顺序表示这是一个从漏极 D 流入，从源极 S 流出的电流，第三个下标 S 表示栅源之间短路。曲线与 U_{GS} 轴相交点电压为夹断电压 U_P。在 U_P 与原点之间，i_D 随 U_{GS} 的增加近似按平方律上升，即转移特性曲线服从下式表示的平方律函

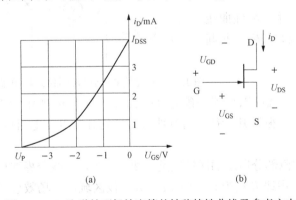

图 1.45　N 沟道结型场效应管的转移特性曲线及参考方向

(a) N 沟道结型场效应管转移特性曲线；(b) 参考方向

数，表达式为

$$i_D = I_{DSS}\left(1 - \frac{U_{GS}}{U_P}\right)^2, \qquad U_P \leqslant U_{GS} \leqslant 0 \tag{1.18}$$

3. 主要参数

（1）夹断电压 U_P。夹断电压是指使导电沟道完全消失（夹断）所需的栅源电压。在图 1.42（d）中，将栅源电压沿负电压轴增加到 U_P，夹断点将移至源区处，即剩余导电沟道完全消失，漏极电流将等于零。在实际测试时，一般取 U_{DS} 为某一固定值（如 10V），将漏极电流 i_D 调整到一个微小电流值（如 $50\mu A$）时对应的 U_{GS} 为 U_P。

（2）漏极饱和电流 I_{DSS}。在 $U_{GS}=0$ 的情况下，当 $U_{DS}>|U_P|$ 时的漏极电流称为漏极饱和电流。即在导电沟道最宽处，而 U_{DS} 使导电沟道在近漏端处预夹断时的漏极电流。在实际测试时，常以 $U_{DS}=10V$ 作为测试条件，栅极源极短路时测出的 i_D 就是 I_{DSS}。在转移特性曲线上，它是曲线在纵轴上的截距。对于结型场效应管来说，I_{DSS} 也是管子所能输出的最大电流。

（3）最大漏源电压 BV_{DS}。BV_{DS} 是指近漏端处发生雪崩击穿，i_D 开始急剧增大时的 U_{DS} 值。由于近漏端处反偏电压为 $U_{DG}=U_{DS}-U_{GS}$，因此 U_{GS} 越负，BU_{DS} 就越小。

（4）最大栅源电压 BV_{GS}。BV_{GS} 是指栅极电流开始急剧增加时的 U_{GS} 值，它是结型场效应管中 PN 结的击穿电压。

（5）直流输入电阻 R_{GS}。R_{GS} 是指在漏源短路的条件下，栅源之间加一定的反偏电压时的栅源直流电阻。由于 PN 结反偏，此时，栅极电流仅为 PN 结的反向饱和电流，在通常情况下，可近似认为此电流约为零，因此结型场效应管的直流输入电阻很大。

（6）低频跨导（互导）g_m。当结型场效应管正常工作时，栅源电压的变化将引起漏极电流的改变，这就是结型场效应管的正向控制作用，即结型场效应管的放大作用。反映结型场效应管的这种栅源电压对漏极电流的控制能力的参数就是低频跨导 g_m，其定义是在 U_{DS} 等于常数 C 时，漏极电流的微变量与引起其变化的栅源电压微变量之比，即

$$g_m = \frac{\partial i_D}{\partial U_{GS}}\bigg|_{U_{DS}=C} \tag{1.19}$$

g_m 的几何意义是转移特性曲线上工作点处的切线斜率。在输出特性曲线上，则为恒流区相邻曲线的间距（相邻曲线间距大，则 g_m 大）。单位为 mS 或 mA/V，其值一般在零点几到几毫西（mS）。g_m 的值可以用以下方法得到：

1）从结型场效应管的输出特性曲线得到 g_m 值。在工作点附近确定 U_{GS} 的变化范围 ΔU_{GS} 和相应的 Δi_D，其比值即为

$$g_m \approx \Delta i_D / \Delta U_{GS}$$

2）根据 g_m 的定义和式（1.18）可得

$$g_m = \frac{di_D}{dU_{GS}} = \frac{d}{dU_{GS}}\left[I_{DSS}\left(1-\frac{U_{GS}}{U_P}\right)^2\right] = -\frac{2I_{DSS}}{U_P}\left(1-\frac{U_{GS}}{U_P}\right) = -\frac{2}{U_P}\sqrt{I_{DSS}i_D} \tag{1.20}$$

（7）输出电阻 r_d。输出电阻用来说明 U_{DS} 对 i_D 的影响。定义式为

$$r_d = \frac{\partial U_{DS}}{\partial i_D}\bigg|_{U_{GS}=C} \tag{1.21}$$

根据定义，可知 r_d 是输出特性曲线上某一点上切线斜率的倒数。在恒流区，r_d 随 U_{DS} 变化很小。因此 r_d 的数值很大，一般在几百千欧以上。

此外，结型场效应管还有最大耗散功率、噪声系数、极间电容等参数，这里就不一一列举了。

三、绝缘栅场效应管

绝缘栅场效应管（IGFET）利用半导体表面的电场效应工作，其特点是控制栅极与半导体绝缘。图 1.46 所示为 N 沟道绝缘栅场效应管的结构示意图，在作为衬底的 P 型硅片上

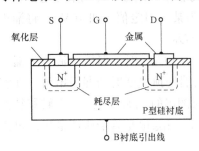

图 1.46　N 沟道绝缘栅场效应管的结构示意图

做出两个 PN^+ 结，N^+ 区引出的电极分别为源极 S 和漏极 D。在半导体表面做一层氧化层。表面覆盖一层金属，其引线为栅极 G。P 型硅衬底引出的引线称为衬底引线，用 B 表示。在有些场效应管中，衬底引线在内部已与源极连接起来。在金属栅极与导电沟道之间隔着一层极薄的绝缘层，这层绝缘层常见的是二氧化硅（SiO_2），故 IGFET 通常是指金属－氧化物－半导体场效应管（Metal Oxide Semiconductor Field Effect Transistor，简称 MOSFET 或 MOS 场效应管）。由于栅极与沟道绝缘，所以这种管子的输入电阻远比结型场效应管高，可达 $10^9\Omega$ 以上。根据导电沟道不同，MOS 场效应管分为 N 沟道和 P 沟道两种类型；根据栅源电压 $U_{GS}=0$ 时导电沟道是否存在，又分为增强型和耗尽型两种。因此 MOS 场效应管可分为 N 沟道增强型、N 沟道耗尽型、P 沟道增强型和 P 沟道耗尽型四种类型，它们的电路符号分别如图 1.47 所示。这里重点介绍 N 沟道增强型 MOS 场效应管的工作原理和特性曲线。

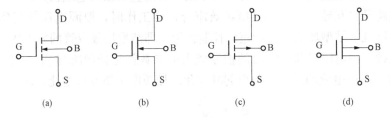

(a)　　　　　　　　(b)　　　　　　　　(c)　　　　　　　　(d)

图 1.47　MOS 场效应管的电路符号

(a) N 沟道增强型；(b) N 沟道耗尽型；(c) P 沟道增强型；(d) P 沟道耗尽型

1. N 沟道增强型 MOS 场效应管的工作原理

MOS 场效应管工作时也需要在栅极与源极之间加入偏置电压 U_{GS}，以形成并控制导电沟道。在漏极与源极之间加入漏源电压 U_{DS}，形成具有恒流特性的受控电流 I_D，同时也为电路工作提供能源。下面分别讨论 U_{GS} 和 U_{DS} 对导电沟道的影响。

（1）U_{GS} 对导电沟道的影响。在 $U_{GS}=0$ 时，即使在漏源之间加上电压 U_{DS}，由于漏区与 P 型硅衬底之间的 PN^+ 结反偏，导致 $I_D=0$。当 U_{GS} 增大时，相当于一个平板电容器，U_{GS} 在这个电容器两极板之间形成一个垂直向下的电场，在该电场作用下，P 型区中的多子空穴会被推离表面向下运动，同时 P 型区的自由电子有被吸引过来的趋势。这种现象会随 U_{GS} 的增大而增强。空穴会被电场驱逐离开半导体表面，在表面形成一层耗尽层，如图 1.48（a）所示。

当 U_{GS} 增大到一定值时，更多空穴离开表面，而自由电子会越聚越多，这样，在原来的 P 型区表面形成一层空穴少，自由电子多的 N 型区（称为反型层），此反型层将漏区和源区连接起来。这个反型层就是导电沟道，如果在漏极和源极之间加电压 U_{DS}，就会形成漏极电流。所以反型层刚出现时对应的栅源电压是场效应管一个很重要的参数，称为开启电压 U_T

[又称为$U_{GS(on)}$]。进一步增大栅源电压U_{GS}，反型层会变厚，沟道电阻变小，所以栅源电压大于开启电压后，改变U_{GS}，就可以控制沟道电阻的大小，如图1.48（b）所示。

　　（2）U_{DS}对导电沟道的影响。下面讨论$U_{GS}>U_T$时U_{DS}的变化对场效应管的导电沟道的影响。当$U_{DS}=0$时，虽然已形成导电沟道，但此时漏极电流$i_D=0$，如图1.48（b）所示。U_{DS}从零逐渐增大，将使沟道中电流迅速增大，当U_{DS}较小时，它对导电沟道的形状影响不大，此阶段内沟道电阻基本上是一个常数，其值主要取决于栅源电压U_{GS}，而与U_{DS}的关系不大，沟道中电流随U_{DS}线性增大。但随着U_{DS}增大，在导电沟道中出现的横向电场会逐渐增强，方向由漏区指向源区。此时，导电沟道中不同位置对源极的电位不再相同，越靠近漏区，电位越高。由于此横向电场的存在，使得导电沟道中各点处与栅极之间的垂直电场发生变化，越靠近漏区，电场越小，相应的反型层的厚度也将发生变化，越靠近漏区，反型层越薄，导电沟道呈现为"楔形"。因为沟道截面积变小，沟道电阻变大，将使i_D随U_{DS}迅速增大的趋势得以抑制，i_D增长速度将变缓。

　　由上述分析可知，U_{DS}增大时，对i_D的增长有两种相反的影响：

　　1）在U_{DS}较小时，横向电场对沟道形状的影响是次要因素，可以认为沟道电阻是一常数，所以i_D与U_{DS}是线性关系。当U_{DS}较大时，横向电场的影响上升为主要因素，沟道电阻明显增大，i_D增长速度开始变缓，如图1.48（c）所示。

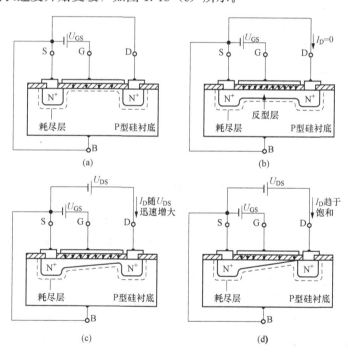

图1.48　N沟道增强型MOS场效应管工作原理示意图

（a）$0<U_{GS}<U_T$，没有导电沟道；（b）$U_{GS}>U_T$，出现导电沟道；

（c）$U_{GS}>U_T$，U_{DS}较小时；（d）U_{DS}较大时出现预夹断

　　2）U_{DS}继续增大，靠近漏区处的导电沟道将因垂直电场强度进一步减弱而消失（当栅极与沟道近漏区处之间的电压小于开启电压U_T时，沟道在此点处消失），导电沟道出现夹断，称为**预夹断**，如图1.48（d）所示。沟道夹断处为耗尽区所填充，因夹断点处的高阻特性，

U_{DS}再增加，其增量绝大多数降落在夹断点上，剩余导电沟道中的横向电场强度不再明显增大，在这种相对稳定的横向电场作用下，源区中自由电子向漏区漂移的数量基本上和U_{DS}的进一步增大无关，i_D呈现出饱和特征。至于自由电子在沟道中的运动过程则与结型场效应管沟道中载流子的运动过程相同，这里不再赘述。

由以上分析，N沟道增强型MOS场效应管有下列特点：

（1）N沟道增强型MOS场效应管导电沟道的产生依赖于栅源电压U_{GS}大于开启电压U_T，有了导电沟道才有可能形成漏极电流。这就是增强型MOS场效应管的特点。

（2）当栅源电压U_{GS}与漏源电压U_{DS}之差等于U_T时，导电沟道开始出现预夹断，U_{DS}再增大，场效应管进入恒流区。当场效应管用于放大时，U_{DS}实际取值一般在几伏至十几伏。

2. N沟道增强型MOS场效应管的特性曲线

像结型场效应管那样，描述MOS场效应管电极之间电压电流关系的有输出特性曲线和转移特性曲线。N沟道增强型MOS场效应管的特性曲线如图1.49所示。可以看出，栅源电压U_{GS}大于2.1V后，开始出现导电沟道，漏极电流不再为零，所以该图中所描述的N沟道增强型MOS场效应管的开启电压约为2.1V。

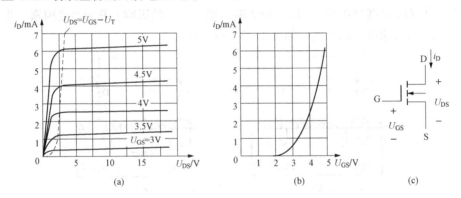

图 1.49　N沟道增强型MOS场效应管的特性曲线

（a）输出特性曲线；（b）转移特性曲线；（c）参考方向的约定

输出特性曲线中的虚线是N沟道增强型MOS场效应管恒流区与线性可变电阻区的分界线。在虚线左侧，U_{DS}较小，沟道电阻基本上与U_{DS}是线性关系，当栅源电压U_{GS}增大时，沟道电阻减小，曲线斜率增大。这是因为虚线左侧满足$U_{DS}<U_{GS}-U_T$，即$U_{GS}-U_{DS}>U_T$，在此条件下，近漏端处导电沟道没有被夹断，i_D呈现随U_{DS}线性增长的态势。而接近虚线处，导电沟道即将被夹断，沟道电阻明显增大，i_D的增长才逐渐变缓。进入虚线右侧后，$U_{DS}>U_{GS}-U_T$，即$U_{GS}-U_{DS}<U_T$，沟道被夹断，i_D基本上不再随U_{DS}而变，N沟道增强型MOS进入恒流区。在恒流区的各条曲线基本上是水平的，其大小仅与栅源电压U_{GS}有关。

在恒流区，对应的转移特性曲线可以表示为

$$i_D = I_{DO}\left(\frac{U_{GS}}{U_T} - 1\right)^2, \qquad (U_{GS} > U_T) \tag{1.22}$$

式中：I_{DO}是$U_{GS}=2U_T$时对应的I_D；U_T是开启电压。

3. 其他类型的MOS场效应管

（1）N沟道耗尽型MOS场效应管。N沟道耗尽型MOS场效应管与N沟道增强型

MOS 场效应管在结构上相同，区别是在栅极极板下方的二氧化硅绝缘层中掺入了碱金属离子 K^+ 或 Na^+。由于这些正电荷产生的电场，即使在 $U_{GS}=0$ 时，也可以在 P 型硅表面形成反型层。当 $U_{GS}>0$ 时，作用在 P 型半导体表面的电场增强，反型层变厚，i_D 增大。而当 $U_{GS}<0$ 时，反型层变薄，i_D 减小。U_{GS} 减小到沟道完全消失时，称其为"夹断电压 U_P"。所以耗尽型场效应管在 $U_{GS}=0$ 时就已经有导电沟道存在。这一点与结型场效应管相同（所以结型场效应管同样也属于耗尽型场效应管）。在恒流区转移特性曲线可以表示近似为

$$i_D = I_{DSS}\left(1 - \frac{U_{GS}}{U_P}\right)^2, \quad (U_{GS} \geqslant U_P) \tag{1.23}$$

式中：I_{DSS} 是 $U_{GS}=0$ 时的漏极电流。

　　N 沟道耗尽型 MOS 场效应管的特性曲线如图 1.50 所示。与同为耗尽型的结型场效应管相比，耗尽型 MOS 场效应管可以工作在负的或正的栅源电压下，由于绝缘层的存在，基本上无栅流。而结型场效应管的栅源之间是一个 PN 结，只能工作在使 PN 结反偏的栅源电压极性下。这就是耗尽型 MOS 场效应管与结型场效应管的区别。

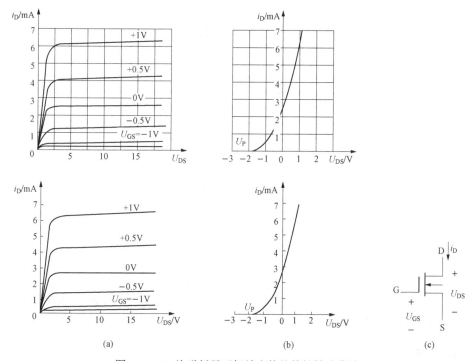

图 1.50　N 沟道耗尽型场效应管的特性转移曲线
(a) 输出特性曲线；(b) 转移特性曲线；(c) 参考方向的约定

　　(2) P 沟道 MOS 场效应管。P 沟道 MOS 场效应管与 N 沟道 MOS 场效应管的结构相似，不同的是硅衬底是 N 型半导体，而漏区和源区则为 P 型半导体，如图 1.51 所示。为了在栅极极板下方的 N 型半导体表面形成 P 型反型层，需将 N 型半导体中的多数载流子——自由电子排斥开，并将少数载流子——空穴吸引到表面，这就决定了栅源电压 U_{GS} 应为负值，借以在半导体表面产生由下向上的电场。而为了使漏极电流 i_D 受栅源电压 U_{GS} 的控制，且具有恒流特性，漏源电压 U_{DS} 也必须是负值。所以 P 沟道 MOS 场效应管正常工作时，U_{GS}

和U_{DS}的极性均与N沟道MOS场效应管相反，漏极电流i_D方向也相反。

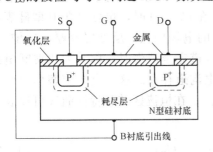

图1.51　P沟道MOS场效应管
结构示意图

P沟道MOS场效应管也分为增强型和耗尽型两种。P沟道增强型MOS场效应管的开启电压U_T为负值，当栅源电压向负方向增加且超过U_T后才会产生反型层，而漏极电流I_D方向为流出漏极。P沟道耗尽型MOS场效应管则在$U_{GS}=0$时已有导电沟道，$U_{GS}>0$时正栅源电压将使反型层变薄，过大的正电压将使反型层消失（夹断），其临界值就是夹断电压U_P，而$U_{GS}<0$时，反型层变厚，漏极电流I_D增大。图1.52所示分别P沟道增强型和耗尽型两种管子的特性曲线和参考方向约定，注意与N沟道场效应管特性曲线的比较。因为P沟道场效应管的U_{DS}为负值，漏极直流电流i_D是流出漏极的。在图1.52中，选取流出漏极为i_D的正方向。而N沟道场效应管的漏极直流电流i_D是流入漏极的，在图1.49和图1.50中，坐标系选取了以流入漏极作为i_D的正方向。

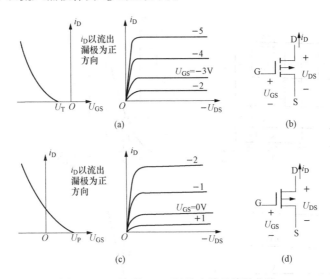

图1.52　P沟道MOS场效应管的特性曲线
（a）P沟道增强型MOS场效应管的特性曲线；（b）P沟道增强型MOS场效应管参考方向的约定；
（c）P沟道耗尽型MOS场效应管的特性曲线；（d）P沟道耗尽型MOS场效应管参考方向的约定

4. MOS场效应管的参数

MOS场效应管的参数大多与结型场效应管类似，因MOS场效应管有增强型和耗尽型的区别，所以表示栅源电压与导电沟道关系的参数有两个，增强型管子用开启电压U_T，耗尽型管子用夹断电压U_P。

四、VMOS功率场效应管

由于普通MOS场效应管工作在恒流区时，导电沟道近漏端的夹断区有较大的电压降落，因此，管子消耗的功率大部分发生在近漏端。而漏端面积狭小，无法把大量热量散发出去，这就限制了场效应管的大功率应用。

VMOS功率场效应管的V表示场效应管的漏极电流是垂直于表面流动的。它具有输入阻抗高、所需驱动功率小、驱动电路简单、工作频率高、开关速度快、动态损耗小、热稳定性好、跨导线性好等优点，已成为一种广泛使用的功率器件。

图1.53所示是N沟道VMOS功率场效应管的结构示意图。在这种结构中，N⁺型硅衬底就是漏极，在N⁺型硅衬底上制作一层掺杂浓度较低的N型区，在这个N型区，再依次扩散P型区和N⁺型区，然后沿垂直方向穿过N⁺区和P型层制作出一个V型槽，再在整个表面生长出氧化层，并在V型槽上和N⁺区制作金属电极，引出栅极G和源极S。

当$U_{GS} > U_T$（增强型）时，P区靠近V形槽氧化层的表面形成反型层，成为连通N⁺区和N型外延层的垂直沟道，自由电子沿沟道自N⁺源区流向N型外延层，到达N⁺衬底的漏区。在这种结构中，作为漏极的N型外延层和N⁺衬底可以直接安装在金属基座上，扩大了漏极的散热面积，还可以采用散热器，进一步改善散热条件。而且，由于耗尽层主要出现在低掺杂的外延层，可以大大提高管子的漏源击穿电压。因此，VMOS场效应管可以应用于大功率工作的场合。同时，从结构上看，P型区的厚度就是沟道长度，这个厚度可以做得很薄，所以VMOS场效应管是短沟道器件，当栅源电压增大到一定值后，其跨导保持恒定，线性好。此外，VMOS场效应管栅极极板

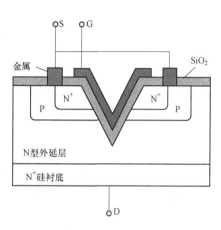

图1.53　N沟道VMOS场效应管结构示意图

与漏区之间的对应部分小，极间电容小，可以工作于较高频率。作开关用时，速度快，动态损耗小。由于有上述优点，VMOS场效应管获得了广泛应用。

五、场效应管和晶体三极管的比较

（1）场效应管属于电压控制电流器件，晶体三极管是电流控制电流器件。场效应管的放大作用远低于晶体三极管。

（2）场效应管是利用导电沟道中多数载流子导电的器件，又将其称为**单极型**（一种载流子）**晶体管**。而晶体三极管则是空穴和自由电子都参与工作的器件，因此晶体三极管又被称为**双极型晶体管**。由于多子的浓度不易受温度、光线、射线等外界因素的影响，所以场效应管的温度稳定性、抗辐射能力优于晶体三极管。

（3）晶体三极管的发射结在放大时需正偏，而PN结正偏时的动态电阻很小。场效应管的输入端或是一个反偏的PN结，或是绝缘层。因此，场效应管的输入等效电阻很大，结型场效应管的输入电阻在$10^7\,\Omega$以上，MOS场效应管的输入电阻更高达$10^9\,\Omega$以上，而晶体三极管共发射极接法时的输入电阻仅为$10^3\,\Omega$左右。

（4）由于场效应管的源极和漏极具有互换性，在小电流、低电压工作时，场效应管可以作为小功率无触点的电子开关和电压控制的可变线性电阻器。

（5）MOS场效应管的制造工艺简单，管芯占用面积小，适用于大规模集成电路。

（6）对于结型场效应管和衬底不与源极相连的MOS场效应管管来说，漏极和源极是对称的，可以互换使用。耗尽型MOS场效应管管的栅极电压可正可负，因而场效应管放大电路的构成比BJT放大电路灵活。

第五节　二极管伏安特性和三极管输出特性的 Proteus 仿真

为观察二极管伏安特性及三极管输出特性，在 Proteus 中选取二极管、低功耗 NPN 型三极管 2N1711，按图 1.54 所示连接电路。

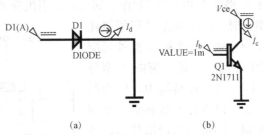

图 1.54　二极管及三极管伏安特性测试连接电路
(a) 二极管；(b) 三极管

为得到二极管电流随外加偏置电压的变化规律，采用电流探针（命名为 I_d）来检测二极管电流，并为其连接直流电压源，将电压值手动设置为 V，如图 1.55 所示。利用直流扫描图表工具 DC SWEEP，进行图表仿真，得到二极管伏安特性，结果如图 1.56 所示。可以看出，当电压超过 0.7V 时二极管导通。

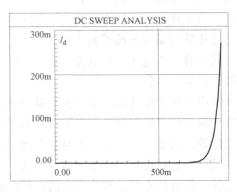

图 1.55　直流电源设置　　　　　　　图 1.56　二极管伏安特性结果

为得到晶体管的输出特性，将晶体管的发射极接地，基极接直流电流源，变量名设为 I_b，电流大小设置为 1mA；集电极接直流电压源，变量名设为 V_{ce}，电压值为 1V。在晶体管集电极接电流探针，变量名为 I_c。选择转移特性图表工具 "Transfer"，将源码 1 和源码 2 分别选择 V_{ce} 和 I_b，如图 1.57 所示。添加变量 I_c，仿真图表，得到图 1.58 所示结果。可以看出，当 V_{ce} 较小时，集电结正偏，I_c 随着 V_{ce} 的增加而上升，I_c 与 I_b 不是比例关系，三极管处于饱和区；当 V_{ce} 增加到使集电结反偏后，V_{ce} 在一定范围内增加时，I_c 几乎不变，且 I_c

注　每章最后一节的插图为软件生成，图中元器件的文字符号和图形符号与图标规定的不一致，具体对照见本书配套资源。

与 I_b 成比例关系，三极管进入放大区。

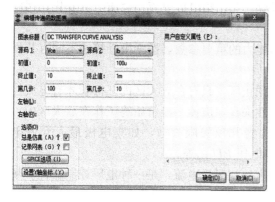

图 1.57　图表设置

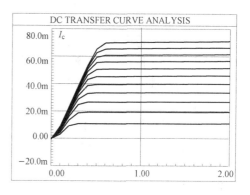

图 1.58　三极管输出特性曲线

本章小结

（1）常用二极管、三极管、场效应管和集成电路都是用半导体材料制造的。半导体中存在着自由电子和空穴两种载流子。掺入其他元素后的半导体称为杂质半导体，杂质半导体分为两种：N 型半导体和 P 型半导体。N 型半导体中自由电子是多数载流子，P 型半导体中空穴是多数载流子。

（2）PN 结是制造所有半导体器件的基础。PN 结中的 N 型半导体和 P 型半导体在交界处形成一个空间电荷区，此空间电荷区又被称为耗尽层、势垒区、阻挡层等。PN 结具有单向导电性：当 PN 结外加正向电压（正偏）时，耗尽层变窄，正向电流大，正向压降小；当 PN 结反偏时，耗尽层变宽。反向电流极小。

PN 结反偏时的反向电流与反向电压的大小无关，呈现出饱和特征，称为反向饱和电流。反向饱和电流与温度有密切关系。当反向电压过大时，PN 结被击穿，反向电流急剧增大。

二极管内部就是一个 PN 结，它有许多型号，有的只允许通过十几毫安的电流，有的却可以流过几百安的电流。由于二极管具有单向导电性的特点，常用于整流、检波、限幅等电路中。半导体器件的电流电压关系常用伏安特性曲线来描述，PN 结是一种非线性器件。

（3）稳压二极管是一种常用的特殊二极管，它在反向击穿状态下的具有很好的恒压特性，可用来构成稳压电路。它处于反向截止和正向导通状态时的特性与普通二极管相近。

发光二极管是一种固体发光器件，它工作于正向导通状态，发光强度在一定范围内与正向电流有关。

（4）晶体管按 PN 结排列方式不同有 NPN 和 PNP 两种类型，按材料不同有硅管和锗管。在三极管内部，均包含两个 PN 结（发射结和集电结），三个区（发射区、基区和集电区）。

三极管可以实现对电信号的放大，其原因是三极管具有电流控制作用。放大作用的实现需要以下条件：电路电源电压保证三极管发射结正偏，集电结反偏，且制造三极管时要实现发射区高掺杂，基区低掺杂且宽度很薄，集电结面积要大等。

三极管属于非线性器件，描述三极管电压电流关系的伏安特性曲线有输入特性和输出特性曲线。从输出特性上可以看出，当改变基极电流时，集电极电流便会成比例变化。因此三极管是电流控制器件。

电流放大系数是用来描述三极管电流控制能力的重要参数，按三极管接法不同有共发射极电流放大系数 β 和共基极电流放大系数 α。

三极管的特性曲线分为饱和区、放大区和截止区，只有在放大区内三极管才有电流控制作用。为了避免在放大信号时产生严重的非线性失真，应使三极管始终工作在放大区内。

为了保证三极管安全工作，在使用时应注意几项极限参数，如集电极最大允许电流 I_{CM}、集电结最大允许耗散功率 P_{CM} 和反向击穿电压 BU_{CEO} 等。

（5）场效应管利用栅源间电压形成的电场来控制漏极电流，是一种电压控制器件。场效应管分为结型和绝缘栅型两大类，二者又有 N 沟道和 P 沟道两种类型，对于绝缘栅型场效应管又分为增强型和耗尽型两种，而结型场效应管只属于耗尽型。

描述场效应管电压电流关系的伏安特性有输出曲线和转移特性曲线，场效应管工作于输出特性曲线上的可变电阻区时，相当于一个受 U_{GS} 控制的可变线性电阻。工作于饱和区（恒流区，线性放大区）时，可实现栅源电压对漏极电流的控制。

描述场效应管放大能力的重要参数是跨导 g_{m}。场效应管的主要特点是输入电阻高，抗辐射能力强，易于集成。

习　题

1.1　试比较一个小功率锗二极管（2AP9）和一个小功率硅管（2CP10）的门槛电压、反向电流、最高反向工作电压和工作频率，可查阅有关半导体器件手册。

1.2　有一 PN 结在温度为 20℃时的反向饱和电流为 $2\mu A$，30℃时为 $4\mu A$，40℃时为 $8\mu A$，试计算温度为 0℃和 60℃时的反向饱和电流分别为多少？

1.3　如何用万用表的欧姆挡判断二极管的阳极、阴极？根据二极管的单向导电性和模拟式万用表欧姆挡的内部电路拟定测试方法，预测测试结果。

（提示：模拟式万用表转换开关在欧姆挡位置时，黑表笔接表内电池的正极，而红表笔接表内电池的负极）

1.4　用万用表的 $R×100\Omega$ 挡和 $R×1k\Omega$ 挡测量同一个二极管的正向电阻时，发现用 $R×1k\Omega$ 挡测得的阻值比用 $R×100\Omega$ 挡测得的阻值大，为什么？

（提示：使用万用表上述欧姆挡时，表内电路为 1.5V 电池和一个电阻串联，在不同量程时这个串联电阻的阻值不同，$R×1k\Omega$ 挡的内部等效电阻比 $R×100\Omega$ 挡的大。）

1.5　某二极管的伏安特性如图 1.59 所示，电路中电源电压为 1.5V，电阻为 1kΩ，试用图解法确定流过二极管的电流 I_{D} 和二极管两端电压 U_{D}。

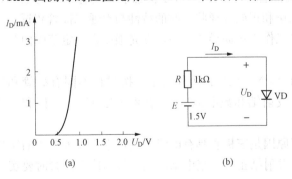

图 1.59　题 1.5 图

1.6 已知在图 1.60 中，$u_i=15\sin\omega t(\text{V})$，$R_L=1\text{k}\Omega$，试对应画出二极管的电流 i_D，电压 u_D 以及输出电压 u_o 的波形，并在波形图上标出幅值，设二极管为理想二极管。

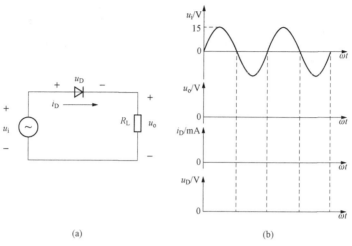

(a)   (b)

图 1.60 题 1.6 图

1.7 二极管电路如图 1.61（a）所示，设输入电压 $u_i(t)$ 波形如图 1.61（b）所示，在 $0\sim5\text{ms}$ 的时间间隔内画出 $u_o(t)$ 的波形，设二极管是理想二极管。

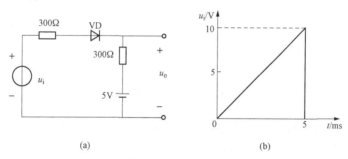

(a)   (b)

图 1.61 题 1.7 图

1.8 电路如图 1.62 所示，设电路输入电压 $u_i=10\sin\omega t(\text{V})$，试画出输出端电压波形。

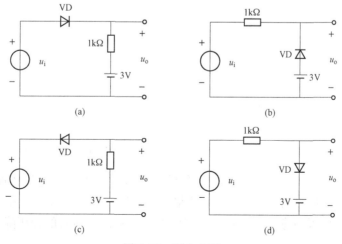

(a)   (b)

(c)   (d)

图 1.62 题 1.8 图

1.9　试判断图 1.63 所示各电路中二极管是导通还是截止，并求出 AG 两端电压 U_{AG}，设二极管是理想的。

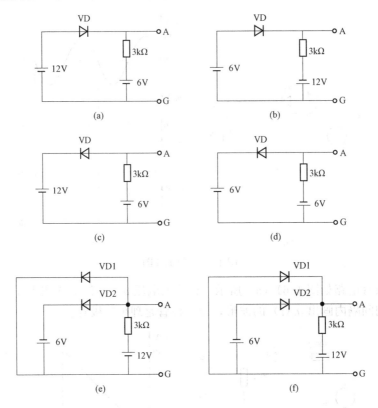

图 1.63　题 1.9 图

1.10　图 1.64 所示电路是一种双向限幅电路，常用于集成运算放大器的输入端，将输入电压限制在一定范围内。图中，VD1、VD2 是硅二极管，设其正向压降为 0.6V，试画出当输入电压 $u_i=6\sin\omega t$（V）时的输出波形。

1.11　电路如图 1.65 所示，稳压管 VS 的稳定电压 $U_S=8V$，限流电阻 $R=3k\Omega$，设 $u_i=16\sin\omega t$（V），试画出输出波形。

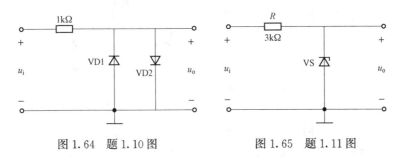

图 1.64　题 1.10 图　　　　　图 1.65　题 1.11 图

1.12　试画出图 1.66 所示电路的电压传输特性曲线。（提示：电压传输特性曲线反映电路输出电压与输入电压之间的关系，通常用横轴表示输入电压，纵轴表示输出电压。）

1.13　两个稳压管的稳定电压分别为 5V 和 7V，正向连接时的管压降均为 0.7V，试思考：将它们用不同的方法串联后接入电路，可能得到几种不同的稳压值？画出相应的电路。

1.14 一稳压管在 20℃时的稳压值为 5V，温度系数为 +0.05%/℃。当温度升高到 50℃时，稳压值是多少？

1.15 某三极管的 $\beta = 90$，$I_{CBO} = 5\mu A$，试求：三极管的 α 与 I_{CEO} 值。

1.16 有两个三极管，一个管子的 $\beta = 160$，$I_{CEO} = 180\mu A$，另一个的 $\beta = 70$，$I_{CEO} = 10\mu A$，其他参数一样，试思考：接成放大电路时应选哪一个管子？为什么？

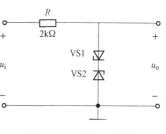

图 1.66 题 1.12 图

1.17 在放大电路中，测得两个三极管 VT1 和 VT2 的三个电极对地电位分别为：①9V；②3.6V；③3V 和①−5V；②−10V；③−5.3V。试据此判断这两个三极管的类型（是 NPN 管还是 PNP 管，是硅管还是锗管），并指出 e、b、c 三个电极。

1.18 测得放大电路中三极管电极对地电位如图 1.67 所示，试判断各三极管处于放大区、截止区、饱和区中的哪一个？

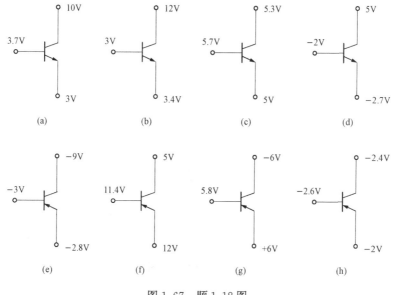

图 1.67 题 1.18 图

1.19 根据图 1.68 所示的转移特性曲线，分别判断对应的场效应管的类型（结型或绝缘栅型，P 型沟道或 N 型沟道，增强型或耗尽型）。若为耗尽型，确定其夹断电压 U_P 和饱和漏极电流 I_{DSS}；若为增强型，则确定其开启电压 U_T。

1.20 已知某 N 沟道增强型 MOS 场效应管的漏极特性曲线如图 1.69 所示，试做出 $U_{DS} = 10V$ 时的转移特性曲线，并由特性曲线求出该管的开启电压 U_T 和 I_{DO} 值，以及当 $U_{DS} = 10V$，$U_{GS} = 4V$ 时的跨导 g_m。

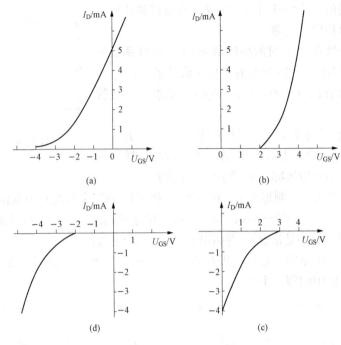

(a)　　　(b)

(d)　　　(c)

图 1.68　题 1.19 图

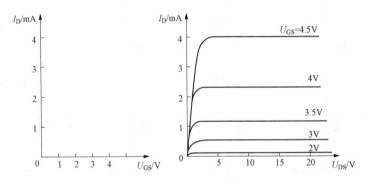

图 1.69　题 1.20 图

第二章　基本放大电路

　　放大电路是电子设备中最常用的单元电路，而单级放大电路是构成放大电路的基础。本章由最基本的单级共发射极放大电路的组成开始，分别介绍由分立元件组成的三种组态的单极放大电路、场效应管放大电路的组成、工作原理和分析方法，以及多级放大电路的耦合方式及计算等内容。

第一节　放大电路基本概念

一、电子电路的输入信号

　　电子电路的输入电信号一般分为模拟信号和数字信号两种。模拟信号是指时间和幅值都是连续变化的信号，其幅值在其动态范围内可取任意值，可在任意时刻都有对应的输出值。大多物理量都是随时间连续变化的，如锅炉的炉温、电机的转速、大气气压、液体的流速等。但在分析、测试电子电路时，通常选用最简单的信号——正弦波信号作为电路的输入信号。数字信号的幅值和时间都是离散的。通常说的数字信号只有高、低两种电平，电路的输入信号和输出信号的幅值都一样。所传输的信息包含在高、低电平的组合之中。处理数字信号的电子电路称为数字电路；处理模拟信号的电子电路称为模拟电路。

二、放大电路的分类

　　放大电路的作用是将微弱的信号放大到所需要的大小。其应用十分广泛，如收音机、电视机以及各种通信设备和系统、检测测试仪器或者各种自动控制系统中，都会使用各式各样的放大电路。

　　根据被放大信号的特征不同，放大电路可分为直流放大电路、音频放大电路、视频放大电路、宽频带放大电路，放大高频载波信号和调制波信号的谐振放大电路等。根据被放大信号的频率，上述放大电路可分为低频放大电路、高频放大电路、超高频放大电路等。根据被放大信号的大小，又可分为小信号放大电路和大信号放大电路。本书仅介绍低频放大电路，除了低频功率放大电路外，其他均为小信号放大电路。

　　从本质上说，放大电路将弱小信号放大的过程并不是电能被放大的过程，而是一个将直流电源所提供的直流功率中的一部分转换成交流功率输出给负载的过程。在这一过程中，需要对被转换的这部分交流功率进行控制，使其随输入信号的变化规律而变，即当输入为正弦波时，输出到负载上的交流电压和电流也应是同频率的正弦波。能够实现这种控制作用的器件就是三极管或场效应管。可见，放大电路工作时需要有一个外部能源支持，即放大电路工作时需要有一个电源，一方面为三极管提供所需的偏置电压，另一方面提供电路的功率消耗和功率输出。

三、放大电路的技术指标

　　通常用放大电路的技术指标来定量描述放大电路的技术性能。衡量一个放大电路性能的技术指标有很多，这里只介绍一些比较常用技术指标的概念。

图 2.1 所示为放大电路的框图，$\dot{U}_s$ 为信号源电压，R_s 为信号源等效内阻，$\dot{U}_i$ 和 $\dot{I}_i$ 分别为输入电压和输入电流，R_L 为负载电阻，$\dot{U}_o$ 和 $\dot{I}_o$ 分别为输出电压和输出电流。放大电路的输出端根据戴维南定理用受控电压源 $\dot{U}'_o$ 和内阻 R_o 等效。在测试电路的技术指标时，一般是在电路的输入端加上一个已知幅值和频率的正弦电压作为输入激励信号，接通电源后测试电路中的相关电量。

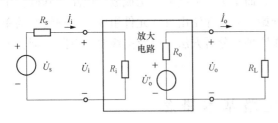

图 2.1　放大电路的框图

1. 放大倍数

放大倍数是用来描述电路对输入信号的放大能力，它反映在输入信号的控制下，将供电电源能量转换为信号能量的能力。在实际应用中，根据放大电路输入信号的条件和对输出信号的要求，有如下定义。

（1）**电压放大倍数**：不失真时输出电压与输入电压的变化量之比。当输入接入正弦信号时，也可以用输出和输入电压的正弦相量之比来表示，即

$$\dot{A}_u = \frac{\dot{U}_o}{\dot{U}_i} \tag{2.1}$$

在工程上还有另外一种表示放大倍数的方法，即

$$A_u(\text{dB}) = 20\lg|\dot{A}_u| \tag{2.2}$$

这样计算出的放大倍数称为电压增益，单位是分贝。当 $A_u>1$ 时，其电压增益大于 0，表示有增益。如果 $A_u=1$，输出与输入相等，则为 0dB，表示没有增益；而当 $A_u<1$ 时，则分贝数为负值，表示信号被衰减。

（2）**电流放大倍数**：输出电流与输入电流的变化量之比。在输入接正弦信号时，也可用输出电流与输入电流的正弦相量之比来表示，即

$$\dot{A}_i = \frac{\dot{I}_o}{\dot{I}_i} \tag{2.3}$$

此外，在某些应用中需要把电流信号转换为电压信号，或把电压信号转换为电流信号，此时相应的放大倍数为**互阻放大倍数**和**互导放大倍数**。互阻放大倍数是电路输出电压变化量与输入电流变化量之比，或是两者正弦相量之比，即

$$\dot{A}_R = \frac{\dot{U}_o}{\dot{I}_i} \tag{2.4}$$

类似的，互导放大倍数的表达式为

$$\dot{A}_G = \frac{\dot{I}_o}{\dot{U}_i} \tag{2.5}$$

2. 输入电阻

从放大电路输入端看进去的等效电阻称为放大电路的输入电阻，如图 2.1 中的 R_i 所示。R_i 的大小等于输入端外加正弦输入电压与相应输入电流之比，即

$$R_i = \frac{\dot{U}_i}{\dot{I}_i} \tag{2.6}$$

输入电阻反映了放大电路从信号源得到信号幅度的大小。在图 2.1 中，R_i 越大，$\dot{I}_i$ 越小，信号源内阻 R_s 上的电压损耗就越小，放大电路输入端得到的 $\dot{U}_i$ 就越大。所以在信号为电压源性质的场合，输入电阻应远大于 R_s。对于电流源性质的信号源，输入电阻越小，注入放大电路的输入电流越大。

3. 输出电阻

放大电路的输出电阻 R_o 反映电路驱动负载的能力，是从放大电路输出端看进去的等效电阻。在图 2.1 中，R_o 越小，负载阻值变化对输出电压造成的影响越小，当 $R_o = 0$ 时，放大电路的输出端变成一个理想受控电压源，输出电压大小与 R_L 的有无或增减无关，电路的带负载能力最强。所以从提高电路带负载能力的角度，通常希望放大电路的输出电阻越小越好。

输出电阻 R_o 的定义是当 $U_s = 0$（但保留信号源内阻 R_s），输出端负载开路时，在电路输出端外加一个交流电压 $\dot{U}$，计算或测量相应的电流 $\dot{I}$，两者之比即为输出电阻 R_o，即

$$R_o = \left. \frac{\dot{U}}{\dot{I}} \right|_{\substack{U_s = 0 \\ R_L = \infty}} \tag{2.7}$$

4. 非线性失真系数

由于电路中三极管、场效应管等放大器件的非线性，使得电路输出信号波形产生非线性失真。当输入单一频率的正弦信号时，输出波形中除了基波分量外，还会出现一定数量的谐波。将所有谐波总量与基波分量的比值定义为非线性失真系数，用符号 γ 表示为

$$\gamma = \frac{\sqrt{\sum_{N=2}^{\infty} U_{on}^2}}{U_{oi}} \times 100\% \tag{2.8}$$

式中：U_{oi} 是输出电压信号基波分量有效值；U_{on} 是高次谐波分量的有效值；N 为正整数。

5. 最大输出功率和效率

放大电路的最大输出功率是指在输出波形没有明显失真的前提下，向负载提供的最大功率，用 P_{OM} 表示，它是功率放大电路的一个重要指标。

由于负载得到的交流功率是在输入信号的控制之下从直流电源转换而来的，这就有一个转换效率问题，其定义为电路最大输出功率 P_{OM} 与直流电源输出的功率 P_V 之比，即

$$\eta = \frac{P_{OM}}{P_V} \tag{2.9}$$

放大电路的技术指标除了上面介绍的以外，还会有一些其他指标，如通频带（将在第三章详细讲解）、最大输出幅度、信号噪声比、抗干扰能力、体积、质量等。

第二节 共 发 射 极 放 大 电 路

双极型三极管在放大电路中可以接成共发射极放大电路、共基极放大电路和共集电极放大电路三种电路形式，分别简称为共射、共基和共集电路。其中，共射电路应用最广泛，本节将介绍共射电路的组成原理和基本分析法。

放大电路工作时，三极管的电压、电流均由直流成分与交流成分叠加而成。在讨论放大

电路的工作原理和性能时，将涉及电路中的交流、直流电压（电流）。为便于讨论，现以三极管基极－发射极电压为例，将所用符号说明如下[1]：

U_{BE}——表示从基极到发射极的直流电压值；

u_{be}——表示基极与发射极之间的交流电压瞬时值；

u_{BE}——表示基极到发射极之间直流电压和交流电压瞬时值的总和；

U_{be}——表示基极到发射极之间的正弦交流电压有效值。

对于其他电量，亦遵循相同规律。

一、单级共射放大电路的组成

图 2.2 所示的电路是最基本的共发射极放大电路。u_i 是电路的输入端，u_o 是电路的输出端。在这两处标注的电压极性是输入电压和输出电压的参考方向。在电子电路中，通常取输入电压、输出电压以及直流电源 V_{CC}、V_{BB} 的连接点为电位参考点，称为"地"，用符号"⊥"表示，但该点并不真正接大地，它是该电路的零电位点。在分析计算中均以它作为参考电位。这样，电路中的各点电位实际上就是各点对地电压（即电位差）。为分析方便，所有各点对地电压的参考方向均标注为对地为正。三极管管脚电流的参考方向则以其静态电流流向为参考方向。

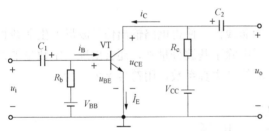

图 2.2 共射放大电路的原理电路

VT 是 NPN 型硅三极管，它必须工作在放大区，使集电极电流 i_C 受基极电流 i_B 控制。V_{BB} 是基极回路的直流电源，其极性保证了三极管的发射结正偏，并与基极电阻 R_b 一起，为三极管提供一个大小合适的静态基极电流 I_B（此电流称为**基极偏置电流**，简称**偏流**）。在此电路对应的直流通路中，可以列出基极回路电压方程为 $V_{BB} = I_B R_b + U_{BE}$，由此可得

$$I_B = \frac{V_{BB} - U_{BE}}{R_b} \tag{2.10}$$

三极管发射结正偏时，硅管的 U_{BE} 约为 0.7V，锗管的 U_{BE} 约为 0.2V，且随 I_B 变化较小。为简化计算，可将 U_{BE} 看成是一个常数，以 0.7V（0.2V）作为典型值代入，即可估算出 I_B 之值。当 V_{BB} 的值确定后，通过改变 R_b 的阻值就可以调整 I_B 的大小，进而控制三极管的集电极电流，所以 R_b 被称为**基极偏置电阻**。在后述的分析中可以看到，基极偏置电流 I_B 的大小，决定了放大电路的静态工作点的位置，和放大电路的性能有着密切关系。因当电源电压和 R_b 确定后，I_B 是"固定"的，所以这种电路称为**固定偏置电路**。

V_{CC} 是集电极回路的电源电压，取值一般在几伏到几十伏之间，其作用一是保证三极管集电结反偏，二是提供电路工作所需能源。R_C 是集电极电阻（一般在几千欧到十几千欧之间），它的作用是将三极管集电极电流 i_C 的变化转换为集电极电压 u_{CE} 的变化，当 i_C 增大时，R_C 上的压降增大，则 u_{CE} 减小（因为 $u_{CE} = V_{CC} - i_C R_C$），反之则 u_{CE} 增大。

电容 C_1、C_2 分别是输入回路和输出回路的**耦合电容**，其作用是"隔直流，通交流"。对直

---

❶ 见目录前的常用符号表。

流来说，容抗为无穷大，相当于开路，使直流电源V_{CC}无法加到信号源和负载上；对交流来说，容抗却很小，可近似为短路，使输入和输出信号顺利传输，耦合电容的容量较大，一般是几微法至几十微法的电解电容。电路在工作时，基极和集电极对地均有一定的直流电压（U_{BE}和U_{CE}），所以C_1、C_2上会有直流电压，大小等于U_{BE}和U_{CE}（经信号源和负载电阻充电）。因为电解电容是有极性，接入电路时必须考虑电解电容的接法，请注意图 2.2 中C_1、C_2的极性。

二、单级共射放大电路的工作原理

图 2.2 所示电路中，在输入电压信号未接入的情况下（也可以将输入端短接），$u_i=0$，三极管中的电流均为直流电流I_B、I_C、I_E（i_B、i_C、i_E中的交流电流为零，只有直流电流），电压u_{BE}、u_{CE}亦然。此时电路处于静态。

将待放大的输入电压u_i接入电路的输入端，经C_1耦合，加在发射结两端，使得u_{BE}在直流电压U_{BE}的基础上发生变化。这种发射结正偏电压的变化，必然会改变从发射区注入基区载流子的数量，从而引起基极电流i_B和集电极电流i_C的变化。i_C的变化使R_c两端压降变化，而集电极对地电压$u_{CE}=V_{CC}-i_C R_c$，当i_C的瞬时值增大时，u_{CE}将减小，故u_{CE}的变化规律与i_C正好相反。U_{CE}中的交流分量u_{ce}经C_2传送到输出端成为输出交流电压u_o。因为i_C的变化量比i_B大β倍，集电极电阻R_c在保证三极管集电结反偏的条件下可以较大阻值，所以有条件使输出电压幅度大于输入电压，从而达到放大的目的。图 2.3 中画出了电路在输入正弦波信号后的各点波形。

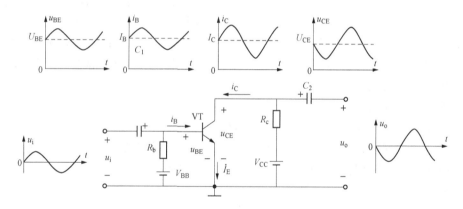

图 2.3　共射放大电路动态时各点波形

通过上述分析，可归纳出组成放大电路时应注意的三点原则。

（1）电路所用直流电源的极性应保证使三极管的发射结正向偏置，集电结反向偏置，即三极管应工作在线性放大区且有一定的放大倍数。

（2）输入回路各元件的接法应保证输入信号能顺利地传送到三极管的基极－发射极之间，使基极电流产生变化。

（3）输出回路各元件的接法应能使集电极电流变化量能转换为集电极电压的变化，并传送到输出端负载上。

这三原则的第（1）条是要解决三极管工作状态问题，第（2）、（3）条则是要解决"能输入"和"能输出"的问题。只要符合这三条，即使电路形式有所变化，仍然能够实现放大作用。

图 2.2 所示的电路图使用了两个直流电源，分析一下它们的接法，就能发现可以去掉

V_{BB}，用V_{CC}来代替V_{BB}的作用，改动后的电路图如图 2.4（a）所示，图 2.4（b）是电路的习惯画法。电路输出端增加了负载电阻 R_L，它可以代表真正的负载电阻，也可以代表后级电路对前级电路的影响。

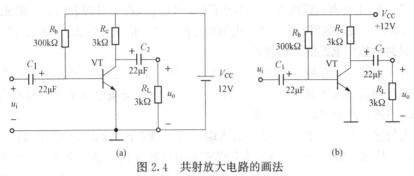

图 2.4　共射放大电路的画法

(a) 用 V_{CC} 代替 V_{BB} 后的电路；（b）习惯画法

第三节　放大电路静态工作分析方法

当放大电路没有输入信号（$u_i = 0$）时，电路中各处电压电流均为大小不变的直流量，此时电路处于静止状态，简称静态。对于三极管来说，通过了解 I_B、U_{BE}、I_C、U_{CE} 这四个量的大小，便可以确定三极管的工作状态，这就是对电路进行静态分析（也称直流分析）的目的。这四个量在三极管的输入、输出特性曲线分别对应一个点，该点称为**静态工作点**，简称 Q 点。三极管的静态工作点用 I_{BQ}、U_{BEQ}、I_{CQ}、U_{CEQ} 来表示。对于静态工作情况，可以采用近似估算法，也可以采用图解法求解。

一、静态工作点的近似估算法

【例 2.1】　试估算如图 2.4（b）所示电路的 Q 点。

解：对于直流问题，耦合电容 C_1、C_2 以及信号源、负载电阻 R_L 均与 Q 点无关。这样，图 2.4（b）中剩下的就是直流电流流通的路径（电路中直流电流流通的路径即为直流通路），如图 2.5 所示。

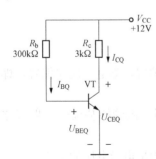

图 2.5　直流通路

图 2.5 中，标出了欲求的电量位置。用式（2.10）相同的推导方法可得

$$I_{BQ} = \frac{V_{CC} - U_{BEQ}}{R_b} \qquad (2.11)$$

其中 U_{BEQ} 可按典型值 0.7V 代入，如果 $V_{CC} \gg U_{BEQ}$，则式（2.11）还可近似成

$$I_{BQ} \approx \frac{V_{CC}}{R_b} \qquad (2.12)$$

在关系式 $i_C = \beta i_B$ 中，静态时交流成分为零，则有 $i_C = I_C$，$i_B = I_B$，所以有

$$I_{CQ} = \beta I_{BQ} \qquad (2.13)$$

从图 2.5 的集电极回路电压方程可得

$$U_{CEQ} = V_{CC} - I_{CQ} R_c \qquad (2.14)$$

以图中所标电路参数计算（设 $\beta=50$），可得下列结果

$$I_{BQ} \approx \frac{12\text{V}}{300\text{k}\Omega} = 0.04\text{mA} = 40\mu\text{A}$$

$$I_{CQ} = \beta I_{BQ} = 50 \times 0.04 = 2(\text{mA})$$

$$U_{CEQ} = V_{CC} - I_{CQ}R_c = 12 - 2 \times 3 = 6(\text{V})$$

由上述计算结果，根据后面图解法中所介绍的知识，便可判断出三极管的工作状态是否合适。

二、静态工作点的图解分析法

图解分析法的基本思路为：根据半导体器件的伏安特性曲线（非线性）与外围线性电路相连时，两组电压、电流关系只能有一组解，这组解就是两曲线相交之处的坐标值。图解分析过程如下。

第一步，将放大电路分成非线性和线性电路两部分。非线性部分包括图 2.2 中的三极管、决定其偏置电流的 R_b、V_{BB}，线性电路是 V_{CC} 和 R_c 的串联电路，如图 2.6 所示。对于图 2.4 电路，决定偏置电流的是 R_b 和 V_{CC}。

第二步，做出三极管的输出特性曲线，如图 2.7 所示。这一步骤的目的是找出非线性器件的 u_{CE}-i_C 关系曲线，该曲线可用晶体管特性图示仪得到。在输出特性曲线的若干条曲线中，要注意由 V_{BB} 和 R_b 所确定的曲线，因为基极电流已由 $i_B = I_B = V_{BB}/R_b = 12\text{V}/300\text{k}\Omega = 40\mu\text{A}$ 确定。它所反映的电压—电流关系就是三极管的 u_{CE}-i_C 关系。即

$$i_C = f(u_{CE})\,|_{i_B=40\mu\text{A}} \tag{2.15}$$

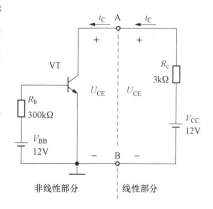

图 2.6　图解用电路图

第三步，做出直流负载线（线性部分的伏安特性）。线性电路部分在 A、B 两点之间的电压 u_{CE} 与集电极电流 i_C 的关系可以大致描述如下：电路处于静态，因此有 $i_C=I_C$，$u_{CE}=U_{CE}$。当电流 $i_C=I_C=0$ 时，$u_{CE}=U_{CE}=V_{CC}$；当电流 i_C 达到最大值 $i_C = V_{CC}/R_c$ 时，电压 $u_{CE}=0$；当 i_C 在 0 与最大值之间变化时，u_{CE} 将在 V_{CC} 与 0V 之间变化。这种电流、电压变化规律就是它的伏安特性曲线，对应的方程式为

$$u_{CE} = V_{CC} - i_C R_c \tag{2.16}$$

式（2.16）是一个直线方程，其斜率是 $-1/R_c$，在横轴和纵轴上的截距分别为 V_{CC}（V）和 V_{CC}/R_c（mA）。因其斜率与 R_c 有关，而 R_c 是集电极的直流负载（集电极的全部直流电流流过 R_c），故将此直线称为三极管的**直流负载线**。在分析时，通常是计算直线在横轴、纵轴上的交点，如图 2.7 中的 M、N 两点所示，用直线连之，即得直流负载线。

第四步，确定直流负载线与输出特性曲线的交点，即为 Q 点。在图 2.6 电路中，具有非线性特性的三极管与线性部分的 R_c、V_{CC} 组成一个完

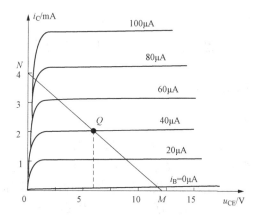

图 2.7　静态工作点的图解分析过程

整的电流回路，两部分的电流相等，A、B 两端电压 u_{CE} 也相等，所以只有这两部分伏安特性交点处的电压电流值才能同时满足式（2.15）和式（2.16）。

第四节　放大电路动态工作分析方法

放大电路的动态分析就是在静态分析的基础上，对放大电路的交流分量进行分析，从而确定放大电路的放大倍数、输入电阻和输出电阻等。动态分析通常采用的方法有图解分析法和微变等效电路分析法。

一、图解分析法

1. 交流通路

在动态分析之前，需先画出放大电路的交流通路。**交流通路**是指放大电路中交流电流流通的路径，是对电路进行交流分析的基础。在画交流通路时须注意：电路中对交流信号起耦合、旁路、滤波作用的电容应视为短路；直流电源因其内阻很小，近似等于零，交流电流流过时，其交流压降为零。对于交流信号来说，直流电压 V_{CC} 可视为短路。由此可知，放大电路的 V_{CC} 端是交流地电位，画交流通路时，接在 V_{CC} 上的元件（如 R_b、R_c）要接在交流地上。由此可得图 2.4 所示电路的交流通路如图 2.8 所示。

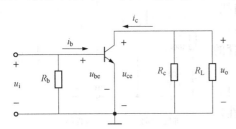

图 2.8　图 2.4 所示电路的交流通路

2. 交流负载线

图 2.8 所示交流通路中，三极管集电极交流电流 i_c 既流过 R_c 也流过 R_L，因此，三极管的交流负载是 R_c 和 R_L 的并联值，即

$$R'_L = R_c \mathbin{/\!/} R_L = \frac{R_C R_L}{R_C + R_L} \tag{2.17}$$

由图 2.8 可以写出集电极—发射极之间交流电压表达式为

$$u_{ce} = -i_c R'_L \tag{2.18}$$

式中，负号表示电压 u_{ce} 的参考方向与电流 i_c 的参考方向是非关联的。

因为 $u_{CE} = U_{CEQ} + u_{ce}$，$i_C = I_{CQ} + i_c$，所以有 $u_{CE} - U_{CEQ} = -(i_C - I_{CQ})R'_L$，整理后得

$$u_{CE} = U_{CEQ} + I_{CQ}R'_L - i_C R'_L \tag{2.19}$$

在输出特性曲线的坐标系中，此方程描绘的是一条直线，其斜率为 $-\dfrac{1}{R'_L}$，因 R'_L 是三极管的交流负载，故得名**交流负载线**。式（2.19）称为**交流负载线方程**。它在坐标轴上的截距分别为

$$\begin{cases} \text{当 } i_C = 0 \text{ 时，} u_{CE} = U_{CEQ} + I_{CQ}R'_L \\ \text{当 } u_{CE} = 0 \text{ 时，} i_C = I_{CQ} + \dfrac{U_{CEQ}}{R'_L} \end{cases} \tag{2.20}$$

在式（2.19）中，当 $i_C = I_{CQ}$ 时，$u_{CE} = U_{CEQ}$，即当交流信号过零（为零）时，与静态工作情况相同，故交流负载线必定会过 Q 点。所以交流负载线是一条通过 Q 点，斜率为 $-1/R'_L$ 的直线。

比较简单的交流负载线的画法是利用（2.20）式求出交流负载线在横轴上的截距，坐标 $(u_{ce}, 0)$ 可称为 P 点，其中 $u_{CE} = U_{CEQ} + I_{CQ}R'_L$，然后过 P、Q 两点作直线即为交流负载线。也可以做一条斜率为 $-1/R'_L$ 的辅助线，再过 Q 点作辅助线的平行线。辅助线方程可以参照

式（2.16）改写得到，辅助线的做法也与直流负载线相同。

以图 2.4 所示电路为例，在进行了静态工作点分析的基础上（见图 2.7），做交流负载线，因为 $R'_{\text{L}}=R_{\text{c}}\ /\!/\ R_{\text{L}}=1.5\text{k}\Omega$，所以 P 点在横轴上 9V 处（$u_{\text{CE}}=U_{\text{CEQ}}+I_{\text{CQ}}R'_{\text{L}}=6\text{V}+2\text{mA}\times1.5\text{k}\Omega$），过 P、Q 两点画直线，即得交流负载线，如图 2.9 所示。

交流负载线实质上是在基极交流电流作用下 u_{CE} 和 i_{C} 的移动轨迹，对放大电路的交流工作情况进行图解分析，就是根据输入电压波形确定基极电流波形，以此来决定动态工作点在输出特性曲线上的移动范围，进而画出输出电压 u_{CE} 和 i_{C} 波形的过程。

3. 放大电路接入正弦信号时的工作情况

为全面了解电路的动态工作过程，图 2.9 将输出、输入特性曲线和四个电压电流波形画在一起。

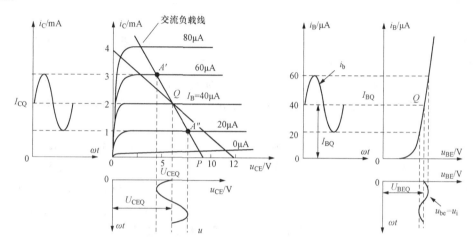

图 2.9　单级共射放大电路工作情况的图解分析

（1）根据输入电压波形确定 i_{B} 变化范围。当加入正弦输入信号时，输入交流信号与 U_{BEQ} 叠加，使 u_{BE} 在 U_{BEQ} 附近按正弦规律摆动，摆动范围为 $U_{\text{BEQ}}-u_{\text{im}}\sim U_{\text{BEQ}}+u_{\text{im}}$。根据 u_{BE} 的变化范围，可以标出输入特性曲线上动态工作点的移动范围，如果在动态工作点移动范围内输入特性曲线基本上是一直线，则由此形成的基极电流中的交流分量 i_{b} 也是一个正弦波，从图 2.9 中可看出 i_{B} 在 $40\mu\text{A}$（I_{BQ}）的基础上摆动幅度为 $20\mu\text{A}$。

（2）根据 i_{B} 变化范围确定输出特性上动态工作点移动范围及 i_{C}、u_{CE} 的波形。由基极电流的变化情况可以在输出特性曲线上确定动态工作点沿交流负载线移动的范围，当 i_{B} 在 60 $\sim20\mu\text{A}$ 之间变化时，输出特性曲线与交流负载线的交点将随之移动，其移动范围在 $A'\sim A''$ 之间（这两点间称为动态工作点的动态范围），动态工作点移动所形成的集电极电流变化是在 I_{CQ}（2mA）的基础上上下摆动 1mA，而三极管的管压降 u_{CE} 则是在 U_{CEQ}（6V）的基础上变化 1.5V 左右。u_{CE} 中的这种交流分量就是输出电压 u_{O}。从图中可以看出，引起输出电压这种变化的交流输入电压的幅度不过十几毫伏，这就是电路的放大作用。

需要注意的是，当输入交流电压处于正半周时，u_{CE} 中的交流分量 u_{ce} 处于负半周，因此单级共射放大电路还具有反相作用。

根据上述分析，可知放大电路工作时有如下特点：

1）无输入信号时，三极管中电流和电压均为直流量（I_{BQ}、U_{BEQ}、I_{CQ}、U_{CEQ}）。

2）加入输入信号后，电路中电压、电流均为直流分量与交流分量的叠加，即 $i_B = I_{BQ} + i_b$，$u_{BE} = U_{BEQ} + u_{be}$，$i_C = I_{CQ} + i_c$，$u_{CE} = U_{CEQ} + u_{ce}$。

3）u_{CE} 中的交流分量 u_{ce}（也是输出交流电压 u_o）的幅度远比 u_i 大，且与 u_i 波形规律相同，呈现出了放大作用。

4）输出电压 u_o 与输入电压 u_i 相位相反，这是共发射极放大电路的一个重要特点。

特别注意

（1）放大电路实现不失真放大的前提是在动态工作点移动范围内，三极管的输入特性和输出特性均应是线性的，否则将失真。而实际上，三极管的输入、输出特性都是非线性的，所以非线性失真不可避免。为减少失真，应尽可能选择线性好的管子，或者将动态工作点调整到线性特性好的区域内，再或者限制输入信号的幅度，让动态工作点在小范围内移动。

（2）交流负载线描述的是动态时 i_C 与 u_{CE} 的关系，直流负载线仅用以确定静态工作点。但当负载电阻 R_L 开路（$R_L = \infty$）时，交流负载线将与直流负载线重合。从交直流负载线方程看，交流负载线的斜率是 $-1/R_L'$，直流负载线的斜率是 $-1/R_c$。因为 $R_L' = R_c // R_L < R_c$，所以交流负载线比直流负载线陡。当 $R_L = \infty$ 时，两条负载线的斜率相等，且都过 Q 点，所以重合。由电路原理图看，当 R_L 开路时，i_C 中的交流分量只能全部流过 R_c，与 i_C 中的直流分量是同一个回路，电压电流关系自然相同。所以当负载开路时，动态工作点将沿交流负载线（直流负载线）移动。从图2.9中可以看出，如果基极电流摆动范围仍是 $20\sim60\mu A$，则由交流负载线（也是直流负载线）与 $20\mu A$ 和 $60\mu A$ 两条输出特性交点确定的范围可知，此时输出电压幅度比有负载电阻的情况增大了。此时的输出电压是电路的"空载输出电压"，当电路带负载后，输出将下降，负载越重（R_L 越小），则输出电压就越小（电压放大倍数越小）。此现象产生的原因是电路有输出电阻的存在。

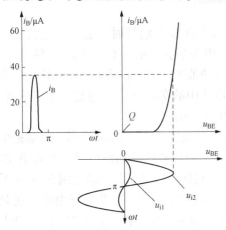

图2.10　$I_{BQ}=0$ 时的 i_B 波形

（3）由于三极管发射结的单向导电性和门槛电压，不设置 Q 点（将图2.4中的 R_b 开路，$I_{BQ}=0$），仅把交流输入信号加在发射结上不行。图2.10所示即这种情况，在输入信号较小时（例如 u_{i1}，大小约十几到几十毫伏，是小信号放大电路常见的输入范围），因小于门槛电压，不会产生基极电流。在输入信号较大时（如 u_{i2}），在交流信号的正半周且幅值大于门槛电压的一段角度（时间）内，发射结导通，产生基极电流 i_b。除此之外，$i_B=0$。所以此时三极管发射结的导通角度小于 π，三极管仅在发射结导通时进入放大区，大部分时间处于截止状态。显然，基极电流产生了极其严重的失真。所以放大电路在不设置一定静态电流的情况下是不能正常工作的。这就是放大电路要设置 Q 点的原因。

4. 非线性失真分析

（1）饱和失真与截止失真。在图2.11中，Q_1 的位置设置过高（此时 U_{CEQ} 偏小），在基

极电流 i_{B1} 的正半周，工作点进入饱和区，出现 i_B 增大而 i_C 不再成比例增大的现象，使 i_C 和 u_{CE} 的波形发生失真。这种失真是由于 Q 点进入饱和区引起的，故称为**饱和失真**，其特点是输出电压的负半周被压缩。

Q_2 的位置设置偏低，Q_2 在 i_{B2} 的负半周只能移动到横轴上（进入截止区），所以 i_C 和 u_{CE} 波形同样会失真，这种失真由 Q 点进入截止区造成，称为截止失真。其特点是输出电压的正半周被压缩。

读者可自行分析 PNP 管放大电路发生截止失真和饱和失真的情况。

如果想得到尽可能大的不失真输出，应将 Q 点设在交流负载线在线性区的中点处，使 Q 点在不进入饱和区、截止区的前提下上下移动距离等长且最大。动态工作点摆动

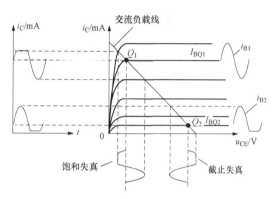

图 2.11　Q 点位置对非线性失真的影响

幅度最大，此时的输出电压即为放大电路的**最大输出幅度**。如果输出信号不大，为了降低 V_{CC} 的能量消耗，在保证不进入截止区和留出足够的动态范围后，一般要将 Q 点设得稍低一些。

（2）电路参数对 Q 点位置的影响。以图 2.4 所示基本共射放大电路为例，能对静态工作点产生影响的电路参数有 R_b、R_c、V_{CC}、β，现分别讨论如下：

1）R_b 的影响。在电路中其他参数不变的情况下，增大 R_b，I_{BQ} 将减小，Q 点将沿直流负载线下移，接近截止区。反之，如果减小 R_b，I_{BQ} 将增大，Q 点将沿直流负载线上移，如图 2.12（a）所示。

2）R_c 的影响。在电路中其他参数不变的情况下，当 R_c 增大时，直流负载线与纵轴的交点（0，V_{CC}/R_c）下移（斜率减小），因 I_{BQ} 不变，所以 Q 点向左移动，如图 2.12（b）所示。

3）V_{CC} 的影响。在电路中其他参数不变的情况下，改变电源电压 V_{CC}，直流负载线将平移。当 V_{CC} 增大时，直流负载线向 V_{CC} 增大的方向平移。Q 点右移，同时因 I_{BQ} 有所增大（$I_{BQ}=V_{CC}/R_b$），所以 Q 点将向右上方移动，如图 2.12（c）所示。

4）三极管 β 的影响。在电路中其他参数不变的情况下，当三极管的 β 变化（β 发生变化的情况有更换三极管、温度变化和老化）时，Q 点将随 I_{BQ} 对应的那条曲线的位置而变。当 β 增大时，输出曲线间隔增大，各条曲线上移，Q 点亦沿直流负载线上移（I_{CQ} 增大，U_{CEQ} 减小），如图 2.12（d）所示。

放大电路直流通路中的所有元件都影响 Q 点位置。当电路 Q 点不合适而需要调整时，其基本原则是：尽量减小因这种调整带来的对其他技术指标的影响，且调整过程简单迅速。相比之下，通过改变 R_b 调整 Q 点的方法则因简单有效且对电路输入电阻影响不大成为首选。具体调整方法是用一个电位器 R_P 和一个固定电阻 R_{b1} 串联后接入电路，代替原来的 R_b，如图并用毫安表串入 R_c 支路测量 I_{CQ}，或用电压表测量管压降 U_{CEQ}，调整电位器阻值至合适 Q 点处，如图 2.13 所示。将 R_P、R_{b1} 串联支路取下后测量其总阻值，并用一个相应阻值的固定电阻重新接入电路，复核 I_{CQ} 或 U_{CEQ} 后将电路复原。

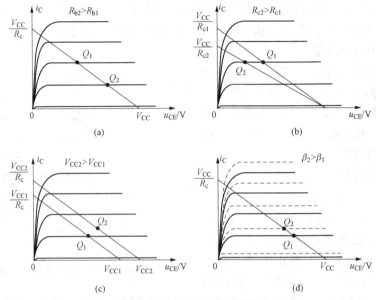

图 2.12 　电路参数对 Q 点位置的影响

（a）R_b 增大，Q 点下移；（b）R_c 增大，Q 点左移；（c）V_{CC} 增大，Q 点向右上方移动；（d）β 增大，Q 点上移

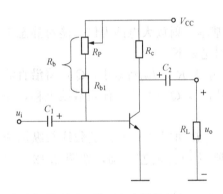

图 2.13 　偏置电流调整方法

与 R_P 串联的 R_{b1} 是保护电阻，用来防止 R_P 阻值调到零而造成发射结过电流烧毁，一般可取十几千欧至几十千欧。R_P 的阻值要稍大于理论计算出的 R_b，此调整过程称为"**调偏流**"，是分立放大电路调试时的第一道工序。

Q 点位置的变化可以通过其坐标值表现出来，在实际工作中，可通过测量其静态管压降 U_{CEQ} 得知 Q 点大致位置。例如，对于小功率管，在已知电源电压 V_{CC} 的情况下，若 U_{CEQ} 比较接近 V_{CC}，则说明 Q 点位置太低，而若 U_{CEQ} 较小（1～2V），则 Q 点偏高了。

若 $U_{CEQ} \approx V_{CC}$，说明三极管已经截止。若 $U_{CEQ} \approx 0.3 \sim 0.7V$，则已饱和。

5. 消除非线性失真的方法

由上述分析可知，根据失真类型调整 Q 点位置即可消除失真。如果输出波形如图 2.14 所示，则说明输入信号幅值过大，或者电路动态范围不够。解决方法或减小输入信号，或修改电路设计，扩大动态工作点的动态范围。

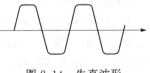

图 2.14 　失真波形

【例 2.2】 　如图 2.13 所示的电路，设 $V_{CC} = 15V$，$R_b = R_P + R_{b1}$ 调整到 $300k\Omega$，$R_C = 3k\Omega$，$R_L = 2k\Omega$，三极管的输出特性曲线见图 2.15。试完成：

（1）在输出特曲线上画出直流负载线；

（2）确定出 Q 点；

（3）画出交流负载线；

（4）确定电路最大不失真输出时 u_{CE} 的变化范围，并计算最大不失真输出电压（有效值）的大小。

解:（1）电路的直流负载线方程为 $U_{CE}=V_{CC}-I_{C}R_{c}=15-3I_{C}$，根据方程在坐标轴上的交点（15V，0mA）和（0V，5mA），连接这两点做出直流负载线。

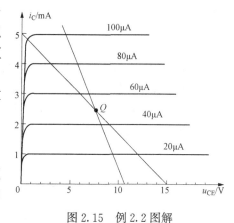

图 2.15 例 2.2 图解

（2）固定式偏置电路的基极直流电流可以通过下式计算

$$I_{BQ}=\frac{V_{CC}-U_{BEQ}}{R_{b}}=\frac{15-0.7}{300}\approx 50(\mu A)$$

在图 2.15 中找出 $I_{BQ}=50\mu A$ 的那条曲线与直流负载线的交点，即为 Q 点，由图中可读出 Q 点的纵坐标为 2.5mA 横坐标为 7.5V，即 $I_{CQ}=2.5$mA，U_{CEQ} 约为 7.5V。

（3）画交流负载线方法一：选辅助线方程为 $u_{CE}=5-i_{C}R_{L}'$，因为 $R_{L}'=R_{c}//R_{L}=1.2k\Omega$，由此可得辅助线与坐标轴的交点分别是（5V，0mA）和（0V，4.2mA），在这两点之间画一直线即为辅助线，过 Q 点做辅助线的平行线即得交流负载线。

画交流负载线方法二：根据交流负载线方程 $u_{CE}=U_{CEQ}+I_{CQ}R_{L}'-i_{C}R_{L}'$，求出交流负载线在 u_{CE} 轴上的截距。当 $i_{C}=0$ 时，有

$$u_{CE}=U_{CEQ}+I_{CQ}R_{L}'=7.7+2.5\times 1.2\approx 10.7V$$

过（10.7V，0mA）点和 Q 点画直线，即为交流负载线。

（4）根据上述确定交流负载线的特殊点，可以得到该线的斜率约为 -0.8，截距约为 8.6，进而可求得 i_{C} 为 5mA 时对应的 u_{CE} 约为 4.5V。即动态工作点沿交流负载线移动范围对应的 u_{CE} 变化范围约为 $4.5\sim 10.7$V，所以此时输出电压有效值为

$$U_{o}=\frac{10.7-4.5}{2\sqrt{2}}\approx 2.2(V)$$

二、微变等效电路分析法

在小信号工作的情况下，三极管的电压、电流变化量之间基本上是线性关系，所以可以用一个线性电路来代替三极管，只要这个替代电路的电压、电流变化关系与原来三极管相同，就可以认为它是三极管的等效电路。这样的线性电路称为三极管的微变等效电路。

1. 三极管的微变等效电路❶

将非线性器件线性化，前提是小信号工作。在图 2.16（a）所示的三极管输入特性上，Q 点附近基本上是一段直线，这段曲线长度越短，近似程度越好。所以可以认为 Δi_{B} 与 Δu_{BE} 成正比，这种比例关系可以用一个等效电阻 r_{be}

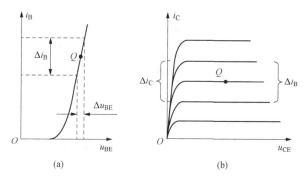

图 2.16 三极管特性曲线线性化
（a）输入特性；（b）输出特性

---

❶ 三极管的微变等效电路又称为 H 参数微变等效电路。

来表示，即

$$r_{be} = \frac{\Delta u_{BE}}{\Delta i_B} \tag{2.21}$$

对于图 2.16（b），可以近似认为各输出曲线均为水平线，且 Q 点附近 β 是一个常数（曲线等间距），则当 i_B 有 Δi_B 时，i_C 中相应有 Δi_C，Δi_C 比 Δi_B 大 β 倍。这种电流控制关系可以用一个受控电流源来描述，在这个受控源中，控制量是 Δi_B，被控制量是 Δi_C，控制系数是 β，即 $\Delta i_C = \beta \Delta i_B$。由以上分析，可以得出三极管的简化微变等效电路，如图 2.17 所示。

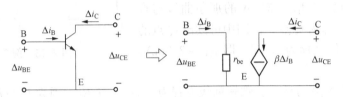

图 2.17　三极管的简化微变等效电路

之所以称为简化微变等效电路，是因为这里忽略 u_{CE} 对 i_C 的影响，即忽略了 u_{CE} 对输入特性的影响。如果全面考虑，则三极管的微变等效电路如图 2.18 所示。其中，等效电阻 r_{ce} 用来模拟 i_C 随 u_{CE} 增大的情况，μu_{ce} 则反映三极管 u_{CE} 变化时对输入特性的影响。由于在放大区输出特性曲线接近水平，当 u_{CE} 变化时，可以认为 i_C 基本不变，而在输入特性上，虽然当 u_{CE} 增大时输入曲线会右移，但 u_{CE} 在 1V 以上时，各条输入曲线基本上重合在一起。因此，采用简化微变等效电路所造成的误差很小，一般能满足工程实践的精度需要。

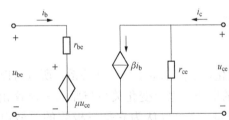

图 2.18　三极管的微变等效电路

在小信号工作情况下，变化量（如 Δi_B、Δu_{BE}）可以用交流分量瞬时值（如 i_b、u_{be}）代替，而输入为正弦波信号时，则在微变等效电路上标注电压电流的正弦相量（如 $\dot{I}_b$、$\dot{U}_{be}$）。

2. r_{be} 的估算公式

利用微变等效电路分析放大电路时，首先需要确定所用三极管的 β 值和 r_{be} 的值。由于半导体器件参数的离散性以及参数会随 Q 点的改变而变化，所以不能直接引用半导体器件手册上提供的数据。在实际工作中，可以使用晶体管参数测试仪、晶体管特性图示仪来测量 β 和 r_{be}。另外，r_{be} 还可以利用下面的公式进行估算

$$r_{be} = r_{bb'} + (1+\beta)\frac{U_T(mV)}{I_E(mA)} = r_{bb'} + (1+\beta)\frac{26(mV)}{I_E(mA)} \tag{2.22}$$

式中：$r_{bb'}$ 为三极管基区体电阻，对于低频小功率管，$r_{bb'}$ 约为 300Ω，对于高频小功率管，$r_{bb'}$ 约为 100Ω 左右；U_T 是温度的电压当量；I_E 是静态电流值。

三、应用举例

以图 2.4 所示单级共射放大电路为例，其原理电路和交流通路如图 2.19 的（a）、（b）所示，静态工作点的计算前已完成，见［例 2.1］。

将交流通路中的三极管用微变等效电路替换，就得到了放大电路的微变等效电路［见图

2.19（c）]。这是一个线性电路，由此图出发，可以求出电压放大倍数 $\dot{A}_u$、输入电阻 R_i 和输出电阻 R_o。为分析方便，要在输入端加入一个正弦输入电压，所以图 2.19（b）、（c）中电量均用正弦相量表示。

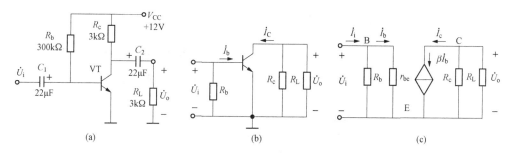

图 2.19　单级共射放大电路

（a）原理电路；（b）交流通路；（c）放大电路的微变等效电路

根据式（2.1）所列电压放大倍数定义，列出输出回路表达式为

$$\dot{U}_o = -\beta\dot{I}_b(R_c /\!/ R_L) = -\beta\dot{I}_b R'_L$$

根据等效电路的输入回路可列出

$$\dot{U}_i = \dot{I}_b r_{be}$$

所以，电压放大倍数为

$$\dot{A}_u = \frac{\dot{U}_o}{\dot{U}_i} = \frac{-\beta\dot{I}_b(R_c /\!/ R_L)}{\dot{I}_b r_{be}} = \frac{-\beta R'_L}{r_{be}} \qquad (2.23)$$

其中，$R'_L = R_c /\!/ R_L$ 是三极管总的交流负载，式中负号则说明输出电压与输入反相。可参考图 2.9 所示参考方向。

输入电阻本可按定义式（2.6）求出，从等效电路可以看出，输入电流 $\dot{I}_i$ 是 R_b 和 r_{be} 并联后的总电流，所以有

$$R_i = R_b /\!/ r_{be} \qquad (2.24)$$

当 $R_b \gg r_{be}$，可近似为 $R_i \approx r_{be}$。

根据输出电阻定义式（2.7），将负载电阻 R_L 开路，令输入电压 $\dot{U}_i = 0$，因 $\dot{I}_b = 0$，$\dot{I}_c = 0$，所以输出电阻为

$$R_o = R_c \qquad (2.25)$$

【例 2.3】　试用微变等效电路分析法计算图 2.4 所示电路的电压放大倍数和输入、输出电阻。

解：该电路的静态工作点分析已在［例 2.1］中完成。在这里直接引用其结果。

$$r_{be} = r_{bb'} + (1+\beta)\frac{26(\text{mV})}{I_E(\text{mA})} = 300\Omega + 51 \times \frac{26\text{mV}}{2\text{mA}} = 963\Omega \approx 0.96\text{k}\Omega$$

$$\dot{A}_u = \frac{-\beta(R_c /\!/ R_L)}{r_{be}} = \frac{-50(3 /\!/ 3)\text{k}\Omega}{0.96\text{k}\Omega} \approx -78$$

$$R_i = R_b /\!/ r_{be} \approx r_{be} = 0.96\text{k}\Omega \qquad (R_b \gg r_{be})$$

$$R_o = R_c = 3\text{k}\Omega$$

━━━ 特别注意 ━━━

（1）当负载电阻 R_L 阻值增大或开路时，电压放大倍数将增大。R_L 开路时放大倍数（称为开路电压放大倍数或空载电压放大倍数）为

$$\dot{A}_u = \frac{-\beta R_c}{r_{be}} = \frac{-50 \times 3\text{k}\Omega}{0.96\text{k}\Omega} \approx -156.3$$

（2）由于 $\dot{A}_u$ 表达式分子中有 β，分母中含有 $1+\beta$ 且占较大分量，所以单纯地提高 β 值并不能有效地提高放大倍数。而在允许的范围内适当提高三极管的静态电流可以增大 $\dot{A}_u$。

【例 2.4】 单级共射放大电路如图 2.20 所示，已知三极管的 $r'_{bb} = 300\Omega$，$\beta = 100$，$U_{BEQ} = 0.7\text{V}$，$R_b = 820\text{k}\Omega$，$R_c = 4.7\text{k}\Omega$，$R_e = 1.2\text{k}\Omega$，$R_L = 8\text{k}\Omega$，$V_{CC} = +15\text{V}$，耦合电容 C_1、C_2 的容量足够大❶。试完成下列分析计算：

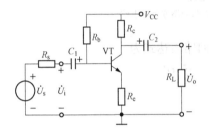

图 2.20　[例 2.4] 接有发射极电阻的共射放大电路

（1）计算电路的静态工作点和 r_{be}；

（2）计算电压放大倍数 $\dot{A}_u$、输入电阻 R_i、输出电阻 R_o；

（3）计算信号源内阻 $R_s = 0$ 和 $R_s = 20\text{k}\Omega$ 两种情况下的源电压放大倍数 $\dot{A}_{us} = \dfrac{\dot{U}_o}{\dot{U}_s}$。

解： 电路中电阻 R_e 接在发射极和地之间，不仅三极管的静态电流要流过它，在它上产生直流压降，交流电流 i_e 也会在其上产生交流压降，所以 R_e 对电路的静态和动态都会产生影响，在放大电路的直流通路和交流通路中都会有 R_e，如图 2.21 所示。

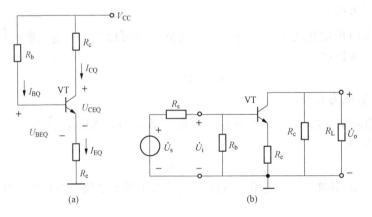

图 2.21　图 2.20 的直流通路和交流通路

(a) 直流通路；(b) 交流通路

（1）静态工作点的估算。根据直流通路列出基极回路电压方程为

$$I_{BQ}R_b + U_{BEQ} + I_{EQ}R_E = V_{CC}$$

---

❶ 在三极管放大电路中，耦合电容的容量一般为几微法～几十微法，其容量确定方法见第三章。

考虑到 $I_{EQ}=(1+\beta)I_{BQ}$，所以有

$$I_{BQ}=\frac{V_{CC}-U_{BEQ}}{R_b+(1+\beta)R_e}$$

代入已知电路参数，得

$$I_{BQ}=\frac{V_{CC}-U_{BEQ}}{R_b+(1+\beta)R_e}=\frac{(15-0.7)\text{V}}{(820+101\times1.2)\text{k}\Omega}\approx\frac{15\text{V}}{940.2\text{k}\Omega}=0.016\text{mA}=16\mu\text{A}$$

$$I_{CQ}=\beta\times I_{BQ}=100\times0.016=1.6\text{mA}$$

$$U_{CEQ}=V_{CC}-I_{CQ}R_c-I_{EQ}R_E\approx V_{CC}-I_{CQ}(R_c+R_E)$$

$$=15\text{V}-1.6\text{mA}\times(4.7+1.2)\text{k}\Omega=5.56\text{V}$$

$$r_{be}=r_{bb'}+(1+\beta)\frac{26(\text{mV})}{I_E(\text{mA})}\approx300\Omega+101\times\frac{26\text{mV}}{1.6\text{mA}}=1943\Omega\approx1.94\text{k}\Omega$$

（2）估算 $\dot{A}_u$，R_i 和 R_o。将图 2.21 交流通路中的三极管用简化微变等效电路代替（三个管脚 e、b、c 对应接好），并画于图 2.22 中。

根据等效电路，列出关于基极交流电流 i_b 的输入回路电压方程为

$$\dot{U}_i=\dot{I}_b r_{be}+\dot{I}_e R_E=\dot{I}_b r_{be}+(1+\beta)\dot{I}_b R_e$$

而输出电压表达式为

$$\dot{U}_o=-\dot{I}_c(R_c\mathbin{/\mkern-5mu/}R_L)=-\beta\dot{I}_b(R_c\mathbin{/\mkern-5mu/}R_L)=-\beta\dot{I}_b R_L'$$

所以有

$$\dot{A}_u=\frac{-\beta(R_c\mathbin{/\mkern-5mu/}R_L)}{r_{be}+(1+\beta)R_e}$$

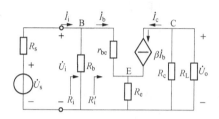

图 2.22　[例 2.4] 的微变等效电路

代入数据得

$$\dot{A}_u=\frac{-\beta(R_c\mathbin{/\mkern-5mu/}R_L)}{r_{be}+(1+\beta)R_e}=\frac{-100\times(4.7\mathbin{/\mkern-5mu/}8)}{1.94+101\times1.2}=\frac{-100\times2.96}{123.14}\approx-2.4$$

接入 R_e 后，电压放大倍数明显降低，原因是在输入电压作用下，交流电流 $\dot{I}_e$ 在 R_e 上产生的交流电压大大减小了三极管发射结上的交流电压 $\dot{U}_{be}$，使得输出电压减小，放大倍数下降。R_e 越大，这种现象就越严重。

输入电阻 R_i 是输入端电压 $\dot{U}_i$ 与输入端流入电流 $\dot{I}_i$ 的比值，$R_i=\dfrac{\dot{U}_i}{\dot{I}_i}$。由图 2.22 输入回路和式（2.6）可列出

$$\dot{I}_i=\frac{\dot{U}_i}{R_b}+\dot{I}_b=\frac{\dot{U}_i}{R_b}+\frac{\dot{U}_i}{r_{be}+(1+\beta)R_e}$$

所以有

$$\frac{1}{R_i}=\frac{\dot{I}_i}{\dot{U}_i}=\frac{1}{R_b}+\frac{1}{r_{be}+(1+\beta)R_e}$$

即

$$R_i=R_b\mathbin{/\mkern-5mu/}[r_{be}+(1+\beta)R_e]$$

实际上，根据输入电阻的定义，R_i 是输入端口电压 $\dot{U}_i$ 与端口流入电流 $\dot{I}_i$ 的比值，等于从输入端看进去的等效电阻，如图 2.23 所示。从输入端看进去，可认为 R_i 由两部分并联而成，一是 R_b，二是 r_{be} 与 R_e 部分（注意 r_{be} 和 R_e 中的电流不同，不是简单串联关系），设

其等效电阻为 R_i'，根据输入电阻的定义，有 $R_i' = \dfrac{\dot{U}_i}{\dot{I}_b}$ 可知

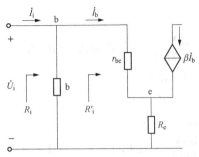

图 2.23　计算输入电阻的局部电路

$$R_i' = r_{be} + (1+\beta)R_e$$

所以有

$$R_i = R_b \mathbin{/\!/} [r_{be} + (1+\beta)R_e]$$

代入数据得

$$R_i = R_b \mathbin{/\!/} [r_{be} + (1+\beta)R_e] = 820 \mathbin{/\!/} 123.14 = 107(\text{k}\Omega)$$

对比〔例 2.3〕和〔例 2.4〕，可以看出，在发射极串接电阻 R_e 后，电压放大倍数大大降低了，同时输入电阻增加了，这是由于在输入电压一定的情况下，输出回路的交流电流在 R_e 上的交流压降使三极管的输入电压 $\dot{U}_{be}$ 减小，导致了输出电压减小。故 A_u 减小，而 $\dot{U}_{be}$ 减小使得 $\dot{I}_b$ 随之减小，所以输入电阻增大。这种现象是由于发射极电阻 R_e 引入了负反馈，进一步分析见第七章。

按式（2.7）分别将负载电阻 R_L 和信号源 $\dot{U}_s$ 做开路和短路处理后，输出端在外加交流电压作用下有电流通过的，只有 R_C 一个，所以有 $R_o = R_C = 4.7\text{k}\Omega$。这是三极管用简化微变等效电路等效时的结论，在这种情况下，三极管集电极的交流特性被等效成一个理想电流控制电流源。如果考虑三极管集电极与发射极之间的等效电阻 r_{ce}，则输出电阻的分析就要复杂得多。

（3）估算源电压放大倍数 $\dot{A}_{us}$。源电压放大倍数是电路输出电压与信号源电压之比（有效值），即 $\dot{A}_{us} = \dfrac{\dot{U}_o}{\dot{U}_s}$，在图 2.23 中，可以在输入回路中列出分压公式为

$$\dot{U}_i = \frac{R_i}{R_s + R_i}\dot{U}_s$$

$$\dot{A}_{us} = \frac{\dot{U}_o}{\dot{U}_s} = \frac{\dot{U}_o}{\dot{U}_i}\frac{\dot{U}_i}{\dot{U}_s} = \frac{R_i}{R_s + R_i}\dot{A}_u \tag{2.26}$$

以 $R_s = 20\text{k}\Omega$ 代入数据得

$$\dot{A}_{us} = \frac{\dot{U}_o}{\dot{U}_s} = \frac{R_i}{R_s + R_i}\dot{A}_u = \frac{107}{20+107} \times (-2.4) \approx -2$$

当 $R_s = 0$ 时，$\dot{A}_{us} = \dot{A}_u = -2.4$。

四种分析方法的对比：

（1）图解法即可以分析电路的静态工作情况，也可以对电路的动态工作过程分析，优点是直观形象，利用图解法可以了解 Q 点位置是否合适、观察电路参数变化对 Q 点的影响，非线性失真产生原因及消除方法，判断最大不失真输出幅度等问题。图解法存在的问题是：①由于三极管参数的离散性，各管子的特性曲线均不相同，手册上查到的特性曲线与所用管子特性有较大差别；②存在作图误差、读数误差，且因人而异；③稍复杂些的电路无法分析。

（2）微变等效电路分析法适合分析小信号工作的任何简单、复杂电路，前提是管子处于放大区。由于该方法完成了非线性到线性电路的转化，所以它是一种简单、方便，是广泛使用的分析方法。但微变等效电路法是针对变化量的，只能解决交流信号的计算问题，不能用来求解静态问题，也不能用来分析非线性失真和输出幅度。

第五节 静态工作点的稳定问题

一、温度对静态工作点的影响

合适的 Q 点是放大电路正常工作的重要条件。当环境温度变化或更换管子等外界因素引起三极管参数变化时，会导致 Q 点位置移动，从而改变电路的工作状态，甚至产生失真。因此，保证 Q 点的稳定性也非常重要。造成 Q 点不稳定的因素很多，如电源电压波动、电路参数变化、元器件老化等，但主要是三极管的参数（U_{BE}、I_{CBO}、β 等）与环境温度有较大关系，下面分别介绍：

（1）U_{BE} 与温度的关系当温度升高时，三极管的输入特性曲线将左移，维持一定基极电流所需的 U_{BE} 将减小，温度系数为 $-(2\sim2.5)\text{mV}/℃$。在基极回路应用图解法分析 Q 点变化情况，如图 2.24 所示。温度升高时，Q 点从 Q_1 移到 Q_2 的位置，基极电流 I_B 有所增大。

（2）I_{CBO} 与温度的关系三极管的 I_{CBO} 是由少数载流子形成的，当温度升高时，少数载流子浓度增大，导致 I_{CBO} 增大。穿透电流 $I_{CEO}=(1+\beta)I_{CBO}$，所以 I_{CEO} 也会随之增大。其规律大约是温度每升高 10℃，I_{CEO} 增加一倍。

（3）β 与温度的关系温度升高时，注入基区的载流子扩散速度加快，减少了在基区的复合数量，因而三极管的 β 增大。实验结果表明，温度每升高 1℃，β 增大 $0.5\%\sim1\%$。

根据三极管的电流关系式 $I_C=\beta I_B+I_{CEO}$，可从上述参数与温度的关系得出结论，温度升高时三极管的静态工作电流 I_{CQ} 将增大，Q 点将沿直流负载线上移。这样会造成电路性能随温度而变，甚至发生饱和或截止失真的。

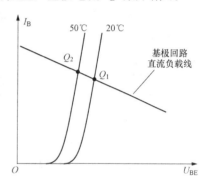

图 2.24 温度升高对 I_B 的影响

二、射极偏置电路（分压式偏置电路）

图 2.25 所示电路就是一个射极偏置电路，图中与稳定 Q 点有关的元件是上、下偏置电阻 R_{b1}、R_{b2} 和发射极电阻 R_e。R_{b1}、R_{b2} 把电源电压 V_{CC} 分压后为三极管基极提供一个直流电位，所以该电路又称为**分压式偏置电路**。R_e 用来检测集电极静态电流的变化，因为 R_e 上的直流压降基本上与集电极电流 I_C 成正比，当 I_C 增大时，R_e 上的直流压降就会增大。

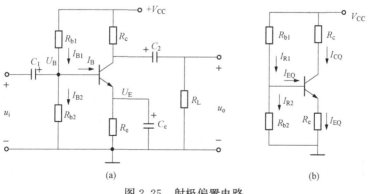

图 2.25 射极偏置电路
（a）射极偏置电路；（b）直流通路

1. 稳定原理

三极管的静态基极电位 U_{BQ} 是由 R_{b1}、R_{b2} 对 V_{CC} 分压后得到，如图 2.25（b）所示。u_{BQ} 与温度无关，基本稳定。当 I_{CQ} 随温度的升高而增大时，发射极电流 I_{EQ} 也相应地增大，I_{EQ} 在 R_e 上的压降增大使得发射极电位 U_{EQ} 升高，因为 U_{BQ} 是一固定电位，所以三极管的发射结电压 U_{BEQ} 将降低（$U_{BEQ}=U_{BQ}-U_{EQ}$），从而使 I_{BQ} 减小，于是 I_{CQ} 的增加被减小的 I_{BQ} 所抑制，结果使静态工作点受温度的影响大为减弱，这就是稳定 Q 点的物理过程，具体可表述为

$$T\uparrow \rightarrow I_{CQ}\uparrow \rightarrow I_{EQ}\uparrow \rightarrow U_{EQ}\uparrow \rightarrow U_{BEQ}\downarrow$$
$$I_{CQ}\downarrow \longleftarrow I_{BQ}\downarrow$$

其结果是 I_{CQ} 的增长受到牵制，达到了稳定 Q 点的目的。**这种利用 I_{EQ} 在 R_e 上的直流电压降反过来控制 U_{BEQ} 的自动调节作用，属于直流电流负反馈。**

显然，R_e 取值越大，自动调节灵敏度就越高，电路的温度稳定性就越好。但是，R_e 增大后，三极管的 U_{CEQ} 随之减小，电路输出的动态范围将减小。所以 R_e 也不能太大，如果即要保证输出电压幅度不减小，又要有很好的温度稳定性，则需增大 V_{CC} 值，这样，电源电压利用率就要降低。为了兼顾温度稳定性和电源电压利用率，在电路设计时一般按 $U_{EQ}=0.2V_{CC}$ 或 $U_{BQ}=(3\sim5)U_{BEQ}$ 来选定 U_B。为使基极电位 U_{BQ} 不随 I_{BQ} 变化，R_{b1}、R_{b2} 的阻值要适当小些，使得 R_{b1}、R_{b2} 中的电流远大于 I_{BQ}。但阻值太小则会使 R_{b1}、R_{b2} 上的功耗增大，且影响电路的输入电阻。所以 R_{b1}、R_{b2} 阻值也要适中，一般按 $I_{R1}\approx I_{R2}=(5\sim10)I_{BQ}$ 选取。

2. 静态和动态分析

分析电路的静态工作点时，可从估算 U_{BQ} 开始，因为 $I_{R1}\approx I_{R2}$，且远大于 I_{BQ}，则有

$$U_{BQ}=\frac{R_{b2}}{R_{b1}+R_{b2}}V_{CC}$$

进而可得静态发射极电流和集电极电流为

$$I_{EQ}=\frac{U_{EQ}}{R_e}=\frac{U_{BQ}-U_{BEQ}}{R_e}\approx I_{CQ} \tag{2.27}$$

因此有

$$U_{CEQ}=V_{CC}-I_{CQ}R_c-I_{EQ}R_e\approx V_{CC}-I_{CQ}(R_C+R_e) \tag{2.28}$$

静态基极电流可用 $I_{BQ}=\dfrac{I_{EQ}}{1+\beta}$ 求出。

需要说明的是，一般 U_{BQ} 数值不满足远大于 U_{BEQ} 的条件，所以式（2.27）不宜将 U_{BEQ} 忽略不计。

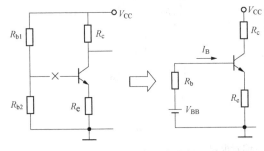

图 2.26   射极偏置电路 Q 点的另一种解法

在进行静态分析时，还可以求出 V_{CC}、R_{b1}、R_{b2} 组成的偏置电路的戴维南等效电路，等效电压源是当三极管基极开路时的 U_{BQ} 值，等效内阻是从基极开路处看进去的偏置电路等效电阻，即

$$V_{BB}=\frac{R_{b2}}{R_{b1}+R_{b2}}V_{CC}, \qquad R_b=R_{b1}\mathbin{/\mkern-5mu/}R_{b2}$$

图 2.26 表示出了等效过程，在图 2.26

右侧图中根据 KVL 可列出

$$I_{BQ} = \frac{V_{BB} - U_{BEQ}}{R_b + (1+\beta)R_e}$$

I_{CQ} 和 U_{CEQ} 的计算与［例 2.4］相同。

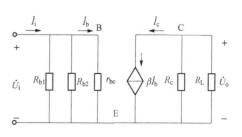

由于射极旁路电容 C_e 的容量较大，其容抗远小于 R_e，所以它对于交流信号相当于短路。因此，三极管发射极交流接地，放大电路的微变等效电路如图 2.27 所示。显然，该电路的电压放大倍为

图 2.27 放大电路的微变等效电路

$$\dot{A}_u = \frac{\dot{U}_o}{\dot{U}_i} = \frac{-\beta \dot{I}_b(R_c /\!/ R_L)}{\dot{I}_b r_{be}} = \frac{-\beta R'_L}{r_{be}}$$

输入电阻为

$$R_i = R_{b1} /\!/ R_{b2} /\!/ r_{be}$$

输出电阻为

$$R_o = R_C$$

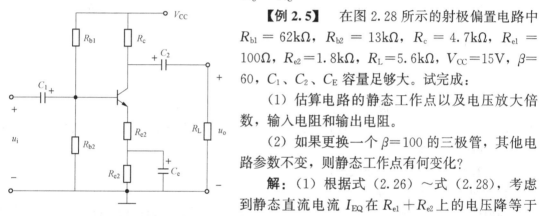

图 2.28 ［例 2.5］电路

【例 2.5】 在图 2.28 所示的射极偏置电路中 $R_{b1} = 62k\Omega$，$R_{b2} = 13k\Omega$，$R_c = 4.7k\Omega$，$R_{e1} = 100\Omega$，$R_{e2}=1.8k\Omega$，$R_L=5.6k\Omega$，$V_{CC}=15V$，$\beta=60$，C_1、C_2、C_E 容量足够大。试完成：

（1）估算电路的静态工作点以及电压放大倍数，输入电阻和输出电阻。

（2）如果更换一个 $\beta=100$ 的三极管，其他电路参数不变，则静态工作点有何变化？

解：（1）根据式（2.26）～式（2.28），考虑到静态直流电流 I_{EQ} 在 $R_{e1}+R_{e2}$ 上的电压降等于 U_{EQ}，如图 2.29（a）所示，应对后两式略做修正，可得

$$U_{BQ} = \frac{R_{b2}}{R_{b1}+R_{b2}}V_{CC} = \frac{13 \times 15}{13+62} = 2.6(V)$$

$$I_{EQ} = \frac{U_{EQ}}{R_{e1}+R_{e2}} = \frac{U_{BQ}-U_{BEQ}}{R_{e1}+R_{e2}} = \frac{2.6-0.7}{0.1+1.8} = 1(mA)$$

$$I_{CQ} \approx I_{EQ} = 1(mA)$$

$$U_{CEQ} \approx V_{CC} - I_{CQ}(R_c+R_{e1}+R_{e2}) = 15-1\times(4.7+0.1+1.8) = 8.4(V)$$

为了计算电压放大倍数和输入电阻，需先估算 r_{be}。

$$r_{be} = r_{bb'} + (1+\beta)\frac{26(mV)}{I_E(mA)} \approx 300\Omega + 61 \times \frac{26mV}{1mA} = 1886\Omega \approx 1.86k\Omega$$

注意到发射极旁路电容 C_e 的作用，图 2.28 所示电路的微变等效电路见图 2.29（b）。根据该图列出计算公式并代入数据计算得

$$\dot{A}_u = \frac{\dot{U}_o}{\dot{U}_i} = \frac{-\beta(R_c /\!/ R_L)}{r_{be}+(1+\beta)R_{e1}} = \frac{-60 \times (4.7 /\!/ 5.6)}{1.86+61\times0.1} = \frac{-60\times2.56}{7.96} = -19.3$$

$$R_i = R_{b1} /\!/ R_{b2} /\!/ [r_{be}+(1+\beta)R_{e1}] = 62 /\!/ 13 /\!/ [1.86+61\times0.1] = 4.57(k\Omega)$$

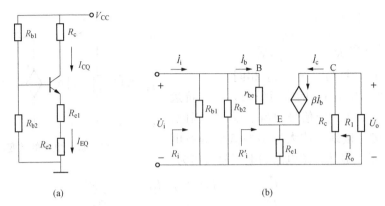

图 2.29　［例 2.5］的微变等效电路及直流通路

（a）［例 2.5］的直流通路；（b）［例 2.5］的微变等效电路

$$R_o \approx R_c = 4.7 (\text{k}\Omega)$$

（2）如果更换三极管，β 由 60 改为 100，其他电路参数不变，根据前面静态工作点的计算公式可知，U_{BQ} 保持不变，仍为 2.6V，I_{CQ} 和 U_{CEQ} 也不会变化，发生变化的是 I_{BQ}。

$\beta = 60$ 时，$I_{BQ} = \dfrac{I_{EQ}}{1+\beta} = \dfrac{1}{61} = 0.0164 (\text{mA}) = 16.4 \mu A$；

$\beta = 100$ 时，$I_{BQ} = \dfrac{I_{EQ}}{1+\beta} = \dfrac{1}{101} = 0.0099 (\text{mA}) = 9.9 \mu A$。

上述分析表明，当三极管的 β 值发生变化时，射极偏置放大电路的静态工作点基本保持不变，这一优点说明了此种电路具有很强的自动调节 I_{CQ} 的能力，这种能力来自 R_{e1}、R_{e2} 形成的直流电流负反馈过程。

三、其他稳定工作点的放大电路

1. 集电极—基极偏置电路

与射极偏置电路类似，集电极—基极偏置电路也采用直流反馈来稳定静态工作点，方法是将共射放大电路的基极偏置电阻 R_b 从 V_{CC} 改接到三极管集电极。以图 2.30 所示 NPN 管放大电路为例，因为 $U_{CQ} > U_{BQ}$，可以形成 I_{BQ}。当 I_{CQ} 随温度的升高而增大时，三极管的 U_{CEQ} 将减小，而 $I_{BQ} = \dfrac{U_{CEQ} - U_{BEQ}}{R_b} = \dfrac{U_{CQ} - U_{BQ}}{R_b}$，所以 I_{BQ} 将减小，这将限制 I_{CQ} 的增大，使之趋于稳定，这就是此电路的直流反馈过程。

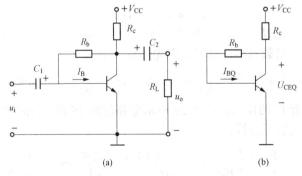

图 2.30　集电极—基极偏置电路

（a）集电极—基极偏置电路；（b）直流通路

2. 利用温度补偿稳定 Q 点

可以利用对温度变化敏感的元器件接入电路中，来削弱或抵消温度对 Q 点的影响。图 2.31 所示电路就是采用温度补偿的共射放大电路，图 2.31（a）中，二极管 VD 始终处于反偏状态，其反向饱和电流为 I_R，当温度升高时，I_R 亦增大，其分流作用使 I_B 减小，可以在一定程度上减小 I_C 的增加。此外还可以利用二极管的正向压降随温度升高而减小的特点来实现温度补偿。图 2.31（b）中，R_t 是负温度系数热敏电阻❶，当温度升高时，R_t 阻值减小，增大的电流将使 U_{EQ} 升高，产生 U_{BEQ} 和 I_{BQ} 减小的效果。类似的利用温度补偿原理稳定 Q 点的电路方案还有若干种，这里就不一一介绍了。这种方法需要精心筛选补偿元件，且不易在工作环境温度变化范围内实现全程补偿，在电子电路中一般作为辅助手段使用。

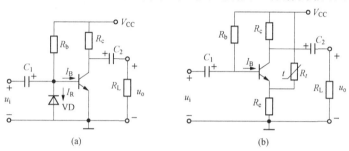

图 2.31　Q 点的温度补偿电路
（a）利用二极管分流的温度补偿电路；（b）利用热敏电阻的温度补偿电路

第六节　共集电极电路和共基极电路

一、共集电极放大电路

1. 电路组成

基本共集电极放大电路如图 2.32 所示，三极管的基极是信号输入端，发射极是输出端，集电极直接接电源电压（对于交流来说，是直接接交流地），成为输入和输出的公共端，故称为共集电极放大电路，又称为射极输出器。由于该电路输入电阻大，输出电阻小，所以常用作多级放大电路的输入级，以提高整个电路的输入电阻；也用于多级放大电路的输出级，以提高电路的带负载能力；还可以作为缓冲隔离级插在两级放大电路之间，利用其输入电阻大，输出电阻小的特点减弱后级对前一级的负载效应。

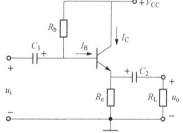

图 2.32　基本共集电极放大电路

2. 静态与动态分析

（1）求静态工作点。因电路简单，不需再画直流通路，直接列出计算公式为

$$I_{BQ} = \frac{V_{CC} - U_{BEQ}}{R_b + (1+\beta)R_e} \tag{2.29}$$

---

❶　热敏电阻的阻值随温度变化的规律有两种：一种是阻值随温度的升高而增大，称为正温度系数；另一种则随温度的升高而减小，称为负温度系数。

$$I_{CQ} = \beta I_{BQ} \tag{2.30}$$

$$U_{CEQ} = V_{CC} - I_{CQ}R_e \tag{2.31}$$

（2）电压放大倍数。进行动态分析所需的交流通路和微变等效电路示于图 2.33，由放大电路的微变等效电路可列出

$$\dot{U}_o = \dot{I}_e(R_e \text{ // } R_L) = (1+\beta)\dot{I}_b(R_e \text{ // } R_L) \tag{2.32}$$

$$\dot{U}_i = \dot{I}_b r_{be} + (1+\beta)\dot{I}_b(R_e \text{ // } R_L) \tag{2.33}$$

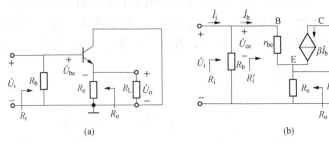

图 2.33 共集电极放大电路的等效电路

(a) 交流通路；(b) 微变等效电路

所以有

$$\dot{A}_u = \frac{\dot{U}_o}{\dot{U}_i} = \frac{(1+\beta)(R_e \text{ // } R_L)}{r_{be} + (1+\beta)(R_e \text{ // } R_L)} \tag{2.34}$$

式（2.34）是正值，说明输出电压与输入电压同相。分母略大于分子，所以放大倍数小于 1，约等于 1。其原因是输入回路中存在关系式：$\dot{U}_i = \dot{U}_{be} + \dot{U}_o$，电路的输出电压总是略小于输入电压。由于 $\dot{U}_o \approx \dot{U}_i$，输出电压随输入而变，故名射极跟随器。

（3）输入电阻。输入电阻可分解为 R_b 与 R_i' 的并联，即 $R_i = R_b \text{ // } R_i'$，其中 R_i' 根据式（2.33）可得

$$R_i' = \frac{\dot{U}_i}{\dot{I}_b} = r_{be} + (1+\beta)(R_e \text{ // } R_L)$$

所以输入电阻为

$$R_i = R_b \text{ // } [r_{be} + (1+\beta)(R_e \text{ // } R_L)] \tag{2.35}$$

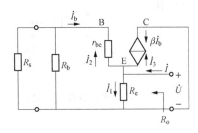

图 2.34 计算输出电阻

（4）输出电阻。分析输出电阻 R_o 需考虑信号源内阻 R_s（令信号源电压 $\dot{U}_s = 0$），并去掉负载电阻 R_L，然后在输出端外加交流电压 $\dot{U}$，计算由此产生的电流 $\dot{I}$，则 $R_o = \dot{U}/\dot{I}$。按上述要求处理后的微变等效电路如图 2.34 所示。

针对点 e 列 KCL 方程，有

$$\dot{I} = \dot{I}_1 + \dot{I}_2 + \dot{I}_3$$

其中

$$\dot{I}_1 = \frac{\dot{U}}{R_e}, \quad \dot{I}_2 = \frac{\dot{U}}{r_{be} + R_s \text{ // } R_b} = \frac{\dot{U}}{r_{be} + R_s'}$$

且
$$\dot{I}_2 = -\dot{I}_b$$

$$\dot{I}_3 = -\beta\dot{I}_b = \beta\dot{I}_2 = \beta\frac{\dot{U}}{r_{be}+R'_s}$$

所以，有

$$\dot{I} = \dot{I}_1 + \dot{I}_2 + \dot{I}_3 = \frac{\dot{U}}{R_e} + \frac{\dot{U}}{r_{be}+R'_s} + \beta\frac{\dot{U}}{r_{be}+R'_s} = \frac{\dot{U}}{R_e} + (1+\beta)\frac{\dot{U}}{r_{be}+R'_s}$$

整理后得输出电导为

$$\frac{1}{R_o} = \frac{\dot{I}}{\dot{U}} = \frac{1}{R_e} + \frac{1+\beta}{r_{be}+R'_s} = \frac{1}{R_e} + \frac{1}{\dfrac{r_{be}+R'_s}{1+\beta}}$$

即

$$R_o = R_e \mathbin{/\!/} \frac{r_{be}+R'_s}{1+\beta}$$

其中

$$R'_s = R_s \mathbin{/\!/} R_b \tag{2.36}$$

当信号源可按理想电压源处理时，有

$$R_o = R_e \mathbin{/\!/} \frac{r_{be}}{1+\beta} \tag{2.37}$$

一般来说，三极管的 r_{be} 在 $10^3\,\Omega$ 数量级上，所以共集电极电路的输出电阻大约为 $10^1\sim 10^2\,\Omega$。在三极管所有三种基本组态中是最小的，而输入电阻则是三种组态中最大的。若想进一步突出这两点，可以将三极管用复合管❶代替。

综上所述，共集电极放大电路的特点是：电压放大倍数小于 1，约等于 1，输出电压与输入电压同相，输入电阻高而输出电阻低，另外它仍有较大的电流放大能力。

【例 2.6】 在图 2.32 所示电路中，$R_b = 300\text{k}\Omega$，$R_e = 4.3\text{k}\Omega$，$R_L = 3\text{k}\Omega$，$V_{CC} = 12\text{V}$，三极管的 $\beta = 100$，信号源内阻 $R_s = 500\Omega$，耦合电容 C_1、C_2 的容量足够大。试计算电路的静态工作点和电压放大倍数、输入电阻、输出电阻。

解： 首先计算 I_{BQ}，根据式（2.29）～式（2.31），代入数据可得

$$I_{BQ} = \frac{V_{CC} - U_{BEQ}}{R_b + (1+\beta)R_e} = \frac{12 - 0.7}{300 + (1+100) \times 4.3} = 0.015(\text{mA}) = 15\mu\text{A}$$

$$I_{CQ} = \beta I_{BQ} = 100 \times 0.015 = 1.5(\text{mA})$$

$$U_{CEQ} = V_{CC} - I_{CQ}R_E = 12 - 1.5 \times 4.3 = 5.6(\text{V})$$

$$r_{be} = r_{bb'} + (1+\beta)\frac{26(\text{mV})}{I_E(\text{mA})} \approx 300\Omega + 101 \times \frac{26\text{mV}}{1.5\text{mA}} = 2050\Omega = 2.05\text{k}\Omega$$

$$\dot{A}_u = \frac{\dot{U}_o}{\dot{U}_i} = \frac{(1+\beta)(R_e \mathbin{/\!/} R_L)}{r_{be} + (1+\beta)(R_e \mathbin{/\!/} R_L)} = \frac{101 \times (4.3 \mathbin{/\!/} 3)}{2.05 + 101 \times (4.3 \mathbin{/\!/} 3)} \approx 0.99$$

$$R_i = R_b \mathbin{/\!/} [r_{be} + (1+\beta)(R_e \mathbin{/\!/} R_L)] = 300 \mathbin{/\!/} [2.05 + 101 \times 1.77] \approx 113(\text{k}\Omega)$$

$$R_o = R_e \mathbin{/\!/} \frac{r_{be} + R'_s}{1+\beta} = 4.3 \mathbin{/\!/} \frac{2.05 + (0.5 \mathbin{/\!/} 300)}{101} \approx 0.025\text{k}\Omega = 25\Omega$$

---

❶ 复合管又称为达林顿管（Darlinton Transistor），见第九章。

二、共基极放大电路

1. 电路组成

如图 2.35 所示电路中，三极管的发射极接输入端，集电极是输出端，基极经基极旁路电容 C_b 直接交流接地成为输入回路和输出回路的公共端，故称为共基极放大电路。

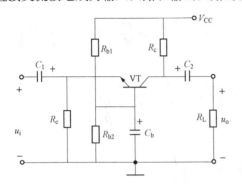
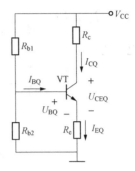

图 2.35 共基极放大电路   图 2.36 共基极放大电路的直流通路

2. 静态与动态分析

(1) 静态工作点分析。首先画出该电路的直流通路，如图 2.36 所示，此图与本章所讨论的射极偏置电路的直流通路［图 2.25（b）］相同，所以其 Q 点的分析与射极偏置电路的静态分析一致。

(2) 电压放大倍数。根据交流通路（见图 2.37）画出放大电路的微变等效电路，如图 2.38 所示。由图可知

$$\dot{U}_o = -\dot{I}_c(R_c /\!/ R_L) = -\beta \dot{I}_b R'_L (R'_L = R_c /\!/ R_L)$$

$$\dot{U}_i = -\dot{I}_b r_{be}$$

$$\dot{A}_u = \frac{\dot{U}_o}{\dot{U}_i} = \frac{-\beta \dot{I}_b R'_L}{-\dot{I}_b r_{be}} = \frac{\beta R'_L}{r_{be}} \tag{2.38}$$

由式（2.38）可见，共基极电路与共发射极电路的电压放大倍数在数值上相同，只差一个负号，其原因是因为共发射极电路是反相放大器，而共基极电路是同相放大器。

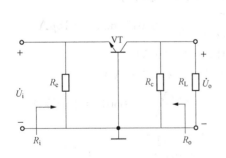
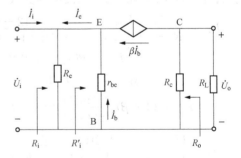

图 2.37 共基极放大电路交流通路   图 2.38 共基极放大电路的微变等效电路

(3) 输入电阻。共基极接法时的输入电阻由图中得出

$$R_i = R_e /\!/ R'_i$$

$$R'_i = \frac{\dot{U}_i}{-\dot{I}_e} = \frac{-\dot{I}_b r_{be}}{-(1+\beta)\dot{I}_b} = \frac{r_{be}}{(1+\beta)}$$

所以有

$$R_i = R_e /\!/ R_i' = R_e /\!/ \frac{r_{be}}{1+\beta} = R_e /\!/ r_{eb} \approx r_{eb}$$

与共发射极电路相比，共基极电路的输入电阻要小 $1+\beta$ 倍，所以共基极电路的输入电阻很小，一般为几欧至几十欧。

（4）输出电阻。共基极电路的输出电阻为

$$R_o = R_c$$

【例题 2.7】　在图 2.35 中，已知 $R_{b1} = 56\text{k}\Omega$，$R_{b2} = 18\text{k}\Omega$，$R_e = 1.2\text{k}\Omega$，$R_c = 2.7\text{k}\Omega$，$R_L = 4.7\text{k}\Omega$，$V_{CC} = 12\text{V}$，三极管的 $\beta = 80$，耦合电容 C_1、C_2 和旁路电容 C_b 容量足够大，试计算静态工作点和 $\dot{A}_u$，R_i 和 R_o。

解：（1）估算 Q 点

$$U_{BQ} = \frac{R_{b2}}{R_{b1} + R_{b2}} V_{CC} = \frac{18 \times 12}{56 + 18} = 2.92(\text{V})$$

$$I_{CQ} \approx I_{EQ} = \frac{U_{EQ}}{R_e} = \frac{U_{BQ} - U_{BEQ}}{R_e} = \frac{2.92 - 0.7}{1.2} = 1.85(\text{mA})$$

$$U_{CEQ} \approx V_{CC} - I_{CQ}(R_c + R_e) = 12 - 1.85 \times (2.7 + 1) = 5.16(\text{V})$$

（2）计算动态指标

$$r_{be} = r_{bb'} + (1+\beta)\frac{26}{I_e} \approx 300 + 81 \times \frac{26}{1.85} = 1438(\Omega) = 1.44\text{k}\Omega$$

$$\dot{A}_u = \frac{\dot{U}_o}{\dot{U}_i} = \frac{\beta R_L'}{r_{be}} = \frac{80 \times (2.7 /\!/ 4.7)}{1.44} = 95$$

$$R_i = R_e /\!/ R_i' = R_e /\!/ \frac{r_{be}}{(1+\beta)} = 1.2 /\!/ \frac{1.44}{1+80} = 17.5(\Omega)$$

$$R_o \approx R_C = 2.7\text{k}\Omega$$

三、三种基本组态放大电路的比较

三极管连接成放大电路时，有共发射极、共集电极、共基极三种接法，称为三种基本组态。根据前面的分析结果和计算实例，可以总结出三种基本组态放大电路的一些特点如下。

（1）**放大倍数**。共集电极电路的电压放大倍数小于 1，而电流放大倍数最大；共基极电路的电流放大倍数小于 1，电压放大倍数很大；而共发射极电路既有较大的电流放大倍数，又有较大的电压放大倍数。

（2）**输出电压与输入电压的相位**。共发射极电路是反相放大器，共基极电路和共集电极电路则为同相放大器。

（3）**输入电阻**。共基极电路输入电阻最小（十几欧姆），共集电极电路输入电阻最大（几百千欧姆），共发射极输入电阻电路居中。

（4）**输出电阻**。共基极电路输出电阻最大（几百千欧姆），共集电极电路输出电阻最小（几十欧姆），共发射极电路输出电阻居中。

表 2.1 列出了三种基本放大电路的主要性能在数量级上的比较。读者还可以将三种组态的基本电路、微变等效电路和静态工作点、输入/输出电阻、电压放大倍数、电流放大倍数等计算公式列于同一表中，便于相互比较。

表 2.1　　　　　　　　　　　　　　　三种基本组态的比较

技术指标 ＼ 电路类型	共发射极电路	共基极电路	共集电极电路
输入电阻 R_i	约为 $1k\Omega$	十几至几十欧	几百千欧
输出电阻 R_o	几十至上百千欧	几百千欧	几十欧
电压放大倍数 A_u	几十至几百	几十至几百	略小于 1
电流放大倍数 A_i	几十至上百	略小于 1	几十至上百
输出与输入电压之间的相位关系	反相放大器	同相放大器	同相放大器

第七节　场效应管放大电路

场效应管具有和三极管类似的控制作用,可以接成共源极电路、共栅极电路和共漏极电路。本节介绍常见的共源极电路和共漏极电路的组成及分析方法。

一、场效应管的偏置电路及静态分析

与三极管一样,当用场效应管组成放大电路时,必须由偏置电路提供合适的静态工作点,并保证 Q 点的稳定,(由于场效应管类型较多,不同类型的场效应管对偏置电源的极性有不同要求且其工作时只需提供偏置电压,没有偏置电流),因此其偏置电路与三极管电路在结构、计算方法上有所不同。常用的偏置电路有自给偏置电路和分压自给式偏置电路,图 2.39(a)、(b) 所示电路就是分别采用这两种偏置电路的共源极放大电路。

图 2.39(a) 所示的自给偏置电路中,在场效应管的源极串入源极电阻 R_S,利用 R_S 上的直流电压降为场效应管提供栅极偏置电压。当漏极电流 I_{DQ} 流过电阻 R_S 时,在电阻上产生电压降 $I_{DQ}R_S$,因为场效应管的栅极电流为零,所以栅极电阻 R_G 上的直流电压降为零,R_G 两端直流等电位,即图 2.39(a) 中场效应管的栅极是直流零电位。源极电阻 R_S 上的电压降通过栅极电阻 R_G 加到栅极,使场效应管的栅源偏置电压 $U_{GSQ} = -I_{DQ}R_S$,改变源极电阻 R_S 的大小,就可以调整 U_{GSQ} 的大小,进而改变 Q 点的位置。

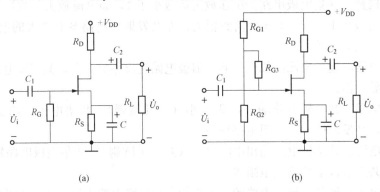

(a)　　　　　　　　　　　　　　　　　　(b)

图 2.39　场效应管的偏置电路
(a) 自给偏置电路;(b) 分压式偏置电路

由于栅源偏置电压 U_{GSQ} 的形成依赖于漏极电流 I_{DQ}，所以该电路只适合于在栅源电压为零时就能形成漏极电流的耗尽型场效应管。增强型场效应管只有栅源电压先达到开启电压 U_T 后才有漏极电流 I_D，不能用于自给偏置电路。

图 2.39（b）所示为分压自给式偏置电路，由偏置电阻 R_{G1}、R_{G2} 组成的分压器为场效应管栅极提供一个正的栅极电位 U_{GQ}，$U_{GQ}=\dfrac{R_{G2}}{R_{G1}+R_{G2}}V_{DD}$，同时源极电阻 R_S 上的电压降也使源极电位 U_{SQ} 为正，$U_{SQ}=I_{DQ}R$ 为正。当 $U_{GQ}>U_{SQ}$，即 $U_{GSQ}>0$ 时，适用于增强型场效应管；当 $U_{GQ}<U_{SQ}$，即 $U_{GSQ}<0$ 时，适用于耗尽型场效应管。所以此种分压自给式偏置电路适应面广，应用最多。

电路中接入栅极电阻 R_{G3}，可以实现较大的输入电阻，又不会影响栅极电位 U_{GQ} 的大小，是一种直流、交流兼顾的电路结构。

与三极管放大电路一样，场效应管放大电路静态工作点的计算也可采用近似估算法和图解分析法。现以图 2.39 所示两种偏置电路为例进行讨论。

1. 近似估算法

对于耗尽型场效应管，其放大区的转移特性所描述的 i_D-u_{GS}❶关系为

$$i_D = I_{DSS}\left(1-\frac{U_{GS}}{U_P}\right)^2 \tag{2.39}$$

对于增强型场效应管，其放大区的转移特性所描述的 i_D-u_{GS} 关系为

$$i_D = I_{DO}\left(\frac{U_{GS}}{U_T}-1\right)^2 \tag{2.40}$$

对于图 2.39（a），偏置电路的 i_D-u_{GS} 关系为

$$u_{GS} = -i_D R_S \tag{2.41}$$

对于图 2.39（b），偏置电路的 i_D-u_{GS} 关系为

$$u_{GS} = \frac{R_{G2}}{R_{G1}+R_{G2}}V_{DD}-i_D R_S \tag{2.42}$$

在计算 Q 点时，对于图 2.39（a），可联立求解式（2.39）和式（2.41）；对于图 2.39（b）中采用耗尽型场效应管时，可联立求解式（2.39）和式（2.42）；对于图 2.39（b）中采用增强型场效应管时，可联立求解式（2.40）和式（2.42）。

【例 2.8】　在图 2.39（b）所示电路中，已知 $R_{G1}=2M\Omega$，$R_{G2}=47k\Omega$，$R_{G3}=10M\Omega$，$R_D=30k\Omega$，$R=2k\Omega$，$V_{DD}=18V$，场效应管的 $U_P=-1V$，$I_{DSS}=0.5mA$，试确定 Q 点。

解：根据式（2.39）和式（2.42），有

$$\begin{cases} i_D = I_{DSS}\left(1-\dfrac{u_{GS}}{U_P}\right)^2 = 0.5\left(1+\dfrac{u_{GS}}{1}\right)^2 = 0.5(1+u_{GS})^2 \\ u_{GS} = \dfrac{R_{G2}}{R_{G1}+R_{G2}}V_{DD}-i_D R_S = \dfrac{47\times 18}{2000+47}-2i_D = 0.4-2i_D \end{cases}$$

将 $u_{GS}=0.4-2i_D$ 代入 i_D 的表达式中，则

$$i_D = 0.5(1.4-2i_D)^2$$

得两组解

---

❶　静态时，交流分量为零，$i_D=I_D$，$u_{GS}=U_{GS}$。

$$\begin{cases} i_{D1} = 1.59\text{mA} \\ i_{D2} = 0.31\text{mA} \end{cases}$$

因为 $I_{DSS}=0.5\text{mA}$，i_D 不能大于 I_{DSS}，所以 $i_D=I_{DQ}=0.31\text{mA}$，则

$$u_{GS} = U_{GSQ} = 0.4 - 2i_D = 0.4 - 2 \times 0.31 = -0.22\text{V}$$

$$u_{DS} = U_{DSQ} = V_{DD} - I_{DQ}(R_D + R_S) = 18 - 0.31 \times (30 + 2) = 8.1\text{V}$$

2. 图解法

对于图 2.39（a）所示电路，在场效应管的转移特性曲线上，按式（2.41）做出源极电阻 R_S 上的 i_D-u_{GS} 关系特性曲线，称为场效应管在输入回路的直流负载线。此伏安特性是一条过原点的直线，斜率为 $-1/R_S$，如图 2.40 直线①所示，它与转移特性曲线的交点就是 Q 点。Q 点的坐标即为 U_{GSQ} 和 I_{DQ}，在输出特性曲线上做出输出回路的直流负载线，与 $U_{GS}=U_{GSQ}$ 对应的那条输出特性曲线的交点即为 Q，其横坐标为 U_{DSQ}。

对于图 2.39（b）所示电路，应按式（2.41）在转移特性上做出偏置电路的 i_D-u_{GS} 关系特性曲线，这是一条斜率为 $-1/R_S$，在横轴上的截距为 $\dfrac{R_{G2}V_{DD}}{R_{G1}+R_{G2}}$ 的直线，如图 2.40 中的直线②所示。通过它与转移特性曲线的交点，即 Q 点。

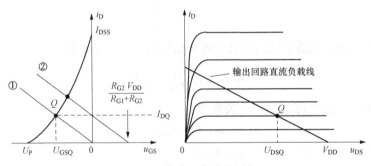

图 2.40　静态工作点的图解

二、场效应管的微变等效电路

如果输入信号很小，场效应管工作在线性放大区，即输出特性中的恒流区，那么和三极管一样，可以借助微变等效电路来分析。

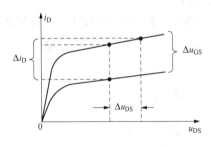

图 2.41　u_{GS}、u_{DS} 对 i_D 的影响

采用与推导三极管微变等效电路相类似的办法，对场效应管输出特性进行分析，可以看到引起漏极电流变化的两个变量是 u_{GS} 和 u_{DS}，在小信号工作时，变化量 Δi_G、Δu_{GS}、Δi_D、Δu_{DS} 之间的关系可用线性方程近似表示为

$$\Delta i_G = 0$$

$$\Delta i_D = g_m \Delta u_{GS} + g_{ds} \Delta u_{DS}$$

因分析研究时一般加正弦输入信号，所以上述公式中的变化量可用相量表示

$$\left. \begin{array}{l} \dot{I}_g = 0 \\ \dot{I}_d = g_m \dot{U}_{gs} + \dfrac{1}{r_{ds}} \dot{U}_{ds} \end{array} \right\} \tag{2.43}$$

由式（2.43）可导出场效应管的微变等效电路，如图 2.42 所示。

图中，栅源之间应有输入电阻 r_{gs}，但不论是结型场效应管还是 MOS 场效应管，r_{gs} 值极大，此处按无穷大处理。r_{ds} 的大小反映了场效应管放大区的恒流特性的好坏，恒流特性越好，r_{ds} 越大，通常在几百千欧数量级上，一般漏极负载电阻 R_D 远小于 r_{ds}，可认为等效电路中的 r_{ds} 开路。

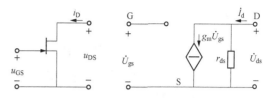

图 2.42　FET 的微变等效电路

g_m 是场效应管的跨导，定义为 $g_m = \dfrac{\partial i_D}{\partial u_{DS}}\bigg|_Q$，在转移特性曲线上，$g_m$ 就是静态工作点处曲线的斜率。它的大小或在特性曲线上通过作图的方法得到，或使用专用仪器测出，还可以根据定义式对 u_{GS} 求导得出。对于耗尽型场效应管来说，有

$$i_D = I_{DSS}\left(1 - \frac{u_{GS}}{U_P}\right)^2 \tag{2.44}$$

根据定义，将 Q 点数值代入式（1.20）中，得 Q 点处的跨导为

$$g_m = \frac{\partial i_D}{\partial u_{DS}}\bigg|_Q = -\frac{2I_{DSS}}{U_P}\left(1 - \frac{U_{GSQ}}{U_P}\right) = -\frac{2}{U_P}\sqrt{I_{DQ}I_{DSS}} \tag{2.45}$$

对于增强型场效应管来说，有

$$i_D = I_{DO}\left(\frac{u_{GS}}{U_T} - 1\right)^2 \tag{2.46}$$

根据定义，有

$$g_m = \frac{\partial i_D}{\partial u_{DS}}\bigg|_Q = \frac{2I_{DO}}{U_T}\left(\frac{u_{GS}}{U_T} - 1\right) = \frac{2}{U_T}\sqrt{I_{DO}I_{DQ}} \tag{2.47}$$

三、场效应管放大电路的动态分析

现以图 2.39（b）所示电路为例，对场效应管放大电路进行动态分析。首先画出图 2.39（b）的交流通路和微变等效电路如图 2.43 所示。

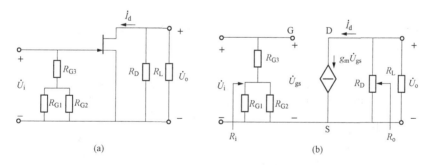

图 2.43　图 2.39（b）的交流通路和微变等效电路

（a）交流通路；（b）微变等效电路

1. 电压放大倍数

由图 2.43（b）列出输出、输入电压表达式为

$$\dot{U}_o = -\dot{I}_d(R_D /\!/ R_L) = -g_m\dot{U}_{gs}R_L' \qquad R_L' = R_D /\!/ R_L$$

$$\dot{U}_i = \dot{U}_{gs}$$

所以，有

$$\dot{A}_u = \frac{\dot{U}_o}{\dot{U}_i} = \frac{-g_m \dot{U}_{gs} R'_L}{\dot{U}_{gs}} = -g_m R'_L \tag{2.48}$$

式中，负号表示输出电压与输入相位相反，是反相放大器。这是因为它是共源极放大电路，与共发射极电路类似。

2. 输入电阻

在忽略栅源输入电阻的情况下，从输入端看进去，可得

$$R_i = R_{G3} + R_{G1} /\!/ R_{G2} \tag{2.49}$$

3. 输出电阻

在忽略漏极输出电阻 r_{ds} 的情况下，有

$$R_o = R_D \tag{2.50}$$

如果源极旁路电容开路（包括容量减小或消失）时，场效应管的源极就变成了经过源极电阻 R 接地，漏极交流电流在电阻 R 上的电压降将使栅源间交流电压 u_{gs} 减小，导致输出电压和电压放大倍数减小。可参考共发射极分压式偏置放大电路未接旁路电容时的分析。

【**例 2.9**】 在图 2.39（b）所示电路中，已知 $R_{G1} = 2M\Omega$，$R_{G2} = 47k\Omega$，$R_{G3} = 10M\Omega$，$R_D = 30k\Omega$，$R = 2k\Omega$，$R_L = 100k\Omega$，$V_{DD} = 18V$，场效应管的 $g_m = 2.8mA/V$，试计算在有、无源极旁路电容两种情况下的电压放大倍数、输入电阻和输出电阻。

解：在接有源极旁路电容的情况下，有

$$\dot{A}_u = -g_m R'_L = -2.8(30 /\!/ 100) = -64.6$$

$$R_i = R_{G3} + R_{G1} /\!/ R_{G2} = 10 + 2 /\!/ 0.047 \approx 10(M\Omega)$$

$$R_o = R_D = 30k\Omega$$

在源极旁路电容开路情况下，输入、输出电阻不变，电压放大倍数变为

$$\dot{A}_u = \frac{\dot{U}_o}{\dot{U}_i} = \frac{-g_m R'_L}{1 + g_m R_S} = \frac{-2.8(30 /\!/ 100)}{1 + 2.8 \times 2} = -9.8$$

【**例 2.10**】 共漏极放大电路——源极输出器如图 2.44 所示，试推导其电压放大倍数、输入电阻和输出电阻。

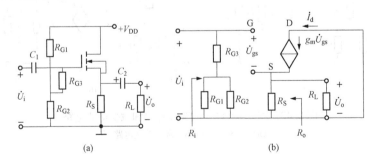

图 2.44 共漏极电路及微变等效电路

（a）交流通路；（b）微变等效电路

解：图 2.44（a）电路的微变等效电路如图 2.44（b）所示。

（1）求解电压放大倍数。

根据图 2.44（b）可列出

$$\dot{U}_\text{o} = g_\text{m}\dot{U}_\text{gs}(R_\text{S} /\!/ R_\text{L})$$
$$\dot{U}_\text{i} = \dot{U}_\text{gs} + \dot{U}_\text{o} = \dot{U}_\text{gs} + g_\text{m}\dot{U}_\text{gs}(R_\text{S} /\!/ R_\text{L})$$

所以，有

$$\dot{A}_u = \frac{\dot{U}_\text{o}}{\dot{U}_\text{i}} = \frac{g_\text{m}\dot{U}_\text{gs}(R_\text{S} /\!/ R_\text{L})}{\dot{U}_\text{gs} + g_\text{m}\dot{U}_\text{gs}(R_\text{S} /\!/ R_\text{L})} = \frac{g_\text{m}(R_\text{S} /\!/ R_\text{L})}{1 + g_\text{m}(R_\text{S} /\!/ R_\text{L})} \tag{2.51}$$

（2）求解输入电阻。

在忽略场效应管栅源输入电阻 r_gs 的情况下，从输入端看进去，可得

$$R_\text{i} = R_\text{G3} + R_\text{G1} /\!/ R_\text{G2} \tag{2.52}$$

（3）求解输出电阻。

令信号源电压 $\dot{U}_\text{s} = 0$，保留其内阻 R_s，将 R_L 开路，在输出端外加一交流试验电压 U，由此画出计算输出电阻 R_o 的等效电路，如图 2.45 所示。

在输出端列出电流关系式为

$$\dot{I} = \dot{I}_1 + \dot{I}_2$$

其中

$$\dot{I}_1 = \frac{\dot{U}}{R} \qquad \dot{I}_2 = -g_\text{m}\dot{U}_\text{gs}$$

因为场效应管的栅流为零，所以有

$$\dot{U}_\text{gs} = -\dot{U}$$

故

$$\dot{I} = \dot{I}_1 + \dot{I}_2 = \frac{\dot{U}}{R} + g_\text{m}\dot{U}$$

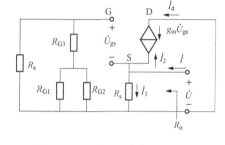

图 2.45 共漏极电路求 R_o 的电路

输出电导为

$$\frac{\dot{I}}{R_\text{o}} = \frac{\dot{I}}{\dot{U}} = \frac{1}{R} + g_\text{m} = \frac{1}{R} + \frac{1}{\dfrac{1}{g_\text{m}}}$$

输出电阻为

$$R_\text{o} = R /\!/ \frac{1}{g_\text{m}} \tag{2.53}$$

上述分析结果表明，共漏极电路的电压放大倍数小于且约等于 1，输出电压与输入同相，输出电阻较小，这些情况与三极管的共集电极电路类似。

第八节　多级放大电路

当需要将微弱信号放大到足够大时，例如，欲将一个 1mV 的信号放大到 5V，放大倍数是 5000 倍，这是一般单级放大电路所无法做到的，需要若干单级放大电路级连成多级放大电路。通常，多级放大电路可以分为输入级、中间级、输出级三大部分。输入级主要考虑实现输入电阻的要求，因为它位于整个放大器的前端，它的输出信号要被后级逐级放大，所以输入级还要兼顾降低噪声系数、减小工作点漂移等问题；中间级负责提供整个放

大电路的放大倍数；而输出级主要考虑向负载提供足够的信号功率，侧重在输出功率和输出电阻上。

一、多级放大电路的耦合方式

多级放大电路是由单级放大电路级连而成的，从前级到后级，信号的传输方式称为耦合方式。常见的耦合方式有阻容耦合、变压器耦合和直接耦合三种。

1. 阻容耦合

利用电阻和电容将各个单级放大电路连接的方式为阻容耦合。以输入回路为例，其等效电路如图 2.46 所示。交流信号经过电容加在放大电路的输入端，落在输入电阻上，为顺利地传送交流信号，要求耦合电容在输入信号频带低端的容抗远小于 R_i。这就可以保证在输入信号中的所有频率成分下，耦合电容的容抗可以忽略不计❶，放大电路的输入电压由 R_i 与 R_s 对信号源开路电压 U_s 分压得到。

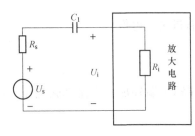

图 2.46　输入回路等效电路

阻容耦合是一种最常用的级间耦合方式，其优点是电路简单，前后级电路静态工作点相互独立，互不影响，给电路的分析计算和调试带来很大方便；其缺点是不能传送频率很低、变化缓慢的信号，也无法做到集成电路中去。

2. 变压器耦合

变压器耦合是利用变压器"通交流，隔直流"的特点，将交流信号从前级送到后级的耦合方式，与阻容耦合电路相比，它还有一个可以实现阻抗变换的优点，可以使级间达到阻抗匹配，获得最大功率增益。图 2.47 所示就是采用变压器耦合方式的电路。由于变压器在频率特性、体积、质量、价格等方面的限制，随

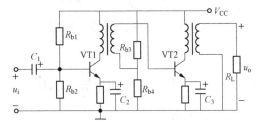

图 2.47　变压器耦合放大电路

着集成电路的迅速发展，这种耦合方式在低频电子电路中已被淘汰。

3. 直接耦合

直接耦合是将前后级直接相连的一种耦合方式，如图 2.48 所示。由于在信号传输通道上没有耦合电容和变压器之类的电抗性元件，所以电路的第一个优点是不仅可以放大较高频率的交流信号，也可以放大频率很低的信号或变化缓慢的直流信号，这就使直接耦合放大电路的频率特性从交流一直延伸到直流，具有很好的频率响应。直接耦合方式的另一大优点是可用于集成电路，集成电路内部基本上都是采用直接耦合方式。但采用直接耦合后，必须考虑和解决 Q 点相互影响问题，级间电位配置问题，以及工作点漂移问题。

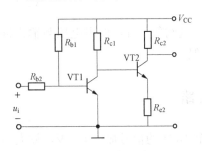

图 2.48　直接耦合电路（一）

----

❶　三极管放大电路的输入电阻比场效应管放大电路小得多，这就是为什么三极管放大电路的耦合电容都大于场效应管电路的原因。

二、多级放大电路的计算

1. 静态工作点的计算

对于阻容耦合和变压器耦合电路，因为各级直流通路彼此独立，所以 Q 点计算也独立进行，这里不再讨论。直接耦合电路的 Q 点分析因为前后级有联系，不能独立计算，所以求解比较困难，有时只能通过解联立方程来求解。为了简化计算过程，可以采用近似估算的方法，在允许的误差范围内，可以忽略一些次要因素，简化计算步骤。下面通过例题来说明直接耦合电路的分析计算。

【例 2.11】 已知图 2.49 所示电路中，$R_{b1} = 470\text{k}\Omega$，$R_{c1} = 3\text{k}\Omega$，$R_{e2} = 510\Omega$，$R_{c2} = 1\text{k}\Omega$，三极管的 $U_{BEQ1} = 0.7\text{V}$，$U_{BEQ2} = -0.7\text{V}$，$\beta_1 = 60$，$\beta_2 = 70$，$V_{CC} = 12\text{V}$，试估算电路静态工作点。

解： $I_{BQ1} = \dfrac{V_{CC} - U_{BEQ1}}{R_{b1}} = \dfrac{12 - 0.7}{470} = 0.024(\text{mA}) = 24\mu\text{A}$

$I_{CQ1} = \beta_1 I_{BQ1} = 60 \times 0.024 = 1.44(\text{mA})$

列出 VT2 基极回路电压方程为

$$I_{R_{c1}} R_{c1} = |U_{BEQ2}| + (1 + \beta_2) I_{B2} R_{e2} \quad (2.54)$$

因为

$$I_{R_{c1}} = I_{CQ1} - I_{B2} = 1.44\text{mA} - I_{B2}$$

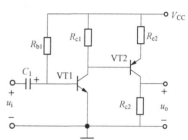

图 2.49 直接耦合电路（二）

代入式（2.54）中得

$$I_{R_{c1}} = 1.35\text{mA}, \quad I_{B2} = 1.44 - 1.35 = 0.09(\text{mA})$$

所以，有

$$U_{CQ1} = V_{CC} - I_{R_{c1}} R_{c1} = 12 - 1.35 \times 3 = 12 - 4.05 = 7.95(\text{V})$$

$$I_{CQ2} = \beta_2 I_{BQ2} = 70 \times 0.09 = 6.3(\text{mA})$$

$$U_{CEQ2} \approx V_{CC} - I_{CQ2}(R_{c2} + R_{e2}) = 12 - 6.3 \times (1 + 0.51) = 2.49(\text{V})$$

$$U_{CQ2} = I_{CQ2} R_{c2} = 6.3 \times 1 = 6.3(\text{V})$$

2. 电压放大倍数、输入电阻、输出电阻计算

在多级放大电路中，前级的输出信号就是后级的输入，所以总的电压放大倍数应是各级电压放大倍数的乘积，即

$$\dot{A}_u = \dot{A}_{u1} \dot{A}_{u2} \cdots \dot{A}_{un} \quad (2.55)$$

式中：n 为多级放大电路的级数。

当采用分贝（dB）表示时，则为

$$\dot{A}_u(\text{dB}) = \dot{A}_{u1}(\text{dB}) + \dot{A}_{u2}(\text{dB}) + \cdots + \dot{A}_{un}(\text{dB}) \quad (2.56)$$

需要强调的是，计算时必须考虑级与级之间的影响，处理方法一般有两种。比较常用的方法是认为后级的输入电阻相当于前级的负载，计算前一级放大倍数时将后级的输入电阻作为负载电阻计算在内。还有一种是认为前级对于后级来说相当于信号源，前级的输出电阻相当于信号源内阻。前一级电路按空载放大倍数计算（不包括本级的 R_L），后一级电路按源电压放大倍数计算，将前级的输出电阻作为信号源内阻计入后级放大倍数。显然，这两种处理方法不能同时使用。

一般来说，多级放大电路的输入电阻就是输入级的输入电阻，输出级的输出电阻就是多级放大电路的输出电阻。

下面以图 2.49 所示电路的分析为例来说明多级放大电路计算时的处理方法。

（1）考虑级间影响，将后级的输入电阻按前级负载计算。画出图 2.49 所示电路交流通路和微变等效电路，如图 2.50 所示，第二级的输入电阻 R_{i2} 对于第一级来说，就是负载电阻 R_{L1}。这里可以有两种解法，第一种是先计算单级电压放大倍数，再算总的放大倍数；第二种是先计算总的电流放大倍数，再计算总电压放大倍数。

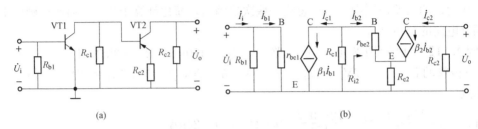

图 2.50　图 2.49 的交流通路和微变等效电路

（a）交流通路；（b）微变等效电路

1）由单级电压放大倍数计算。

由图 2.50（b）可写出

$$\dot{A}_{u1} = \frac{-\beta_1(R_{c1} /\!/ R_{i2})}{r_{be1}} R_{i2} = r_{be2} + (1+\beta_2)R_{e2}$$

$$\dot{A}_{u2} = \frac{-\beta_2 R_{c2}}{r_{be2} + (1+\beta_2)R_{e2}}$$

所以

$$\dot{A}_u = \dot{A}_{u1}\dot{A}_{u2} = \frac{\beta_1(R_{c1} /\!/ R_{i2})}{r_{be1}} \frac{\beta_2 R_{c2}}{r_{be2} + (1+\beta_2)R_{e2}}$$

$$= \frac{\beta_1 R_{c1}}{r_{be1}} \frac{\beta_2 R_{c2}}{R_{C1} + r_{be2} + (1+\beta_2)R_{e2}}$$

$$R_i = R_{i1} = R_{b1} /\!/ r_{be1} \quad R_o \approx R_{c2} \tag{2.57}$$

2）由电流电压放大倍数计算。

电路电流放大倍数为

$$\dot{A}_i = \frac{\dot{I}_o}{\dot{I}_i} = \frac{\dot{I}_{c2}}{\dot{I}_i}$$

因为

$$\dot{I}_{c2} = \beta_2 \dot{I}_{b2}, \quad \dot{I}_{b2} = \frac{R_{c1}}{R_{c1} + R_{i2}}(-\dot{I}_{c1}), \quad \dot{I}_{c1} = \beta_1 \dot{I}_{b1}, \quad \dot{I}_{b1} = \frac{R_{b1}}{R_{b1} + r_{be1}} I_i$$

所以有

$$\dot{I}_{c2} = \beta_2 \dot{I}_{b2} = \beta_2 \frac{R_{c1}}{R_{c1} + R_{i2}}(-\beta_1 \dot{I}_{b1}) = \beta_2 \frac{R_{c1}}{R_{c1} + R_{i2}}\left(-\beta_1 \frac{R_{b1}}{R_{b1} + r_{be1}} \dot{I}_i\right)$$

$$\dot{A}_i = \frac{\dot{I}_o}{\dot{I}_i} = \frac{\dot{I}_{c2}}{\dot{I}_i} = \beta_2 \frac{R_{c1}}{R_{c1} + R_{i2}}\left(-\beta_1 \frac{R_{b1}}{R_{b1} + r_{be1}}\right)$$

$$\dot{A}_u = \frac{\dot{U}_o}{\dot{U}_i} = \frac{-\dot{I}_{c2} R_{c2}}{\dot{I}_i R_i} = \frac{\beta_2 R_{c2}}{R_i} \frac{\beta_1 R_{c1}}{R_{C1} + R_{i2}} \frac{R_{b1}}{R_{b1} + r_{be1}} \tag{2.58}$$

可以证明，式（2.57）和式（2.58）相等。

（2）考虑级间影响，将前级的输出电阻按后级信号源内阻处理。按这种办法处理时，需对图 2.50（b）所示的微变等效电路稍做变换（见图 2.51），将前级的诺顿等效电路变换成戴维南等效电路，开路输出电压为 $\beta_1 \dot{I}_{b1} R_{c1}$，等效内阻为 R_{c1}。第一级的电压放大倍数按开路电压放大倍数（空载放大倍数）计算，设开路电压放大倍数为 A'_{u1}，开路输出电压为

$$\dot{U}'_{o1} = -\beta_1 \dot{I}_{b1} R_{c1}$$

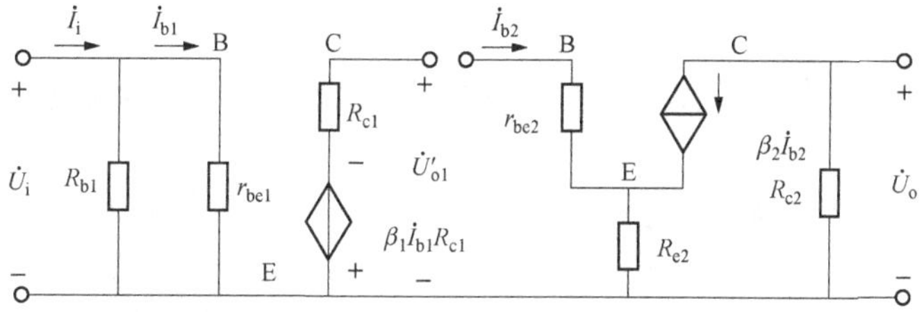

图 2.51 图 2.50（b）的等效电路

则第一级的开路电压放大倍数为

$$\dot{A}'_{u1} = \frac{\dot{U}'_{o1}}{\dot{U}_i} = \frac{-\beta_1 \dot{I}_{b1} R_{c1}}{r_{be1} \dot{I}_{b1}} = \frac{-\beta_1 R_{c1}}{r_{be1}}$$

相应的输出电阻为 $R_{o1} = R_{c1}$，第二级的输入电阻为

$$R_{i2} = r_{be2} + (1+\beta_2) R_{e2}$$

第二级的源电压放大倍数为

$$\dot{A}_{us2} = \frac{-\beta_2 R_{c2}}{r_{be2} + (1+\beta_2) R_{e2}} \frac{R_{i2}}{R_{o1} + R_{i2}} = \frac{-\beta_2 R_{c2}}{R_{c1} + r_{be2} + (1+\beta_2) R_{e2}}$$

所以总的电压放大倍数为

$$\dot{A}_u = \dot{A}'_{u1} \dot{A}_{us2} = \frac{\beta_1 R_{c1}}{r_{be1}} \frac{\beta_2 R_{c2}}{R_{c1} + r_{be2} + (1+\beta_2) R_{e2}} \tag{2.59}$$

可得式（2.59）与式（2.57）、式（2.58）相等。

【例 2.12】 试计算图 2.49 所示电路的电压放大倍数和输入电阻、输出电阻。电路参数为 $R_{b1} = 470\text{k}\Omega$，$R_{c1} = 3\text{k}\Omega$，$R_{e2} = 510\Omega$，$R_{c2} = 1\text{k}\Omega$，$\beta_1 = 60$，$\beta_2 = 70$。

解： 通常，将后级输入电阻作为前级负载处理的方法简单常用。用其计算如下：

图 2.49 所示电路的静态工作点相关参数已在［例 2.11］中计算出，即 $I_{CQ1} = 1.44\text{mA}$，$I_{CQ2} = 4.9\text{mA}$。所以有

$$r_{be1} = r_{bb'1} + (1+\beta_1)\frac{26}{I_{EQ1}} \approx 300 + 61 \times \frac{26}{1.44} = 1401(\Omega) \approx 1.4\text{k}\Omega$$

$$r_{be2} = r_{bb'2} + (1+\beta_2)\frac{26}{I_{EQ2}} \approx 300 + 71 \times \frac{26}{4.9} = 677(\Omega) \approx 0.68\text{k}\Omega$$

第二级的输入电阻为

$$R_{i2} = r_{be2} + (1+\beta_2) R_{e2} = 0.68 + 71 \times 0.51 = 36.9(\text{k}\Omega)$$

$$\dot{A}_{u1} = \frac{-\beta_1 (R_{c1} /\!/ R_{i2})}{r_{be1}} = \frac{-60(3 /\!/ 36.9)}{1.4} \approx -119$$

$$\dot{A}_{u2} = \frac{-\beta_2 R_{c2}}{r_{be2} + (1+\beta_2)R_{e2}} = \frac{-70 \times 1}{0.68 + 71 \times 0.51} \approx -1.9$$

所以有

$$\dot{A}_u = \dot{A}_{u1}\dot{A}_{u2} = (-119) \times (-1.9) \approx 226$$

$$R_i = R_{i1} = R_{b1} // r_{be1} \approx 1.4\text{k}\Omega, \qquad R_o \approx R_{c2} = 1\text{k}\Omega$$

注意：多级放大电路形式多种多样，对应的计算公式也不相同，所以这部分学习的重点应是各种基本电路的计算和多级放大电路级间影响的处理方法。

第九节 共发射极单管放大电路的 Proteus 仿真

本节将以共发射极单管放大电路为例，用 Proteus 来分析其输入、输出电阻及电压放大倍数。首先将电路元件如图 2.52 所示连接，然后调整电路的静态工作点。当静态工作点调整到交流负载线的中点时，才能得到最大的不失真输出。根据该特点，将电路 A 端与地之间连接信号发生器，产生 1kHz 的正弦波。通过调整滑动变阻器以及正弦信号幅度，来改变静态工作点，观察示波器的输出波形，当输出波形的顶部和底部同时出现如图 2.53 所示的对称失真时，说明静态工作点调整到了交流负载线的中点。

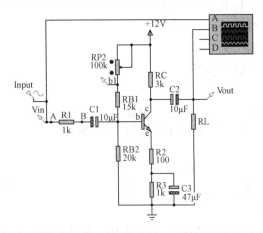

图 2.52 共发射极单管放大电路原理图

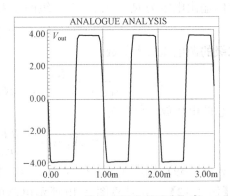

图 2.53 输出电压出现对称失真

测量放大电路的动态参数。将输入信号电压有效值设置为 10mV，可在 A 点和 B 点分别并联交流电压表，并设置为毫伏挡。然后调整输入信号的幅度，观察两电压表的读数（电压表显示的为有效值，非峰—峰值），直到 B 点电压为 10mV 为止，此时输入信号幅度约为 15.8mV。然后将负载 R_L 去掉，测量输出电压，得到其大小约为 260mV。此时可以用图表将输入、输出电压波形画出来，进行对比，如图 2.54 所示。仿真图 2.54 中波形幅值不是有效值，输出峰值电压大约为 368mV，可计算出空载电压放大倍数约为 -26。

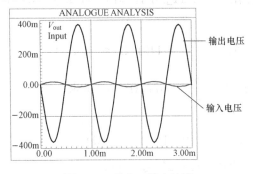

图 2.54 输入、输出波形

（1）常用的放大电路的技术指标有电压放大倍数、电流放大倍数、输入电阻、输出电阻、通频带、非线性失真系数等，它们是衡量放大电路性能质量的重要参数。

（2）为保证放大电路正常工作，要设置合适的静态工作点。静态工作点在特性曲线上的位置与电路的放大性能有很大关系，如果工作点的位置过高或过低，将会产生饱和失真或截止失真。

（3）微变等效电路分析法、图解分析法和静态工作点的估算方法是电子电路中三种基本分析方法，电路分析的任务是：计算电路静态工作点，检查三极管的工作状态；计算电压放大倍数，输入电阻和输出电阻。

（4）图解分析法和微变等效电路分析法都是解决非线性电路分析问题的方法，但两者的思路和分析对象各不相同，在工程上常综合应用。图解分析法比较适合分析较大信号下电路的工作状态。利用作图可以直观地看到静态工作点的设置是否合适，分析电路在输入信号驱动下电压电流的变化规律，观察电路参数改变对 Q 点的影响，了解电路最大输出幅度及非线性失真与电路参数的关系。微变等效电路分析法用于对小信号工作的电路进行交流分析，它只针对变化量。三极管的非线性特性在小信号工作情况下可以用线性关系近似等效，这意味着可以将非线性器件线性化，而线性电路的分析则容易得多。

（5）常用的稳定静态工作点方法有直流负反馈法和温度补偿法。

（6）共射、共基、共集是三极管放大电路的三种基本接法（组态），它们的特点各不相同。根据其特点，在多级放大电路中它们会用在不同位置。

习 题

2.1 试分析图 2.55 所示各电路是否都能不失真地放大信号？请简要说明理由。

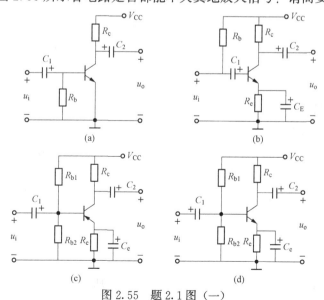

图 2.55 题 2.1 图（一）

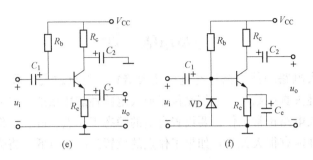

图 2.55 题 2.1图（二）

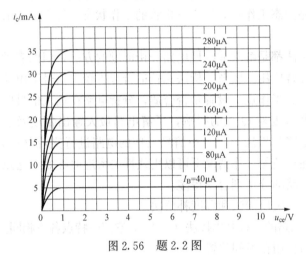

图 2.56 题 2.2 图

2.2 某三极管的输出特性曲线如图 2.56 所示，试完成：

（1）求出该器件的 β 值；

（2）当 $I_C=10\text{mA}$ 和 20mA 时，管子的饱和压降大约是多少？

2.3 试分析图 2.57 所示各电路能否正常工作，并说明理由。

2.4 用交流毫伏表测得放大电路的开路输出电压为 4.8V，接上 $10\text{k}\Omega$ 的负载电阻后，测得输出电压为 3.6V，已知交流毫伏表的内阻为 $120\text{k}\Omega$，试求该放大电路的输出电阻和真实的开路输出电压。

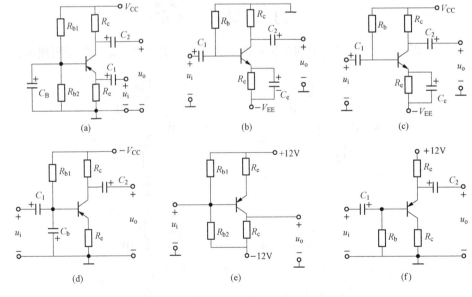

图 2.57 题 2.3 图

2.5 放大电路和三极管输出特性曲线如图题 2.58 所示，已知 $R_b=600\text{k}\Omega$，$R_c=2\text{k}\Omega$，

$R_L=2\text{k}\Omega$，$V_{CC}=12\text{V}$，三极管的 $U_{BE}=0.6\text{V}$。试求：

（1）在输出特性曲线上做出直流负载线和交流负载线，标出 Q 点位置，读出静态电流和电压；

（2）根据 Q 点位置，估计增大输入信号时，首先出现的失真是饱和失真还是截止失真？

如果要使电路的最大不失真输出电压尽可能大，应如何调整 Q 点的位置？将 I_{BQ} 调整到 $60\mu\text{A}$ 时，R_b 应如何取值此时的最大不失真输出电压有效值是多少？

在当负载 R_L 开路时，计算电路的最大不失真输出电压有效值？

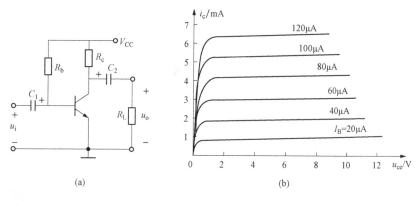

图 2.58　题 2.5 图

2.6　已知图 2.59 中三极管的 $\beta=100$，$U_{BEQ}=0.6\text{V}$，$R_b=120\text{k}\Omega$，$R_c=3\text{k}\Omega$，$V_{CC}=+12\text{V}$。试计算三极管的静态工作点电流 I_{BQ}、I_{CQ} 和管压降 U_{CEQ}。

2.7　设图 2.58（a）所示基本共射放大电路中的三极管具有图 2.60 所示的输出特性。已知 $V_{CC}=12\text{V}$，$R_c=2\text{k}\Omega$，$R_b=150\text{k}\Omega$，$U_{BE}=0.7\text{V}$。试完成：

（1）用图解法确定静态工作点 I_{CQ} 和 U_{CEQ}；

（2）若 R_c 由 $2\text{k}\Omega$ 变为 $3\text{k}\Omega$，Q 点将移到何处？（说明 I_{CQ} 和 U_{CEQ} 值，下同）

（3）若 R_b 由 $150\text{k}\Omega$ 变为 $110\text{k}\Omega$，R_c 保持 $2\text{k}\Omega$ 不变，问 Q 点将移到何处？

（4）若 R_b、R_c 保持不变，V_{CC} 由 12V 变为 8V，问 Q 点又移至何处？

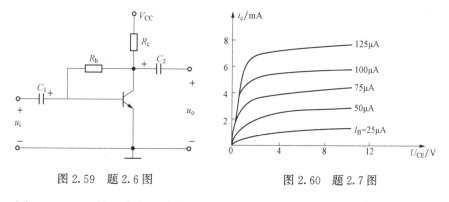

图 2.59　题 2.6 图　　　　　图 2.60　题 2.7 图

2.8　图 2.58（a）所示放大电路中，设 $V_{CC}=6.7\text{V}$，$R_b=300\text{k}\Omega$，$R_c=2.5\text{k}\Omega$，输出端接有负载电阻 $R_L=10\text{k}\Omega$，晶体管的 $\beta=100$，$r_{bb'}=300\Omega$，$U_{BE}=0.7\text{V}$，电容 C_1、C_2 的容抗

可以忽略不计。试完成：

（1）计算该电路的电压放大倍数；

（2）若将输入正弦信号的幅度逐渐加大，用示波器观察输出波形，将首先出现顶部削平还是底部削平的失真现象？

（3）应改变哪一个电阻器的阻值（增大或减小）来减小这种失真？

（4）若上题所述阻值调整合适，试估计输出端的最大不失真输出电压有效值将是多少？在下列三个答案中选出正确者：

（a）$U_o \approx 2V$；（b）$U_o \approx 4V$；（c）$U_o \approx 6V$。

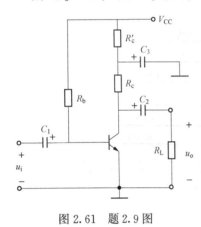

图 2.61　题 2.9 图

2.9　放大电路如图 2.61 所示。设电容 C_1、C_2、C_3 对于交流可视为短路。试完成：

（1）画出直流通路，写出 I_{CQ} 和 U_{CEQ} 的表达式；

（2）画出交流通路及简化的微变等效电路；

（3）写出电压放大倍数、输入电阻和输出电阻的表达式；

（4）若 C_3 开路，对电路的工作将会产生什么影响？

2.10　在图 2.62 所示的放大电路中，二极管和三极管均为硅管，其 PN 结正向压降均为 0.7V。设三极管的 $\beta = 50$，$r_{bb'} = 300\Omega$，二极管的动态电阻可以忽略不计，电容 C_1、C_2 对交流信号可视为短路。试完成：

（1）要使 $I_{CQ} = 2mA$，R_b 应为多大？

（2）画出简化的微变等效电路；

（3）计算 $\dot{A}_u = \dfrac{\dot{U}_o}{\dot{U}_i}$ 和输入电阻 R_i；

（4）若二极管的动态电阻 $r_D = 50\Omega$，重做上面第（2）小题和第（3）小题。

2.11　电路如图 2.63 所示，已知 $V_{CC} = 15V$，$R_b = 360k\Omega$，$R_e = 1k\Omega$，$R_c = 2.4k\Omega$，$R_L = 6.8k\Omega$，三极管的 $\beta = 80$，$r_{bb'} = 200\Omega$，$U_{BE} = 0.7V$，信号源内阻 $R_s = 2k\Omega$，电容 C_1、C_2、C_E 的容抗可忽略不计。试完成：

（1）估算静态工作点 I_{CQ} 和 U_{CEQ}；

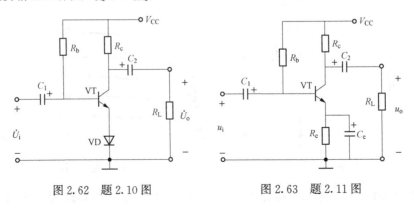

图 2.62　题 2.10 图　　　　　　图 2.63　题 2.11 图

（2）画出电路的交流通路和简化微变等效电路；

（3）计算电压放大倍数 $\dot{A}_u = \dfrac{\dot{U}_o}{\dot{U}_i}$、输入电阻 R_i、输出电阻 R_o 和源电压放大倍数 $\dot{A}_{us} = \dfrac{\dot{U}_o}{\dot{U}_s}$；

（4）若发射极旁路电容 C_e 开路，电路的电压放大倍数和输入、输出电阻会如何变化？重新计算第（3）小题；

（5）若基极偏置电阻 R_b 开路，静态工作点将如何变化？判断此时 I_{CQ} 和 U_{CEQ} 的值。

2.12 图 2.64 所示电路中，$R_1 = 100\text{k}\Omega$，$R_2 = 33\text{k}\Omega$，$R_3 = 3\text{k}\Omega$，$R_4 = 2\text{k}\Omega$，$R_L = 3\text{k}\Omega$，$V_{CC} = 10\text{V}$，晶体管的 β 为 100，$r_{bb'} = 100\Omega$，$U_{BEQ} = 0.6\text{V}$。电容 $C_1 \sim C_3$ 容量足够大。试完成：

（1）估算静态工作点及 r_{be}；

（2）画出电路的简化微变等效电路；

（3）当输入交流信号 $u_i = 10\text{mV}$（有效值）时，计算输出电压 U_o 输入电阻 R_i 和输出电阻 R_o。

2.13 已知如图 2.65 所示电路中，$R_4 = 200\Omega$，$R_5 = 1.8\text{k}\Omega$，其余电路参数与题 2.12 中相同。试完成：

（1）画出电路的简化微变等效电路；

（2）计算电压放大倍数 $\dot{A}_u = \dfrac{\dot{U}_o}{\dot{U}_i}$ 和 R_i、R_o；

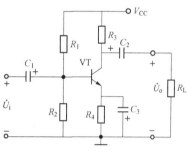

图 2.64 题 2.12 图

（3）信号源内阻 $R_s = 5\text{k}\Omega$，计算源电压放大倍数 $\dot{A}_{us} = \dfrac{\dot{U}_o}{\dot{U}_s}$。

2.14 如图 2.66 所示电路中，$R_b = 470\text{k}\Omega$，$R_e = 4.3\text{k}\Omega$，$V_{CC} = 12\text{V}$，$R_L = 2\text{k}\Omega$，三极管是 NPN 型硅管，$\beta = 100$。在输入信号频率范围内，C_1、C_2 容抗可忽略不计。

（1）估算静态工作点；

（2）画出交流通路和简化的微变等效电路；

（3）计算计算电压放大倍数 $\dot{A}_u = \dfrac{\dot{U}_o}{\dot{U}_i}$；

（4）计算输入电阻 R_i 和输出电阻 R_o。

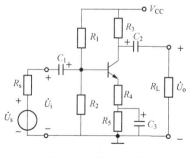

图 2.65 题 2.13 图

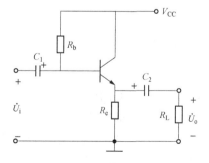

图 2.66 题 2.14 图

2.15 图 2.67 所示电路中，$R_b = 360\text{k}\Omega$，$R_e = 1\text{k}\Omega$，$R_c = 2.4\text{k}\Omega$，$V_{CC} = 15\text{V}$，硅三极

管的 $\beta=80$，$r_{bb'}=200\Omega$，电容 C_1、C_2、C_b 的容抗在输入信号频率范围内可忽略不计。试完成：

(1) 估算静态工作点 I_{CQ} 和 U_{CEQ}；

(2) 画出电路的交流通路和简化微变等效电路；

(3) 计算电压放大倍数 $\dot{A}_u=\dfrac{\dot{U}_o}{\dot{U}_i}$ 和 R_i、R_o。

2.16 在图 2.68 所示放大电路中，晶体管的 $\beta=100$，$r_{bb'}=300\Omega$，$U_{BE}=0.7\text{V}$，C_1、C_2、C_3 的容抗可忽略不计。试求：

(1) 静态工作点；

(2) 电压放大倍数 $\dot{A}_u$ 和输入电阻 R_i。

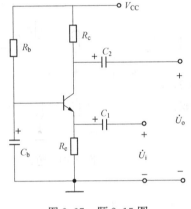

图 2.67 题 2.15 图

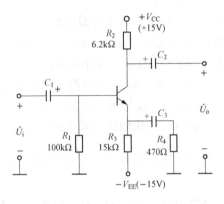

图 2.68 题 2.16 图

2.17 在图 2.69 所示电路中，C_1、C_2、C_3 对输入信号中所含各频率成分均可视为短路。试完成：

(1) 写出静态电流 I_{BQ}、I_{CQ} 表达式；

(2) 画出交流通路和简化微变等效电路；

(3) 写出 $\dot{A}_u$、R_i 和 R_o 的表达式。

2.18 图 2.70 所示电路可用来得到一对大小相等，相位相反的输出信号（$R_c=R_e$）。试完成：

(1) 画出电路的简化微变等效电路；

(2) 写出电压放大倍数 $\dot{A}_{u1}=\dfrac{\dot{U}_{o1}}{\dot{U}_i}$ 和 $\dot{A}_{u2}=\dfrac{\dot{U}_{o2}}{\dot{U}_i}$ 的表

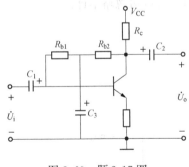

图 2.69 题 2.17 图

达式；

(3) 分析电路对负载电阻的要求；

(4) 画出在 $R_c=R_e$ 时的输出电压波形（与正弦波输入 u_i 对应）。

2.19 图 2.71（a）所示为一个场效应管放大电路，图 2.71（b）是场效应管的转移特性曲线。设电阻 $R_G=1\text{M}\Omega$，$R_D=R_L=10\text{k}\Omega$，电容 C_1、C_2、C_3 足够大。

(1) 该电路所用场效应管属于什么类型、什么沟道？该场效应管的 I_{DSS} 和 $U_{GS(off)}$（即 U_P）是多少？

（2）R_G、R_S、C_3的作用是什么？若要求$U_{GS}=-2V$，则R_S应选多大？

（3）设该场效应管的跨导$g_m=1mS$，画出放大电路的微变等效电路，并计算其$\dot{A}_u$、R_i和R_o。

2.20 在图2.71（a）所示电路中，设$V_{DD}=15V$，$R_G=1M\Omega$，$R_D=10k\Omega$，$R_L=\infty$，场效应管的$I_{DSS}=2mA$，$U_{GS(off)}=-2V$，各电容足够大，现已知漏极的静态电位$U_D=10V$，试求R_S和g_m。（$U_{GS(off)}$即U_P。）

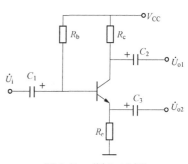

图2.70 题2.18图

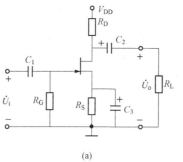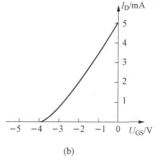

图2.71 题2.19图

2.21 在图2.72所示电路中，已知耗尽型MOS场效应管的$I_{DSS}=4mA$，$U_{GS(off)}=-4V$，$r_{DS}\rightarrow\infty$，电容都足够大。试完成：

（1）求出静态工作点I_D，U_{GS}和U_{DS}；

（2）求出电压放大倍数$\dot{A}_u$；

（3）如果R_S被短路，R_D和R_L不变，问$\dot{A}_u$是否有变化？如有变化，变为多大？

（4）若C_3开路，R_S存在，求出$\dot{A}_u$的值；

（5）条件与第（4）小问相同，求出放大电路的输入电阻和输出电阻。

2.22 场效应管恒流源电路如图题2.73所示，其中的管子可以是结型场效应管，也可以是耗尽型MOS场效应管，已知管子的参数g_m和r_{DS}，试证明AB两端的微变等效电阻为$r_{AB}=R+(1+g_mR)r_{DS}$。

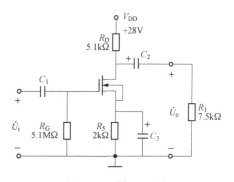

图2.72 题2.21图

2.23 放大电路如图2.74所示，设$V_{DD}=18V$，$R_G=10M\Omega$，$R_{G1}=51k\Omega$，$R_{G2}=2.2M\Omega$，$R_D=33k\Omega$，$R_S=2k\Omega$，$R_L=100k\Omega$。已知场效应管的$g_m=2mS$，r_{DS}可忽略不计，各电容都足够大。试完成：

（1）求出电压放大倍数$\dot{A}_u$；

（2）求出输入电阻和输出电阻；

（3）若C_3开路，电压放大倍数$\dot{A}_u$变成多大？

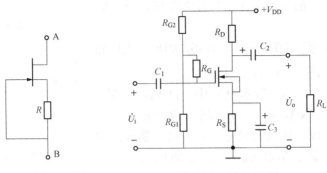

图 2.73 题 2.22 图   图 2.74 题 2.23 图

2.24 图 2.75 是一个耗尽型 MOS 场效应管恒流源电路。已知场效应管参数 $I_{DSS}=$ 4mA，$U_{GS(off)}=-4V$，试思考：负载电阻 R_L 在什么数值范围内变化时，MOS 场效应管都能向负载提供一个几乎恒定的电流？这个电流有多大？

2.25 某两级放大电路如图 2.76 所示，已知硅三极管的 $\beta_1=50$，$\beta_2=80$，$U_{BE}=0.7V$，$r_{bb'}=300\Omega$，其他电路参数已在图中标准，试完成：

（1）画出电路的微变等效电路；

（2）计算 $\dot{A}_{u1}$、$\dot{A}_{u2}$ 和总的电压放大倍数 $\dot{A}_u$；

（3）计算输入电阻 R_i 和输出电阻 R_o；

（4）计算源电压放大倍数 $\dot{A}_{us}$。

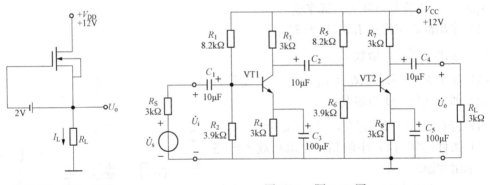

图 2.75 题 2.24 图   图 2.76 题 2.25 图

2.26 图 2.77 中，VT1、VT2 均为硅管，$U_{BE}=0.7V$，两管间为直接耦合方式。已知 $\beta_1=\beta_2=50$，$r_{bb'1}=r_{bb'2}=300\Omega$，电容器 C_1、C_2、C_3、C_4 的容量足够大。试完成：

（1）估算静态工作点 I_{CQ2}、U_{CEQ2}（I_{BQ2} 的影响可忽略不计）；

（2）求出中频电压放大倍数 $\dot{A}_u$；

（3）计算输入电阻 R_i 和输出电阻 R_o。

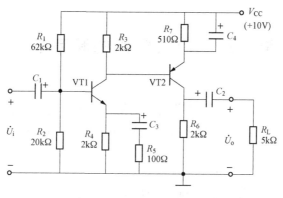

图 2.77 题 2.26 图

第三章　放大电路的频率响应

频率响应是电路输入信号的频率变化时输出信号与之对应的关系。本章首先介绍频率响应的一般概念，然后介绍三极管的频率参数及晶体管的混合 II 等效电路，最后分析研究放大电路的频率响应。

第一节　频率响应基本概念

一、频率响应的基本概念

在放大电路中，电路的输入信号一般不是单一频率的信号，而是包含一系列的频率分量，放大电路中的电抗元件的电抗随频率而变化，因此电路对不同频率的信号放大效果不同，即放大电路的放大倍数是频率的函数，这种函数关系称为放大电路的**频率响应或频率特性**。

1. 幅频特性和相频特性

正弦波信号通过放大电路时，不仅幅度得到放大，相位也会发生变化，即放大倍数的幅度和相位均是频率的函数。电压放大倍数可用复数表示如下

$$\dot{A}_u = A_u(f)\angle\phi(f) \tag{3.1}$$

式中：$A_u(f)$ 为放大倍数的幅值 A_u 与频率 f 的函数关系，称为放大电路的**幅频特性**；$\phi(f)$ 为放大倍数的相角 φ 与频率 f 的函数关系，称为放大电路的**相频特性**。

图 3.1 是一个典型的单级共射放大电路的幅频特性和相频特性。

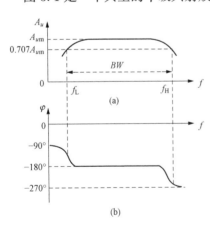

图 3.1　单级共射放大电路的频率响应
（a）幅频特性；（b）相频特性

2. 下限频率、上限频率和通频带

由图 3.1 可见，在一定的频率范围内，电压放大倍数基本与频率无关，其幅值基本不变，相角 φ 大致等于 180°，这个频率范围称为放大电路的"中频段"。而当频率降低或升高时，电压放大倍数的幅值都将减小，同时产生超前或滞后的附加相位移。

通常将中频段的电压放大倍数称为中频电压放大倍数 A_{um}，并规定当电压放大倍数下降到 $\frac{1}{\sqrt{2}}A_{um}$（即 $0.707A_{um}$）时相对应的低频频率和高频频率分别称为放大电路的**下限频率** f_L 和**上限频率** f_H，二者之差称为放大电路的**通频带** BW，即

$$BW = f_H - f_L \tag{3.2}$$

对于一般的放大电路 $f_H \gg f_L$，故 $BW \approx f_H$。

通频带是放大电路的一项重要技术指标，它是放大电路对输入信号进行不失真放大的频率范围。

3. 频率失真

由于放大电路的通频带有一定的限制，因此对于不同频率的输入信号，其放大倍数的幅值和相移也不同。当输入信号不是单一的正弦波时，信号中包含多次谐波，经过放大电路放大后，由于电路对信号的各次谐波的放大倍数不同，输出波形将产生**频率失真**。频率失真包含幅度失真和相位失真。

频率失真与第二章讨论过的非线性失真相比，虽然同样表现为输出信号不能如实反映输入信号的波形，但是产生这两种失真的根本原因不同。前者是由于放大电路的通频带不够宽，因而对不同频率的信号响应不同而产生的，称为**线性失真**；而后者是由于放大器件的非线性特性而产生的。

线性失真与非线性失真的区别是：线性失真不产生新的频率分量，非线性失真产生新的频率分量。

二、RC 低通电路的频率响应

放大电路的频率响应最终都可以等效为 RC 电路与中频放大电路的组合，故首先研究 RC 电路的频率响应。

图 3.2 所示为一个无源 RC 串联低通电路。该电路的电压传输系数为

$$\dot{A}_u = \frac{\dot{U}_o}{\dot{U}_i} = \frac{\frac{1}{j\omega C}}{R + \frac{1}{j\omega C}} = \frac{1}{1 + j\omega RC} \tag{3.3}$$

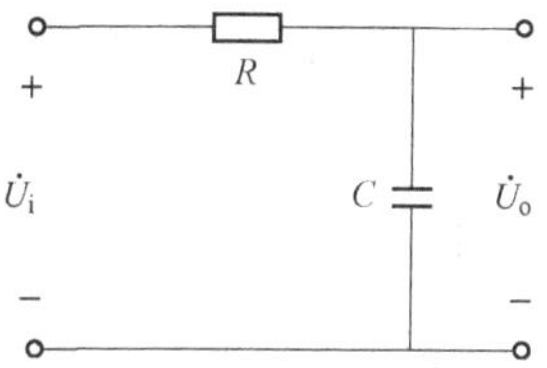

图 3.2　RC 低通电路

电路的时间常数 $\tau = RC$，令

$$\omega_H = \frac{1}{RC} = \frac{1}{\tau}, \qquad f_H = \frac{1}{2\pi RC} \tag{3.4}$$

则式（3.3）变为

$$\dot{A}_u = \frac{1}{1 + j\frac{\omega}{\omega_H}} = \frac{1}{1 + j\frac{f}{f_H}} \tag{3.5}$$

其幅值和相位与频率的关系分别为

$$A_u = \frac{1}{\sqrt{1 + \left(\frac{f}{f_H}\right)^2}} \tag{3.6}$$

$$\varphi = -\arctan\left(\frac{f}{f_H}\right) \tag{3.7}$$

根据式（3.6）和式（3.7）即可分别画出 RC 低通电路的幅频特性和相频特性，如图 3.4 所示。

由式（3.6）看出，当 $f \ll f_H$ 时，$A_u \approx 1$；而当 $f = f_H$ 时 $A_u = \frac{1}{\sqrt{2}}$。f_H 为低通电路的"上限截止频率"，而从 $f = 0$（直流）到 $f = f_H$ 的频率范围是低通电路的"通频带"。

三、RC 高通电路的频率响应

图 3.3 所示为一个无源 RC 串联高通电路。该电路的电压传输系数为

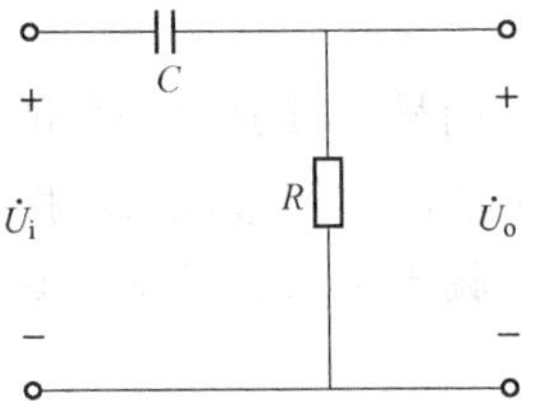

图 3.3　RC 高通电路

$$\dot{A}_u = \frac{\dot{U}_o}{\dot{U}_i} = \frac{R}{R + \frac{1}{j\omega C}} = \frac{1}{1 + \frac{1}{j\omega RC}} \tag{3.8}$$

同理，令

$$f_L = \frac{1}{2\pi RC} \tag{3.9}$$

则

$$\dot{A}_u = \frac{1}{1 + \frac{1}{j\omega\tau}} = \frac{1}{1 - j\frac{f_L}{f}} \tag{3.10}$$

其幅值和相位与频率的关系分别为

$$A_u = \frac{1}{\sqrt{1 + \left(\frac{f_L}{f}\right)^2}} \tag{3.11}$$

$$\varphi = \arctan\left(\frac{f_L}{f}\right) \tag{3.12}$$

根据式（3.11）和式（3.12）即可分别画出 RC 高通电路的幅频特性和相频特性，如图 3.4 所示。

由式（3.11）看出，当 $f \gg f_L$ 时，$A_u \approx 1$；而当 $f = f_L$ 时，$A_u = \frac{1}{\sqrt{2}}$。f_L 为高通电路的"下限截止频率"，而从 f_L 到 ∞ 的频率范围是高通电路的"通频带"。

四、波特图

根据放大电路频率特性的表达式，可以画出其频率特性曲线。但是由于在电子技术领域，信号频率一般为几赫兹到几百兆赫兹，电路的频率特性在很大的频率范围内其变化并不明显，要将如此宽广的频率范围绘制在一张图上不太现实，故普通的频率特性曲线应用起来并不方便。实际中应用比较广泛的是**对数频率特性**，这种对数频率特性又称为**波特图**。

波特图的横坐标是频率 f，采用对数坐标。幅频特性的纵坐标是增益，也采用对数 $20\lg A_u$ 表示，单位是分贝（dB）。相频特性的纵坐标是相角 φ，不取对数。

对数频率特性的主要优点是可以拓宽视野，在较小的坐标范围内表示宽广频率范围的变化情况，同时将低频段和高频段的特性都能表示清楚，且作图方便。

下面分析 RC 低通电路与 RC 高通电路的对数频率特性。

首先将式（3.6）和式（3.11）取对数，可得

$$20\lg A_u = -20\lg\sqrt{1 + \left(\frac{f}{f_H}\right)^2} \tag{3.13}$$

$$20\lg A_u = -20\lg\sqrt{1 + \left(\frac{f_L}{f}\right)^2} \tag{3.14}$$

对于 RC 低通电路，由式（3.13）可见，当 $f \ll f_H$ 时，$20\lg A_u \approx 0\text{dB}$；当 $f \gg f_H$ 时，$20\lg A_u \approx -20\lg\frac{f}{f_H}$；当 $f = f_H$ 时，$20\lg A_u = -20\lg\sqrt{2} = -3\text{dB}$。

如果按式（3.13）逐点画出波特图比较麻烦，工程实际中一般采用将曲线直线化，即用几段直线替代曲线，这样绘图比较简单，也更直观。而由此带来的误差在工程上是在可接受

范围内的。

对于 RC 低通电路幅频特性可用两条直线来近似。当 $f<f_H$ 时，用零分贝线来近似；当 $f>f_H$ 时用斜率等于 -20dB/十倍频程的直线来近似，即每当频率增加十倍，波特图的纵坐标 $20\lg A_u$ 减少 20dB。两条直线交于 $f=f_H$ 处。由折线近似引起的最大误差发生在 $f=f_H$ 处，其值为 3dB。

对于 RC 低通电路对数相频特性，由式（3.7）可得，当 $f\ll f_H$ 时，$\varphi=0°$；当 $f\gg f_H$ 时，$\varphi=-90°$；当 $f=f_H$ 时 $\varphi=-45°$。因此，RC 低通电路的对数幅相特性也可以用三段直线构成的折线近似。当 $f<0.1f_H$ 时，近似认为 $\varphi=0°$；当 $f>10f_H$ 时，近似认为 $\varphi=-90°$；当 $0.1f_H<f<10f_H$ 时，用一条斜率等于 $-45°$/十倍频程的直线来近似，在此直线上，当 $f=f_H$ 时，$\varphi=-45°$。由折线近似引起的最大误差发生在 $f=0.1f_H$ 和 $f=10f_H$ 处，其值为 5.71°。

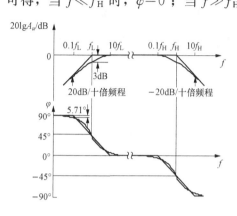

同理，可分析出 RC 高通电路的对数频率特性。图 3.4 所示为即为 RC 低通和高通电路的对数频率特性图，包括幅频特性和相频特性。

图 3.4　RC 低通与 RC 高通电路的波特图

第二节　三极管的频率参数

一、混合 π 型等效电路

第二章曾经介绍了三极管的 H 参数微变等效电路。但是，在研究放大电路的高频响应时，由于三极管存在极间电容，等效电路中的参数将不再是常数，例如，β 将随频率而变化，分析时很不方便。因此，再分析放大电路的高频响应时，需要引出三极管的其他形式的微变等效电路。常用的三极管的高频模型有两种：混合 π 型等效电路和 Y 参数等效电路。本书主要介绍混合 π 型等效电路。

1. 混合 π 型等效电路的引出

混合 π 型等效电路是三极管的一个物理模型。在高频时，考虑了三极管的极间电容后，三极管的结构示意图如图 3.5 所示。其中，$C_{b'e}$ 为发射结等效电容，$C_{b'c}$ 为集电结等效电容。

图中，$r_{bb'}$ 是基区体电阻，其值在几欧姆到几百欧姆范围内，对高频小功率三极管大约为 300Ω。$r_{b'e}$ 是发射结动态电阻，$r_{b'e}(\Omega)=\dfrac{U_T}{I_{EQ}}\approx\dfrac{26(\text{mV})}{I_{EQ}(\text{mA})}$。

$g_m\dot{U}_{b'e}$ 是一个电压控制电流源，体现了发射结电压对集电极电流的控制作用。其中，g_m 称为跨导，单位一般是 mS，表示当 $\dot{U}_{b'e}$ 为单位电压时，在集电极回路引起的 $\dot{I}_c$ 的大小。

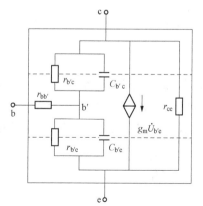

图 3.5　三极管高频物理模型

因为三极管集电结反向偏置，所以 $r_{b'c}$ 很大，可以视

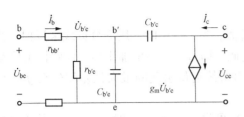

图 3.6　三极管高频混合 π 型等效电路

作开路，又由于 r_{ce} 也很大也可以视作开路。将上述两个电阻忽略，即可画出三极管高频混合 π 型模型如图 3.6 所示。因其形状像 π 型，且各参数具有不同的量纲，故称为"混合 π 型等效电路"。

2. 高频参数和低中频

混合 π 型等效电路与 H 参数等效电路之间有确定的关系。当低频和中频时，可以不考虑极间电容的作用，此时，混合 π 型等效电路的形式与 H 参数等效电路相仿，如图 3.7 （a）、（b）所示。

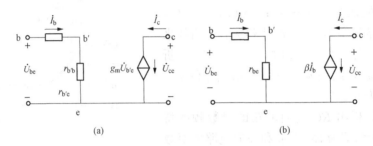

(a)　　　　　　　　　　　　　　　　(b)

图 3.7　晶体管简化等效电路

（a）低频时的混合 π 型等效电路；（b）简化 H 参数等效电路

通过比较可得

$$r_{be} = r_{bb'} + r_{b'e} = r_{bb'} + (1+\beta)\frac{26}{I_{EQ}}$$

则混合 π 参数的 $r_{b'e}$ 和 $r_{bb'}$ 分别为

$$r_{b'e} = r_{be} - r_{bb'} = (1+\beta)\frac{26}{I_{EQ}} \quad\quad (3.15)$$

$$r_{bb'} = r_{be} - r_{b'e} \quad\quad (3.16)$$

通过对比还可得

$$g_m \dot{U}_{b'e} = g_m \dot{I}_b r_{b'e} = \beta \dot{I}_b$$

则

$$g_m = \frac{\beta}{r_{b'e}} = \frac{\beta}{(1+\beta)\frac{26}{I_{EQ}}} \approx \frac{I_{EQ}(\text{mA})}{26(\text{mV})} \quad\quad (3.17)$$

3. 混合 π 型等效电路的简化

在图 3.6 所示的混合 π 型等效电路中，电容 $C_{b'c}$ 跨接在 b′ 和 c 之间，使等效电路失去信号传输的单向性，电路的分析计算将变得很烦琐。为此，可以利用密勒定理将电路单向化，用两个电容来等效代替 $C_{b'c}$，它们分别接在 b′、e 和 c、e 两端，接在 b′、e 端的等效电容值为 $(1-K)C_{b'c}$，接在 c、e 端的等效电容值为 $\frac{K-1}{K}C_{b'c}$，其中，$K = \frac{\dot{U}_{ce}}{\dot{U}_{b'e}} = \frac{-g_m \dot{U}_{b'e}R_L'}{\dot{U}_{b'e}} = -g_m R_L'$。

经过简化，可得到图 3.8 所示的单向化混合 π 型等效电路。

图中，$C' = C_{b'e} + (1-K)C_{b'c}$。混合 π 型等效电路中的两个电容之中，一般 $C_{b'e}$ 比 $C_{b'c}$ 大

得多。通常 $C_{b'c}$ 的值可从晶体管手册中查到（有的手册提供 C_{ob} 的值，它与 $C_{b'c}$ 近似）。手册中一般不提供 $C_{b'e}$ 的值，但可通过下面将的公式来计算，即

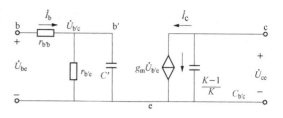

$$C_{b'e} \approx \frac{g_m}{2\pi f_T} \tag{3.18}$$

图 3.8 单向化混合 π 型等效电路

式中：f_T 为三极管的特征频率。

同 H 参数等效电路一样，混合 π 型等效电路只在小信号的条件下适用，因此要采用静态工作点上的参数。在室温条件下且取 $I_{CQ} = 1.3\text{mA}$ 时，一组典型参数如下：

$g_m = 50\text{mS}$，$r_{bb'} = 100\Omega$，$r_{b'e} = 1\text{k}\Omega$，$r_{b'c} = 4\text{M}\Omega$，$r_{ce} = 80\text{k}\Omega$，$C_{b'e} = 100\text{pF}$，$C_{b'c} = 3\text{pF}$

混合 π 型等效电路的各参数在工作频率低于 $f_T/3$ 时，都与频率无关，所以混合 π 型等效电路模型适用于 $f < f_T/3$ 时的情况。

二、三极管的频率参数

在信号频率较低时，一般认为三极管的共射电流放大系数 β 是一个常数。但当信号频率较高时，由于三极管存在极间电容，因此三极管的电流放大系数也随频率下降，所以电流放大系数是频率的函数。

按定义，$\dot{\beta}$ 是晶体管共射接法下输出端交流短路时的电流放大系数，即 $\dot{\beta} = \dfrac{\dot{I}_c}{\dot{I}_b}\bigg|_{U_{CE}}$。

由图 3.8 可知，当输出交流短路时，$K = 0$。此时有

$$C' = C_{b'e} + (1 - K)C_{b'c} = C_{b'e} + C_{b'c}$$

则

$$\dot{\beta} = \frac{\dot{I}_c}{\dot{I}_b}\bigg|_{U_{CE}} = \frac{g_m \dot{U}_{b'e}}{\dot{U}_{b'e}\left[\dfrac{1}{r_{b'e}} + j\omega C'\right]} = \frac{g_m r_{b'e}}{1 + j\omega r_{b'e} C'}$$

由于低频时 $g_m r_{b'e} = \beta_0$，所以有

$$\dot{\beta} = \frac{\beta_0}{1 + j\omega r_{b'e} C'} \tag{3.19}$$

令 $f_\beta = \dfrac{1}{2\pi r_{b'e} C'} = \dfrac{1}{2\pi r_{b'e} C_{b'e} + C_{b'c}}$ 并代入式 (3.19) 得

$$\dot{\beta} = \frac{\beta_0}{1 + j\dfrac{f}{f_\beta}} \tag{3.20}$$

式中：β_0 是三极管低频时的共射电流放大系数；f_β 为三极管的电流放大系数下降到 $\dfrac{1}{\sqrt{2}}\beta_0$ 时所对应的频率。

式 (3.20) 也可分别用模和相角表示，即

$$\beta = \frac{\beta_0}{\sqrt{1 + \left(\dfrac{f}{f_\beta}\right)^2}} \tag{3.21}$$

$$\phi_\beta = -\text{arccot}\left(\frac{f}{f_\beta}\right) \tag{3.22}$$

三极管对高频信号的放大能力可用三极管的高频参数来描述，下面分别介绍。

1. 共射截止频率 f_β

共射截止频率是指将 β 值下降到 $\dfrac{1}{\sqrt{2}}\beta_0$（即 $0.707\beta_0$）时所对应的频率定义为三极管的共射截止频率，用符号 f_β 表示。

由式（3.22）可得，当 $f=f_\beta$ 时，$\beta=\dfrac{1}{\sqrt{2}}\beta_0=0.707\beta_0$。可见，所谓截止频率，并不意味着三极管此时完全失去放大作用，而只是表示此时的电流放大系数下降到低中频时的 70% 左右。

2. 特征频率 f_T

特征频率是指将 β 值下降到 1 时所对应的频率定义为三极管的**特征频率**，用符号 f_T 表示。特征频率是三极管的一个重要参数。当 $f>f_\mathrm{T}$ 时，β 值将小于 1，表示此时三极管已失去放大作用。

将 $f=f_\mathrm{T}$ 和 $\beta=1$ 代入式（3.21）得

$$1=\frac{\beta_0}{\sqrt{1+\left(\dfrac{f_\mathrm{T}}{f_\beta}\right)^2}} \tag{3.23}$$

通常 $f_\mathrm{T}\gg f_\beta$，所以可将式（3.23）简化为

$$f_\mathrm{T}\approx\beta_0 f_\beta \tag{3.24}$$

式（3.24）表明，三极管的特征频率 f_T 与其共射截止频率 f_β 二者之间是相互关联的，且 f_T 比 f_β 高得多，大约是 f_β 的 β_0 倍。通常三极管手册给出的参数是 f_T。三极管的分类也是以 f_T 为标准而划分的，一般将 $f_\mathrm{T}>4\mathrm{MHz}$ 的三极管划分为高频管，而将 $f_\mathrm{T}<4\mathrm{MHz}$ 的三极管划分为低频管。

3. 共基截止频率 f_α

三极管共基电流放大系数 α 显然也是频率的函数，可表示为

$$\dot{\alpha}=\frac{\alpha_0}{1+\mathrm{j}\dfrac{f}{f_\alpha}} \tag{3.25}$$

将 α 值下降到 $\dfrac{1}{\sqrt{2}}\alpha_0$（即 $0.707\alpha_0$）时所对应的频率定义为三极管的**共基截止频率**，用符号 f_α 表示。

下面分析 f_α 与 f_β、f_T 之间的关系。由第一章得知 $\dot{\alpha}$ 与 $\dot{\beta}$ 的关系为

$$\dot{\alpha}=\frac{\dot{\beta}}{1+\dot{\beta}} \tag{3.26}$$

将式（3.20）代入式（3.26），可得

$$\dot{\alpha}=\frac{\dfrac{\beta_0}{1+\mathrm{j}f/f_\beta}}{1+\dfrac{\beta_0}{1+\mathrm{j}f/f_\beta}}=\frac{\dfrac{\beta_0}{1+\beta_0}}{1+\mathrm{j}\dfrac{f}{(1+\beta_0)f_\beta}} \tag{3.27}$$

将式（3.27）与式（3.25）比较，可得

$$\alpha_0 = \frac{\beta_0}{1+\beta_0}$$

$$f_\alpha = (1+\beta_0)f_\beta \qquad (3.28)$$

由式（3.28）可见，f_α 远高于 f_β，等于 f_β 的 $1+\beta_0$ 倍，因此共基组态的放大电路的高频响应要比相应的共射组态的放大电路的高频响应要好很多。也就是说，同一个三极管采用共基状态组成放大电路可以放大更高频率的信号。

三极管的三个频率参数之间的关系为

$$f_\beta < f_\mathrm{T} < f_\alpha$$

三极管的频率参数是选用三极管的重要依据之一。通常，在放大频率较高的信号时，应该选用高频管，如对频率无特殊要求，则可选用低频管。

第三节　典型放大电路的频率响应

一、阻容耦合单管共射放大电路的频率响应

阻容耦合单管共射放大电路如图 3.9 所示。为了分析方便，可以将图中 C_2 和 R_L 看成下一级的输入耦合电容和输入电阻，分析本级频率响应时，可以暂不考虑。

1. 中频段

当信号频率 $f_\mathrm{L} \ll f \ll f_\mathrm{H}$ 时为中频段，在中频段，一方面隔直流电容 C_1 的容抗很小，可以认为交流短路；另一方面，三极管极间电容的容抗很大，可以认为交流开路，可得中频放大电路的微变等效电路如图 3.10 所示。

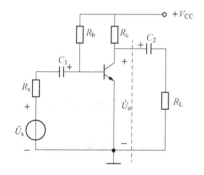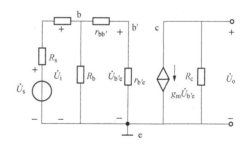

图 3.9　单管共射放大电路　　　　图 3.10　中频微变等效电路

由图可得

$$\dot{U}_\mathrm{b'e} = \frac{R_\mathrm{i}}{R_\mathrm{s}+R_\mathrm{i}}\frac{r_\mathrm{b'e}}{r_\mathrm{be}}\dot{U}_\mathrm{s}$$

式中

$$R_\mathrm{i} = R_\mathrm{b} /\!/ r_\mathrm{be}$$

输出电压为

$$\dot{U}_\mathrm{o} = -g_\mathrm{m}\dot{U}_\mathrm{b'e}R_\mathrm{c}$$

则中频电压放大倍数为

$$\dot{A}_{usm} = \frac{\dot{U}_\mathrm{o}}{\dot{U}_\mathrm{s}} = -\frac{R_\mathrm{i}}{R_\mathrm{s}+R_\mathrm{i}}\frac{r_\mathrm{b'e}}{r_\mathrm{be}}g_\mathrm{m}R_\mathrm{c} \qquad (3.29)$$

将式（3.17）代入式（3.29）可得

$$\dot{A}_{usm} = -\frac{R_i}{R_s + R_i}\frac{\beta R_c}{r_{be}}$$

可见，中频电压放大倍数的表达式与利用 H 参数等效电路的分析结果是一致的。

2. 低频段

当信号频率下降时，隔直流电容的容抗将增大，使电路的电压放大倍数降低，所以必须考虑 C_1 的作用，低频等效电路如图 3.11 所示。由图可见，电容 C_1 与输入电阻构成一个 RC 高通电路。

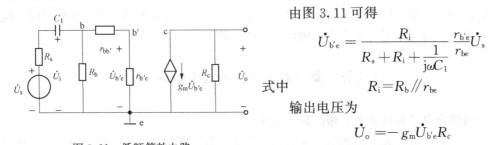

图 3.11 低频等效电路

由图 3.11 可得

$$\dot{U}_{b'e} = \frac{R_i}{R_s + R_i + \dfrac{1}{j\omega C_1}}\frac{r_{b'e}}{r_{be}}\dot{U}_s$$

式中

$$R_i = R_b // r_{be}$$

输出电压为

$$\dot{U}_o = -g_m\dot{U}_{b'e}R_c$$

则低频电压放大倍数为

$$\dot{A}_{usL} = \frac{\dot{U}_o}{\dot{U}_s} = -\frac{R_i}{R_s + R_i + \dfrac{1}{j\omega C_1}}\frac{r_{b'e}}{r_{be}}g_mR_c = \dot{A}_{usm}\frac{1}{1 + \dfrac{1}{j\omega(R_s + R_i)C_1}} \tag{3.30}$$

令 $\tau_L = (R_s + R_i)C_1$，则

$$f_L = \frac{1}{2\pi\tau_L} = \frac{1}{2\pi(R_s + R_i)C_1} \tag{3.31}$$

将式（3.31）代入式（3.30）得

$$\dot{A}_{usL} = \dot{A}_{usm}\frac{1}{1 - j\dfrac{f_L}{f}} \tag{3.32}$$

由式（3.31）可知，电路的下限截止频率 f_L 取决于 RC 回路的时间常数 τ_L，τ_L 越大，f_L 越小，则电路的低频特性越好。

求得中频段的电压放大倍数 A_{usm} 和下限频率 f_L 后，即可很方便地画出低频段的折线化的波特图。

3. 高频段

当信号频率升高时，电容 C_1 的阻抗降低，可以忽略不计，但由于三极管的极间电容是并联在电路中的，其阻抗随信号频率升高而降低，所以必须考虑其影响。考虑三极管极间电容后的高频等效电路如图 3.12 所示。

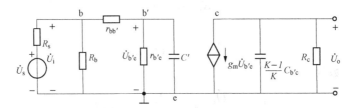

图 3.12 高频等效电路

通常，输出回路的电容值比输入回路的电容值小很多，输出回路的时间常数比输入回路的时间常数也小得多，因此可以忽略输出回路的电容 $\dfrac{K-1}{K}C_{b'c}$，再利用戴维南定理将输入回路简化，则可得高频简化等效电路如图 3.13 所示。

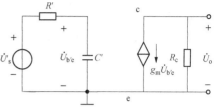

图 3.13　高频简化等效电路

图中　　　$\dot{U}'_s = \dfrac{R_i}{R_s + R_i}\dfrac{r_{b'e}}{r_{be}}\dot{U}_s$

$$R' = r_{b'e} /\!/ [r_{bb'} + (R_s /\!/ R_b)]$$

$$C' = C_{b'e} + (1-K)C_{b'c} = C_{b'e} + (1+g_m R_c)C_{b'c}$$

由图可以清楚地看出，电容 C' 与 R' 构成一个 RC 低通电路，其上限截止频率为 f_H。

由图 3.13 可得

$$\dot{U}_{b'e} = \dfrac{\dfrac{1}{j\omega C'}}{R' + \dfrac{1}{j\omega C'}}\dot{U}'_s = \dfrac{1}{1 + j\omega R'C'}\dot{U}'_s = \dfrac{1}{1 + j\omega R'C'}\dfrac{R_i}{R_s + R_i}\dfrac{r_{b'e}}{r_{be}}\dot{U}_s$$

而

$$\dot{U}_o = -g_m \dot{U}_{b'e} R_c$$

则高频电压放大倍数为

$$\dot{A}_{usH} = \dfrac{\dot{U}_o}{\dot{U}_s} = \dot{A}_{usm}\dfrac{1}{1 + j\omega R'C'} \tag{3.33}$$

令

$$\tau_H = R'C'$$

则上限截止频率为

$$f_H = \dfrac{1}{2\pi\tau_H} = \dfrac{1}{2\pi R'C'} \tag{3.34}$$

将式（3.34）代入式（3.33），可得

$$\dot{A}_{usH} = \dot{A}_{usm}\dfrac{1}{1 + j\dfrac{f}{f_H}} \tag{3.35}$$

由式（3.34）可知，电路的上限截止频率 f_H 决定于 RC 回路的时常数 τ_H，τ_H 越小，f_H 越大，则电路的高频特性越好。因此，为了得到良好的高频特性，在选用三极管时，应选用极间电容小的三极管。

求得中频段的电压放大倍数 A_{usm} 和上限频率 f_H 后，即可很方便地画出高频段的折线化的波特图。

4. 完整的频率特性

综合前面电路的中频、低频和高频放大倍数的表达式，即可得阻容耦合单管放大电路在全部频率范围内电压放大倍数的近似表达式为

$$\dot{A}_{us} \approx \dfrac{\dot{A}_{usm}}{\left(1 - j\dfrac{f_L}{f}\right)\left(1 + j\dfrac{f}{f_H}\right)} \tag{3.36}$$

将电路的中频段、低频段和高频段的频率特性画在同一张图上，即可得到电路完整的波特

图，如图 3.14 所示。

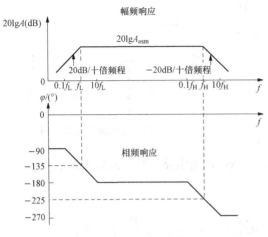

图 3.14　阻容耦合单管共射放大电路的波特图

画波特图时，一般按如下步骤进行：

首先，根据电路参数计算中频电压放大倍数 A_{usm}、下限频率 f_L 和上限频率 f_H。然后再画出电路的幅频特性与相频特性。

画幅频特性时，在中频区，从 f_L 到 f_H 之间，画一条高度等于 $20\lg A_{usm}$ 的水平直线。在低频区，从 f_L 开始，向左下方画一条斜率为 $-20\mathrm{dB}/$ 十倍频程的直线。在高频区，从 f_H 开始，向右下方画一条斜率为 $-20\mathrm{dB}/$ 十倍频程的直线。以上三段直线构成的折线就是放大电路的对数幅频特性图。

画相频特性时，在中频区，由于放大电路为反相放大电路，故从 f_L 到 f_H 之间，画一条 $\varphi=-180°$ 的水平直线。在低频区，当 $f<0.1f_L$ 时，$\varphi=-90°$，在 $0.1f_L<f<10f_L$ 之间，画一条斜率为 $-45°/$ 十倍频程的直线。在高频区，当 $f>10f_H$ 时，$\varphi=-270°$，在 $0.1f_H<f<10f_H$ 之间，画一条斜率为 $-45°/$ 十倍频程的直线。以上五段直线构成的折线就是放大电路的对数相频特性图。

5. 增益带宽积

增益带宽积是放大电路的一项综合指标，它是中频电压放大倍数与通频带的乘积，下面推导出它的表达式。

由式（3.29）和式（3.34）可知

$$\dot{A}_{usm}=-\frac{R_i}{R_s+R_i}\frac{r_{b'e}}{r_{be}}g_mR_c$$

$$f_H=\frac{1}{2\pi\tau_H}=\frac{1}{2\pi R'C'}$$

式中
$$R_i=R_b /\!/ r_{be}$$
$$R'=r_{b'e} /\!/ [r_{bb'}+(R_s /\!/ R_b)]$$
$$C'=C_{b'e}+(1+g_mR_c)C_{b'c}$$

对于一般的放大电路设 $R_b\gg R_s$，$R_b\gg r_{be}$，且 $(1+g_mR_c)C_{b'c}\gg C_{b'c}$，则单管共射放大电路的增益带宽积为

$$A_{usm}f_H=\frac{R_i}{R_s+R_i}\frac{r_{b'e}}{r_{be}}g_mR_c\frac{1}{2\pi R'C'}\approx\frac{1}{2\pi(R_s+r_{bb'})C_{b'c}} \tag{3.37}$$

式（3.37）说明，当选定三极管和信号源以后，$r_{bb'}$、$C_{b'c}$ 和 R_s 的值即确定，增益带宽积也基本上确定。如果将通频带扩展几倍，则电压放大倍数也将降低同样的倍数。

由此得出结论，若要得到一个通频带宽、电压放大倍数又高的放大电路，应选 $r_{bb'}$ 和 $C_{b'c}$ 均小的三极管。

二、直接耦合单管共射放大电路的频率响应

在放大电路中，被放大的信号的种类很多，有很大一部分是变化缓慢或频率很低的信号甚至是直流信号，如自动控制系统中由温度、压力等非电量信号转化为电信号，即属此类信

号。放大此类信号时，由于阻容耦合放大电路中的耦合电容具有隔直流作用，信号不能被放大，因此必须使用直流放大电路。直接耦合单管共射放大电路即属于直流放大电路。在集成放大电路中，基本上都采用直接耦合方式。由于采用直接耦合方式，因此，直接耦合放大电路的下限频率 $f_{\mathrm{L}}=0$。在高频段，由于三极管极间电容的影响，高频电压放大倍数仍将下降，同时产生 $0°\sim-90°$ 的附加相位移。直接耦合单管共射放大电路的波特图如图 3.15 所示，其中，中频电压放大倍数 A_{usm} 和上限截止频率 F_{H} 的计算方法与前相同。

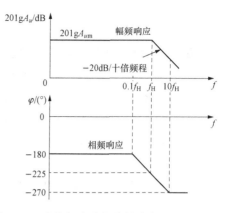

图 3.15 直接耦合单管共射放大电路的波特图

三、多级放大电路的频率响应

1. 多级放大电路的频率响应

多级放大电路的电压放大倍数是各级电压放大倍数的乘积，即

$$\dot{A}_u = \dot{A}_{u1} \cdot \dot{A}_{u2} \cdots \dot{A}_{un}$$

则多级放大电路的对数幅频特性为

$$20\lg|\dot{A}_u| = 20\lg|\dot{A}_{u1}| + 20\lg|\dot{A}_{u2}| + \cdots + 20\lg|\dot{A}_{un}| = \sum_{k=1}^{n} 20\lg|\dot{A}_{uk}| \quad (3.38)$$

多级放大电路总的相位移为

$$\varphi = \varphi_1 + \varphi_2 + \cdots + \varphi_n = \sum_{k=1}^{n} \varphi_k \quad (3.39)$$

式（3.38）和式（3.39）说明，多级放大电路的对数增益等于其各级对数增益的代数和，而多级放大电路的相位移也等于其各级相位移的代数和。因此绘制波特图时，只要将各放大级的波特图在同一坐标下分别叠加即可。

例如，将两各完全相同的单级放大电路串联组成一个两级放大电路，则只需分别将原来单级放大电路的幅频特性和相频特性上每一点的纵坐标增大一倍，即可得到两级放大电路总的幅频特性和相频特性，如图 3.16 所示。

叠加后，对应于单级幅频特性上原来下降 3dB 的频率点（即 f_{L1} 和 f_{H1}），在两级放大电路的幅频特性上将下降 6dB。也就是说，两级放大电路总的 -3dB 频率点将向中间移，即 $f_{\mathrm{L}}>f_{\mathrm{L1}}$，而 $f_{\mathrm{H}}<f_{\mathrm{H1}}$。由此可以得出结论：多级放大电路的通频带，总是比组成它的每一级放大电路的通频带为窄。

2. 多级放大电路的上限频率和下限频率

可以证明，多级放大电路的上限频率与组成它的各级放大电路上限频率之间，存在以下近似关系

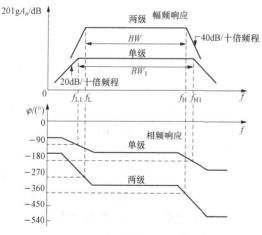

图 3.16 两级放大电路的波特图

$$\frac{1}{f_{\text{H}}} \approx 1.1 \sqrt{\frac{1}{f_{\text{H1}}} + \frac{1}{f_{\text{H2}}} + \cdots + \frac{1}{f_{\text{H}n}}} \tag{3.40}$$

多级放大电路的下限频率与组成它的各级放大电路下限频率之间，存在以下近似关系

$$f_{\text{L}} \approx 1.1 \sqrt{f_{\text{L1}}^2 + f_{\text{L2}}^2 + \cdots + f_{\text{L}n}^2} \tag{3.41}$$

在实际的多级放大电路中，当某一级的下限频率 f_{k} 比其他级的下限频率高 4～5 倍以上时，则可认为总的下限频率即为 f_{k}；当某一级的上限频率 f_{m} 是其他级的上限频率的 $1/4$～$1/5$ 时，则可认为总的上限频率即为 f_{m}。

第四节　共发射极单管放大电路频率特性的 Proteus 仿真

本节以共发射极单管放大电路为例，用 Proteus 来分析其频率特性。该实验电路原理图参照第二章图 2.52。首先，将元件连接好后，调节电路的静态工作点，方法与第二章第九节所述相同。然后，用图表仿真工具中的"Frequency Response"频率分析工具来仿真该电路的通频带。在编辑窗口拖出图表后，编辑图表属性，如图 3.17 所示，以正弦激励源 Input 作为参考激励源。然后将电压输出探针 Vout 分别拖至图表左侧和右侧，运行图表仿真，得到该电路的波特图，如图 3.18 所示，其通频带为 15Hz～5MHz。

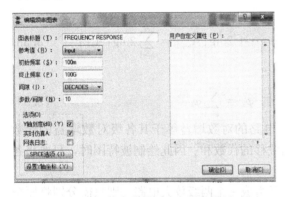

图 3.17　频率分析图表工具的设置

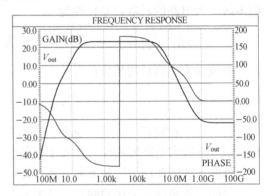

图 3.18　共发射极单管放大电路的波特图

本章小结

通常使用频带宽度来描述放大电路的频率特性，并用波特图来形象描述幅频响应和相频响应。为了描述三极管对高频信号的放大能力，引出了三个频率参数，它们是共射截止频率 f_{β} 特征频率 f_{T} 和共基截止频率 f_{α}。三者的关系为 $f_{\beta} < f_{\text{T}} < f_{\alpha}$。这三个参数是选用三极管的重要依据。三极管的高频等效电路模型为混合 π 型等效电路。影响放大电路低频特性的是耦合电容和发射极旁路电容，影响其高频特性的是晶体管的结电容、分布电容和负载电容。

对于阻容耦合放大电路，由于存在耦合电容和三极管的极间电容，其低频段的电压放大倍数和高频段的电压放大倍数均下降，同时产生附加相位移。低频段的附加相位移是 $0°$～$90°$，高频段的附加相位移是 $0°$～$-90°$。下限频率 f_{L} 和上限频率 f_{H} 的数值分别与隔直流电容回路和极间耦合电容的回路的时间常数成反比。直接耦合放大电路的 $f_{\text{L}} = 0$，低频响

应好。

多级放大电路的整体的对数增益为各级对数增益之和，整体的相位移也等于各级相位移之和，因此多级放大电路的波特图可以通过将各级对数幅频特性和相频特性分别进行叠加得到。多级放大电路的通频带总是比组成它的每一级放大电路的通频带窄。

习　题

3.1　已知一个 RC 低通电路，其中 $R=1\text{k}\Omega$，$C=10\mu\text{F}$，试计算其下限截止频率 f_L，并画出其对数幅频和相频响应（波特图）。

3.2　某二级放大电路，各级的中频电压增益分别为 6、34dB。试问放大电路总的电压增益为多少分贝？整体的电压放大倍数为多少倍？

3.3　某放大电路的电压放大倍数表达式如下

$$\dot{A}_u = \frac{100\left(\text{j}\,\dfrac{f}{10}\right)}{\left(1+\text{j}\,\dfrac{f}{10}\right)\left(1+\text{j}\,\dfrac{f}{10^6}\right)}$$

其中频率单位为 Hz。试问该电路的中频电压放大倍数为多大？上限截止频率 f_H、下限截止频率 f_L 各为多少？并画出其波特图。

3.4　已知某单管共射放大电路的中频增益为 $\dot{A}_{um}=-46\,(\text{dB})$，$f_\text{L}=10\text{Hz}$，$f_\text{H}=100\text{kHz}$。试完成：

（1）画出放大电路的波特图。

（2）分别说明当 $f=f_\text{L}$ 和 $f=f_\text{H}$ 时，电压放大倍数的模 A_u 和相角 φ 各等于多少？

3.5　设两个单管共射放大电路的对数幅频特性分别如图 3.19（a）和（b）所示。试完成：

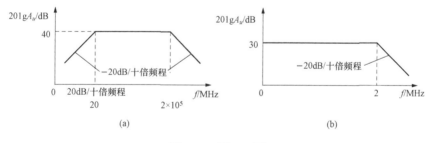

图 3.19　题 3.5 图

（1）分别写出电路 $\dot{A}_u$ 的频率特性表达式，并分别说明两个放大电路的中频电压放大倍数 A_{um} 各等于多少？下限频率 f_L 和上限频率 f_H 各等于多少？

（2）画出两个放大电路相应的对数相频特性。

3.6　已知三极管 3DG120C 的 $f_\text{T}=300\text{MHz}$，$C_{ob}=6\text{pF}$，在 $I_{CQ}=1\text{mA}$ 时测出其低频 **H** 参数为 $r_{be}=2.7\text{k}\Omega$，$\beta=100$，试求其混合 π 参数及 f_β 值。

3.7　在图 3.9 所示的单管共射放大电路中，已知 $R_b=470\text{k}\Omega$，$R_c=6.2\text{k}\Omega$，$R_s=1\text{k}\Omega$，$R_\text{L}\infty\infty$，$C_1=C_2=10\mu\text{F}$，晶体管参数为 $\beta=50$，$r_{bb'}=300\Omega$，$r_{be}=2\text{k}\Omega$，$f_\text{T}=$

100MHz，$C_{b'c}=4$pF，试求下限截止频率 f_L 和上限截止频率 f_H。

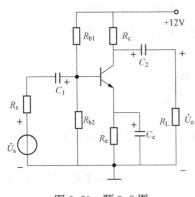

图 3.20 题 3.8 图

3.8 在图 3.20 所示电路中，已知电路参数为 β $=50$，$R_s=100\Omega$，$R_{b1}=91$kΩ，$R_{b2}=30$kΩ，$R_c=R_L$ $=6.2$kΩ，$R_e=2.4$kΩ，$C_1=C_2=10\mu$F，发射极旁路电容 C_e 很大，不考虑它对电路低频特性的影响，其余参数如图中所示。试求电路的下限截止频率 f_L，并回答电路中 C_1、C_2 哪个对下限截止频率 f_L 起的作用大？

3.9 在一个二级放大电路中，已知各级的参数分别为 $\dot{A}_{um1}=-20$，$f_{L1}=10$Hz，$f_{H1}=20$kHz；$\dot{A}_{um2}=-50$，$f_{L2}=100$Hz，$f_{H2}=200$kHz。试完成：

(1) 求出该电路整体电压增益以及整体上、下限频率约为多少？

(2) 绘出该电路整体幅频与相频波特图。

第四章　集成运算放大器

集成运算放大器简称集成运放，它能将一个完整的直流放大单元电路制作在一个半导体芯片上，具有体积小、质量轻、功耗低、可靠性高等优点，是电子技术领域中应用最多的一类模拟器件。本章主要介绍集成运放的组成，各单元电路的工作原理以及集成运放的主要参数、技术指标。

第一节　集成电路基本知识

一、概述

模拟集成电路的种类很多，可分为运算放大器、功率放大器、D/A 转换器、A/D 转换器以及模拟乘法器。其中集成运算放大器在各种模拟电路中应用最为广泛，集成运算放大器一般是由一块厚 $0.2\sim0.25$mm，面积约 0.5mm^2 的硅片制成，这种硅片称为集成电路的基片。在基片上放置几十到几百个甚至更多的三极管、电阻以及连接导线，制作成单元电路，接出外引线及做好外封装，制成完整的一个电子器件。集成运算放大器外形一般有金属圆壳、双列直插、扁平封装以及适用于自动化焊接的微型贴片封装等多种结构，如图 4.1 所示。

图 4.1　集成运算放大器的外形

与分立元件电路相比，集成电路有如下的特点：

（1）集成电路的元器件由于是用相同的工艺在同一片硅片上制造，其参数具有同向偏差，温度均一性好，故而元器件具有良好的对称性，容易制成两个特性参数比较一致的器件，有利于实现需要对称结构的电路。

（2）集成电路中高阻值的电阻所需基片的面积较大，因而大电阻多用三极管构成的有源负载（恒流源）来代替，或用外接电阻的方法解决。

（3）集成电路中的电容一般由 PN 结结电容构成，容量在几十皮法以下，误差也较大。电感更不易制作，所以集成电路中，级间耦合绝大多数采用直接耦合的方式。

（4）集成电路中的二极管一般由三极管的发射结来代替。

（5）集成电路中电路的复杂性不会导致制作工艺的复杂性，对成本的影响较小，因此集成电路中往往采用复杂的电路来提高性能。

（6）集成电路的芯片面积小，集成度高，所以它的功耗很小。

总之，集成运放和分立器件构成的直流放大电路虽然工作原理基本相同，但电路结构形式差别较大。

二、集成运放的发展概况

从集成运放的特性来看，可以将其分为通用型和专用型两大类。前者的一般性能较全面，价格低廉而适用面广；后者一般在某项或某几项性能上特别优良，只适用于某些特殊场合。本章主要讨论通用型集成运放。

以通用为主要目的而设计的集成运放到目前为止大致可分为四代产品。

第一代集成运放，以 1965 年研制的 μA709 为代表。其特点是采用了微电流源，共模负反馈，建立了标准的电源电压（±）15V，在开环电压增益、输入电阻、失调电压、温漂及共模抑制比等技术指标方面都比一般分立元件构成的电路有所改善。

第二代集成运放，以 1966 年研制的 μA741 为代表。其特点是采用了恒流源负载（有源负载），进一步提高了差模放大倍数，将放大级数缩减为两级，使防自激电路简单化，此外电路中还集成了过载保护电路，以防止集成运放因过电流而损坏。

第三代集成运放，以 1972 年研制的 A508 为代表。其特点是采用了"超 β"管（β 值可达数千）组成输入极，并且在设计中考虑了热反馈的效应，因此在开环电压增益、共模抑制比、失调电压、失调电流及失调的温度漂移等技术指标方面有了比较大的改善。

第四代集成运放，以 1973 年研制的 HA2900 为代表。其特点是在电路制造工艺上进入了大规模集成电路阶段，将场效应管和双极型管兼容在同一块硅片上，并且采用了调制解调技术（即斩波稳零集成运算放大器），使得失调和温漂等指标有了很大的提高，在一般情况下不需要调零即可使用。

目前，集成运算放大器和其他模拟集成电路正向高速度、低功耗、低漂移、大功率、大规模集成、专用化等方向发展。

第二节　集成运放的基本组成及基本电路

各种类型集成运放的基本结构类似，其内部电路通常包含四个部分，即输入级、中间放大级、输出级和直流偏置电路，如图 4.2 所示。

图 4.2　集成运放基本组成

一、电流源电路（偏置电路）

电流源电路是集成运放电路的主要组成部分，主要应用在两个方面，一是构成集成运放的直流偏置电路，二是作为放大电路的有源负载应用。同时，其还可以作为差分放大电路的发射极电阻，提高对共模信号的抑制能力。

1. 镜像电流源电路

镜像电流源是在集成运放中应用十分广泛的一种电流源电路，其电路如图 4.3 所示。电源 V_{CC} 通过电阻 R 和晶体管 VT1 产生一个基准电流 I_{REF}，计算式为

$$I_{REF} = \frac{V_{CC} - U_{BE1}}{R}$$

因为 VT1 和 VT2 并联，$U_{BE1} = U_{BE2}$，所以 VT2 的集电极就得到相应的电流 I_{C2}，I_{C2} 作为提供给某个放大器的偏置电流。

VT1 和 VT2 是用集成工艺制作在同一硅片上两个相邻的三极管，它们的工艺、结构和参数都比较一致。由于 $U_{BE1}=U_{BE2}=U_{BE}$，可以认为 $I_{B1}=I_{B2}=I_B$，$I_{C1}=I_{C2}=I_C$，则

$$I_{C2} = I_{C1} = I_{REF} - 2I_B = I_{REF} - 2\frac{I_{C1}}{\beta} = I_{REF} - 2\frac{I_{C2}}{\beta}$$

所以，有

$$I_{C2} = I_{REF}\frac{1}{1+\frac{2}{\beta}} \tag{4.1}$$

当满足条件 $\beta \gg 2$ 时，式（4.1）可简化为

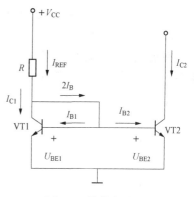

图 4.3　镜像电流源

$$I_{C2} \approx I_{REF} = \frac{V_{CC}-U_{BE1}}{R} \tag{4.2}$$

由式（4.2）可知，输出电流 I_{C2} 与基准电流 I_{REF} 接近相等，如同物体与镜像的关系，故称该电路为称为镜像电流源。

镜像电流源的优点是结构简单，而且具有一定的温度补偿作用；缺点主要有以下两个方面：

（1）I_{C2} 随电源电压 V_{CC} 变化，不适用电源电压变化范围宽的场合。

（2）电流源不容易达到微安级。要想得到微安级的电流源，则 R 的阻值必须很大，而在集成电路中制作一个大电阻是非常困难的。

2. 微电流源电路

集成运放中经常要用到微电流源。为用小电阻实现微电流源，可在镜像电流源的 VT2 发射极接入一个电阻 R_e，如图 4.4 所示。此时，有

$$U_{BE1} - U_{BE2} = I_{E2}R_e \approx I_{C2}R_e$$

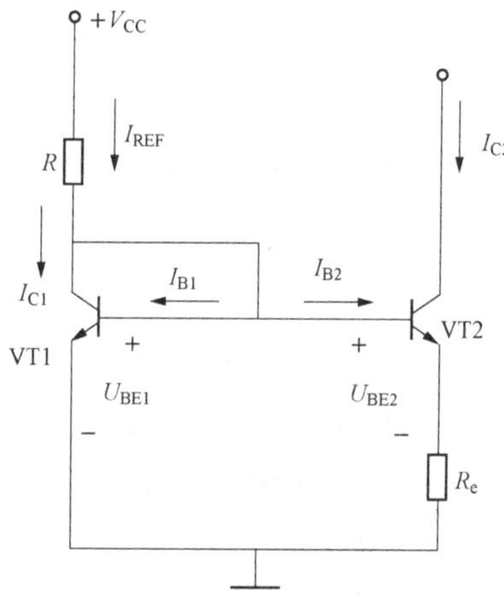

I_{C2} 由两管的基极、射极电压差来控制，由于这一电压差值很小，所以 R_e 不需要很大就可以获得微小的工作电流，可由下面的公式计算。

由二极管方程 $I_C = I_S(e^{\frac{U_{BE}}{U_T}}-1) \approx I_S e^{\frac{U_{BE}}{U_T}}$ 可得

$$U_{BE} = U_T \ln\frac{I_C}{I_S}$$

则

$$U_{BE1} - U_{BE2} \approx U_T\left(\ln\frac{I_{C1}}{I_{S1}} - \ln\frac{I_{C2}}{I_{S2}}\right) \approx I_{C2}R_e$$

式中：I_S 为二极管的反向饱和电流。

假设 $I_{S1} \approx I_{S2}$ 即得

$$U_T\ln\frac{I_{C1}}{I_{C2}} \approx I_{C2}R_e \tag{4.3}$$

图 4.4　微电流源

在集成电路的设计中，不是给定 I_{C1} 和 R_e 来求 I_{C2}，而是先选择合适的 I_{C1}，再根据所需的 I_{C2} 来求 R_e，这样计算起来就非常容易了。

微电流源中由于 R_e 引入了电流负反馈，因此微电流源的输出电阻比 VT2 本身的输出电

阻（r_{ce}）高得多，这样 I_{C2} 更加稳定。

　　3. 多路电流源

　　在集成运放电路中，经常要给多个放大管提供偏置电流和有源负载，因此常用到多路电流源。它是用同一个参考电流 I_{REF} 同时产生多路输出电流的电流源电路。

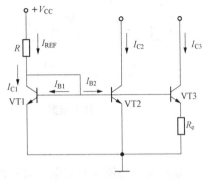

图 4.5　多路电流源

　　图 4.5 所示为两路输出的多路电流源电路，图中，I_{C2} 和 I_{C3} 都与 I_{REF} 成镜像关系，此时有

$$I_{C2} \approx I_{REF} = \frac{V_{CC} - U_{BE1}}{R}$$

$$U_T \ln \frac{I_{C1}}{I_{C3}} \approx I_{C3} R_e \left(R_e \approx \frac{U_T}{I_{C3}} \ln \frac{I_{C1}}{I_{C3}} \right)$$

二、差动放大电路（输入级）

　　差动放大电路的功能是放大两个输入信号之差，该电路特性优良，可广泛应用于集成运放输入级。常见的差动放大电路构成形式有三种：基本形式、射极耦合式（长尾式）和恒流源式。依据其输入输出的不同组合可构成四种不同的放大形式：双端输入双端输出、双端输入单端输出、单端输入双端输出和单端输入单端输出。

　　1. 基本形式差动放大电路

　　（1）电路组成。用两只特性相同的管子组成一个完全对称的电路，将信号从两管的基极输入，从两管的集电极输出，就构成了最基本的差动放大电路，如图 4.6 所示。

　　（2）抑制零点漂移的原理。假设 VT1 和 VT2 的特性完全相同，相应的电阻也完全一致，则当输入电压等于零时，$U_{CQ1} = U_{CQ2}$，即 $U_o = 0$。当温度及其他外界条件变化时，晶体管的集电极电流 I_{CQ} 也相应发生变化，但因两管集电极电流 I_{CQ1} 和 I_{CQ2} 的变化规律始终相同，使其集电极电位 U_{CQ1} 和 U_{CQ2} 也始终相等，从而使 $U_o = U_{CQ1} - U_{CQ2} \equiv 0$，结果 VT1 和 VT2 输出端的零点漂移将互相抵消。实际上，由于两个晶体管的特性不可能完全

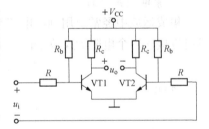

图 4.6　基本差动放大电路

相同，电路也不可能完全对称。因此零点漂移不可能完全消除，只能被抑制到很小。

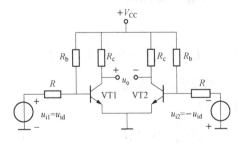

图 4.7　差模输入方式

　　（3）电压放大倍数。

　　1）差模输入方式。外加到电路两个输入端的电压大小相等、极性相反时，称为差模输入方式，用 u_{id} 表示，如图 4.7 所示。由图中可看出

$$u_{i1} = u_{id}, \quad u_{i2} = -u_{id}, \quad u_{i1} - u_{i2} = 2u_{id}$$

则每一边单管放大电路的电压放大倍数为

$$A_{u1} = \frac{u_{C1}}{u_{i1}} = \frac{u_{C1}}{u_{id}} = A_{u2} = \frac{u_{C2}}{u_{i2}} = -\frac{u_{C2}}{u_{id}}$$

放大电路的差模放大倍数为

$$A_d = \frac{u_o}{u_i} = \frac{u_{C1} - u_{C2}}{u_{i1} - u_{i2}} = \frac{A_{u1} u_{id} + A_{u2} u_{id}}{2u_{id}} = A_{u1} \tag{4.4}$$

式（4.4）表明，差动放大电路的差模输入电压放大倍数和单管放大电路的电压放大倍数相同。可见，差动放大电路多用了一个电路来换取对零点漂移的抑制。

2）共模输入方式。外加到电路两个输入端的电压大小相等、极性相同时，称为共模输入方式，用 u_{ic} 表示，如图4.8所示。此时

$$u_{i1} = u_{i2} = u_{ic}$$

$$A_c = \frac{u_o}{u_{ic}} \qquad (4.5)$$

当电路完全对称时，在共模输入时，两个晶体管集电极输出电压是相同的，有 $u_{C1} = u_{C2}$。

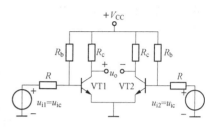

图4.8　共模输入方式

在理想情况下 $u_o = u_{C1} = u_{C2} = 0$，$A_C = 0$，即电路无共模输出信号。实际中由于电路不可能完全对称，$A_c \neq 0$，一般情况下，$A_c \ll 1$。

差动放大电路是对称的，所以温度及其他干扰因素引起的零点漂移对电路有相同的影响和作用，因此零点漂移可等效为共模输入信号。$A_c = 0$，说明差动放大电路能有效地抑制零点漂移。

3）任意输入方式。此时加在两管输入端对地之间的输入信号分别为 u_{i1} 和 u_{i2}，如图4.9所示。这种输入方式带有一般性，称为"任意输入方式"。

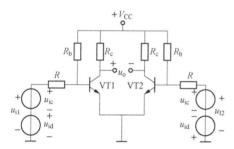

图4.9　任意输入方式

分析这种输入方式时，可以把输入信号 u_{i1} 和 u_{i2} 都看作是由两个分量组成：一个是共模分量 u_{iC}，另一个是差模分量 u_{id}，而且

$$u_{id} = \frac{1}{2}(u_{i1} - u_{i2}), \quad u_{ic} = \frac{1}{2}(u_{i1} + u_{i2}) \quad (4.6)$$

这样两个输入信号 u_{i1} 和 u_{i2} 便可写成

$$u_{i1} = (u_{id} + u_{ic}), \quad u_{i2} = (u_{ic} - u_{id}) \quad (4.7)$$

例如，当 $u_{i1} = 9\text{mV}$，$u_{i2} = 5\text{mV}$ 时，差模输入分量为 $u_{id} = \frac{1}{2}(9-5) = 2\text{mV}$，共模输入分量为 $u_{ic} = \frac{1}{2}(9+5) = 7\text{mV}$。

如果电路完全对称，则共模电压放大倍数 $A_c = 0$，即共模分量不会引起输出。此时，差动放大电路的电压放大倍数即为电路的差模电压放大倍数 A_d。可见在任意输入方式下，被放大的是输入信号 u_{i1} 和 u_{i2} 的差值。即当两个输入信号有差别时，输出才有变化。

2. 射极耦合差动放大电路

基本差动放大电路因电路参数不可能完全对称，所以它不可能完全抑制零点漂移。此外，如果从一个管子的集电极与地之间输出信号，则与单管共射放大电路一样，电路对零点漂移毫无抑制能力，而这种"单端输出"的形式又是经常应用的。为了解决这些问题，引出射极耦合差动放大电路。

（1）电路组成。射极耦合差动放大电路是在基本差动放大电路的基础上，发射极接入一个发射极电阻 R_e 构成的，电路如图4.10（a）所示。这个电阻形状如"长尾"，所以这种电路又称为长尾式差动放大电路。

电路抑制零点漂移的原理与第二章研究的单管共射放大电路为稳定静态工作点而在发射极加入 R_e 的原理一样。射极电阻 R_e 越大，则工作点越稳定，零点漂移也越小。但 R_e 太大，在一定的静态工作电流下，R_e 上的直流压降也很大，使得电路的动态工作范围变得很小。为此，常采用双电源供电，即在电路中引入一个负电源 V_{EE} 来补偿 R_e 上的直流压降，扩大电路的动态工作范围。采用双电源供电后静态基极电流可由 V_{EE} 提供，因此可以不接基极电阻 R_b，如图 4.10（b）所示。

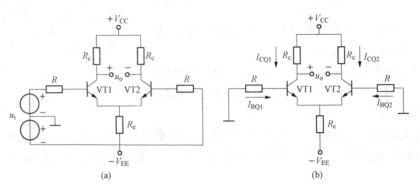

图 4.10　射极耦合差动放大电路及其直流通路

（a）射极耦合差动放大电路；（b）直流通路

（2）静态分析。静态时输入电压 $U_i = 0$，由于电路结构对称，故设 $I_{BQ1} = I_{BQ2} = I_{BQ}$，$I_{CQ1} = I_{CQ2} = I_{CQ}$，$U_{BEQ1} = U_{BEQ2} = U_{BEQ}$，$U_{CQ1} = U_{CQ2} = U_{CQ}$，$\beta_1 = \beta_2 = \beta$，对 VT1（或 VT2）的输入回路列电压方程可得

$$I_{BQ}R + U_{BEQ} + 2I_{EQ}R_e = V_{EE}$$

则静态基极电流为

$$I_{BQ} = \frac{V_{EE} - U_{BEQ}}{R + 2(1+\beta)R_e} \tag{4.8}$$

一般情况下，$R \ll 2(1+\beta)R_e$，$V_{EE} \gg U_{BE}$，有

$$I_{EQ} = (1+\beta)I_{BQ} \approx \frac{V_{EE}}{2R_e} \tag{4.9}$$

式（4.9）表明，温度变化对 I_{BQ}（I_{CQ}）的影响很小，即零点漂移很小，Q 基本稳定。

两管的基极电位为 $U_{BQ1} = U_{BQ2} = -I_{BQ}R$，此值很小，可以认为 $U_{BQ1} = U_{BQ2} \approx 0$。如果要使其真正为零，还需加上偏置电阻 R_b，使流过 R_b 的电流等于 I_{BQ}，则流过 R 的电流为零，两管基极的直流电位为零。这样，在静态时没有电流流过信号源，工作时杂散干扰小。

静态集电极电流和电位为

$$I_{CQ} \approx \beta I_{BQ} \tag{4.10}$$

$$U_{CQ} = V_{CC} - I_{CQ}R_c（对地） \tag{4.11}$$

两管的管压降 U_{CEQ} 为

$$U_{CEQ1} = U_{CEQ2} = (V_{CC} + V_{EE}) - I_{CQ}R_c - 2I_{EQ}R_e \tag{4.12}$$

或用 $U_{CEQ} = U_{CQ} - U_{EQ}$ 的关系求出

$$\begin{aligned} U_{CEQ1} = U_{CEQ2} &= V_{CC} - I_{CQ}R_c - (U_{BQ} - U_{BE}) \\ &= V_{CC} - I_{CQ}R_c + I_{BQ}R + U_{BE} \end{aligned} \tag{4.13}$$

（3）动态分析。

1）差模电压放大倍数 A_d。在输入差模信号时，一个输入信号引起的一个管子的发射极电流变化为 ΔI_E，另一个输入信号引起的另一个管子的发射极电流变化为 $-\Delta I_E$，流过射极电阻 R_e 上总电流不变，即 U_E 的电位是固定的。即 R_e 对差模信号不起作用，在交流通路中可将 R_e 视为短路，其交流通路如图 4.11 所示。当接入差模信号时，可以认为 R_L 中点处的电位保持不变，也就是说在 R_L 点处相当于交流接地。

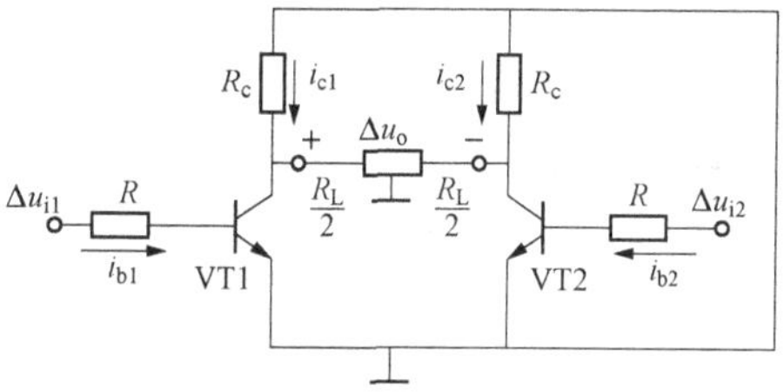

图 4.11　射极耦合差动放大电路的交流通路

由交流通路可得

$$i_{b1} = \frac{u_{i1}}{R + r_{be}}$$

$$i_{c1} = \beta i_{b1}$$

则

$$u_{c1} = -i_{c1}\left(R_c \mathbin{/\mkern-5mu/} \frac{R_L}{2}\right) = -\frac{\beta\left(R_c \mathbin{/\mkern-5mu/} \frac{R_L}{2}\right)}{R + r_{be}} u_{i1}$$

同理

$$u_{c2} = -i_{c2}\left(R_c \mathbin{/\mkern-5mu/} \frac{R_L}{2}\right) = -\frac{\beta\left(R_c \mathbin{/\mkern-5mu/} \frac{R_L}{2}\right)}{R + r_{be}} u_{i2}$$

输出电压为

$$u_o = u_{c1} - u_{c2} = -\frac{\beta\left(R_c \mathbin{/\mkern-5mu/} \frac{R_L}{2}\right)}{R + r_{be}} (u_{i1} - u_{i2})$$

差模电压放大倍数为

$$A_d = \frac{u_o}{u_{i1} - u_{i2}} = -\frac{\beta\left(R_c \mathbin{/\mkern-5mu/} \frac{R_L}{2}\right)}{R + r_{be}} \tag{4.14}$$

2）共模电压放大倍数 A_c。对双端输出的差动放大电路而言，理想情况下电路完全对称，在输入共模信号时 $\Delta U_o = \Delta U_{c1} - \Delta U_{c2} = 0$，则共模电压放大倍数 $A_c = 0$。如果电路不完全对称，则 $A_c \neq 0$，但是 A_c 也是很小的。

3）差模输入电阻 R_{id}。从两管输入端向里看，差模输入电阻为

$$R_{id} = 2(R + R_{be}) \tag{4.15}$$

4）差模输出电阻 R_{od}。两管集电极之间的输出电阻为

$$R_{od} = 2R_c \tag{4.16}$$

5）共模抑制比 K_{CMR}。在差动放大电路中通常希望差模电压放大倍数越大越好，而共模电压放大倍数越小越好。为了综合衡量一个差动放大电路对共模信号的抑制能力，引入了"共模抑制比"这一综合指标 K_{CMR}，其定义为差模电压放大倍数与共模电压放大倍数之比，即

$$K_{CMR} = \left|\frac{A_d}{A_c}\right| \tag{4.17}$$

K_{CMR} 通常用分贝（dB）表示，即

$$K_{CMR} = 20\lg\left|\frac{A_d}{A_c}\right| \tag{4.18}$$

共模抑制比描述差动放大电路对零点漂移的抑制能力。K_{CMR} 越大，说明抑制零点漂移的能

力越强。一般情况下用分立元件组成的差动放大电路，若管子和电阻经过挑选使电路工作在

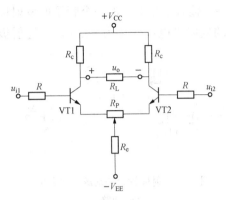

图 4.12　接有调零电位器的射极
耦合差动放大电路

同一环境温度下，K_{CMR} 可达 60dB(10^3) 以上，而较好的集成运算放大器 K_{CMR} 可达 120~140dB($10^6\sim10^7$)。

　　在射极耦合差动放大电路中，为了在电路不完全对称的情况下能使静态的 U_O 为零，常常接入调零电位器 R_P，电路如图 4.12 所示。

【例 4.1】　在图 4.12 所示的放大电路中，已知 $V_{\text{CC}}=V_{\text{EE}}=15\text{V}$，三极管的 $\beta=100$，$R_c=30\text{k}\Omega$，$R_e=30\text{k}\Omega$，$R=10\text{k}\Omega$，$R_P=200\Omega$，设调零电位器 R_P 调在中间位置，负载电阻 $R_L=20\text{k}\Omega$。试估算放大电路的静态工作点 Q，差模电压放大倍数 A_d，差模输入电阻 R_{id} 和输出电阻 R_o。

解： 由三极管基极回路可得

$$I_{BQ}=\frac{V_{EE}-U_{BEQ}}{R+2(1+\beta)(2R_e+0.5R_P)}$$

$$=\left[\frac{15-0.7}{10+101\times(2\times30+0.5\times0.1)}\right]\text{mA}$$

$$\approx 0.0024\text{mA}=2.4\mu\text{A}$$

$$I_{CQ}\approx\beta I_{BQ}=100\times0.0024(\text{mA})=0.24\text{mA}$$

$$U_{CQ}=V_{CC}-I_{CQ}R_c=15-0.24\times30(\text{V})=7.8\text{V}$$

$$U_{BQ}=-I_{BQ}R=-0.0024\times10(\text{V})=-0.024\text{V}=-24\text{mV}$$

$$U_{CEQ}=V_{CC}-I_{CQ}R_c-(U_{BQ}-U_{BE})=7.8+0.024+0.7(\text{V})\approx8.5\text{V}$$

　　R_e 对于差模输入信号不起作用，但差模信号引起的电流是经过 R_P 的，因此将使放大电路的差模电压放大倍数降低。放大电路的交流通路如图 4.13 所示。

　　由图可求得得差模电压放大倍数为

$$A_d=-\frac{\beta\left(R_c\ /\!/\ \dfrac{R_L}{2}\right)}{R+r_{be}+(1+\beta)\dfrac{R_P}{2}}$$

其中

$$R_{be}=r_{bb'}+(1+\beta)\frac{26(\text{mV})}{I_{EQ}(\text{mA})}$$

$$=\left(300+101\frac{26}{0.24}\right)\Omega$$

$$\approx 11\text{k}\Omega$$

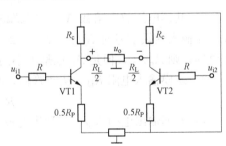

图 4.13　图 4.12 的交流通路

则

$$A_d=-\frac{100\times\left(\dfrac{30\times\dfrac{20}{2}}{30+\dfrac{20}{2}}\right)}{10+11+101\times0.5\times0.1}\approx-29$$

$$R_{id}=2\left[R+r_{be}+(1+\beta)\frac{R_P}{2}\right]=2\times(10+11+101\times0.5\times0.1)\text{k}\Omega\approx52\text{k}\Omega$$

$$R_{od} = 2R_c = (2 \times 30)\text{k}\Omega = 60\text{k}\Omega$$

3. 差动放大电路输入、输出的四种接法

（1）双端输入、双端输出。差动放大电路双端输入、双端输出电路如图4.14所示。根据前面的分析可知电路的性能参数如下

$$A_d = -\frac{\beta\left(R_c \mathbin{/\mkern-5mu/} \dfrac{R_L}{2}\right)}{R + r_{be} + (1 + \beta)\dfrac{R_P}{2}} \qquad (4.19)$$

$$A_c \approx 0 \qquad (4.20)$$

$$K_{CMR} \to \infty \qquad (4.21)$$

$$R_{id} = 2\left[R + r_{be} + (1 + \beta)\dfrac{R_P}{2}\right] \qquad (4.22)$$

$$R_{od} = 2R_c \qquad (4.23)$$

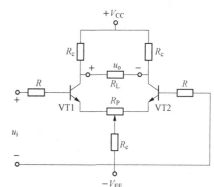

图4.14　差动放大电路双端输入、
双端输出

这种接法对某些不需要一端接地的信号源和负载是合适的。但是，在大部分的电路中，信号源或负载通常需要接地，即通常所说的"共地"，上述电路就不合适了。因此引出了差动放大电路的另外三种接法，即双端输入单端输出、单端输入双端输出和单端输入单端输出。

（2）双端输入、单端输出。差动放大电路双端输入、单端输出电路如图4.15所示。该电路从三极管VT1的集电极与地之间输出信号，输出电压 Δu_o 约为双端输出时的一半。差模电压放大倍数为

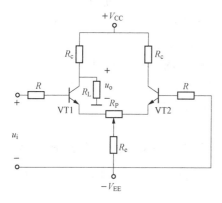

图4.15　差动放大电路双端输入、
单端输出

$$A_d = -\frac{1}{2}\frac{\beta(R_c \mathbin{/\mkern-5mu/} R_L)}{R + r_{be} + (1 + \beta)\dfrac{R_P}{2}} \qquad (4.24)$$

如果改从VT2集电极输出，R_L 接在VT2的集电极与地之间，则输出电压将与输入电压同相，即

$$A_d = +\frac{1}{2}\frac{\beta(R_c \mathbin{/\mkern-5mu/} R_L)}{R + r_{be} + (1 + \beta)\dfrac{R_P}{2}}$$

此时，差模输入电阻和输出电阻为

$$R_{id} = 2\left[R + r_{be} + (1 + \beta)\dfrac{R_P}{2}\right] \qquad (4.25)$$

$$R_{od} = R_c \qquad (4.26)$$

由于 R_e 的存在使共模电压放大倍数与差模电压放大倍数不同。共模信号流过 R_e，共模输出信号很小。图4.16所示为共模信号半电路的交流通路（由于信号只从一个管子的集电极输出另一个管子不输出信号，所以画交流通路时只需一半电路即可）。

共模信号引起的两个管子的发射极电电流同时流过 R_e，即 $2\Delta I_E$。根据等效原则，半电路的等效电路应为 $2R_e$。又由于调零电位器 R_P 的阻值相对很小，图中

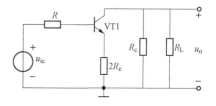

图4.16　共模信号半电路的交流通路

忽略了 R_P，则共模电压放大倍数为

$$A_c = \frac{u_o}{u_{ic}} = -\frac{\beta R_L'}{R + r_{be} + (1+\beta)2R_e} \tag{4.27}$$

式中，$R_L' = R_c /\!/ R_L$。由于 R_e 很大，一般可达 $(10\sim20)\text{k}\Omega$，所以式（4.27）分母中 $(1+\beta)2R_e \gg (R+R_{be})$，因此

$$A_c \approx -\frac{R_L'}{2R_e} \tag{4.28}$$

共模抑制比为

$$K_{CMR} = \left| \frac{A_d}{A_c} \right| \approx \frac{\beta R_e}{R + r_{be} + (1+\beta)\frac{R_P}{2}} \tag{4.29}$$

单端输出常用于将差动信号转换为单端信号，以便于与后面的电路实现"共地"。

（3）单端输入、双端输出。单端输入时，输入信号只加在一个管子的基极与地之间，另一个管子的基极接地，如图 4.17 所示。单端输入方式是任意输入方式的一种形式，此时 $u_{i1} = u_i$，$u_{i2} = 0$。可以将输入信号分解为差模分量 u_{id} 和共模分量 u_{ic}，其中

$$u_{id} = \frac{1}{2}(u_{i1} - u_{i2})$$

$$u_{ic} = \frac{1}{2}(u_{i1} + u_{i2})$$

这样 $u_{i1} = u_{id} + u_{ic} = u_{id}$，而 $u_{i2} = u_{ic} - u_{id} = 0$。

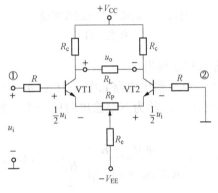

图 4.17 差动放大电路单端输入、双端输出

在单端输入情况下，信号只加在一个管子的基极上，假设某个瞬时输入电压为正，则 VT1 的集电极电流 I_{C1} 将增大，流过电阻 R_e 的电流也随之增大，于是发射极电位 u_E 升高，但 VT2 基极回路的电压 $u_{BE2} = u_{B2} - u_E$ 将降低，使 VT2 的集电极电流 i_{C2} 减小。可见，在单端输入时，仍然是一个三极管的电流增大，另一个三极管的电流减小。

由于 R_e 的存在，在交流通路中，输入信号引起的 VT1 发射极电流 i_{e1} 将流过 R_e 与 VT2 的发射极，事实上由于 R_e 的阻值比 VT2 发射极回路的等效电阻 $\left(\frac{r_{be}+R}{1+\beta}\right)$ 大得多，流过 R_e 的电流将很小，R_e 足够大时流过 R_e 的电流可忽略，此时 $\Delta i_{e1} \approx -\Delta i_{e2}$，$\Delta u_e \approx \frac{1}{2}\Delta u_i$，则 VT1 的输入电压 $\Delta u_{BE1} = \Delta u_i - \Delta u_e \approx \frac{1}{2}\Delta u_i$，VT2 的输入电压 $\Delta u_{BE2} = 0 - \Delta u_e \approx -\frac{1}{2}\Delta u_i$。由此可知 Δu_{BE1} 与 Δu_{BE2} 大小近似相等而极性相反，即两个三极管仍然基本上工作在差动放大状态。所以单端输入与双端输入的效果近似相同，电路的性能参数如下

$$A_d = -\frac{\beta\left(R_c /\!/ \frac{R_L}{2}\right)}{R + r_{be} + (1+\beta)\frac{R_P}{2}} \tag{4.30}$$

$$A_c \approx 0 \tag{4.31}$$

$$K_{\text{CMR}} \rightarrow \infty \tag{4.32}$$

$$R_{\text{id}} = 2\left[R + r_{\text{be}} + (1+\beta)\frac{R_{\text{P}}}{2}\right] \tag{4.33}$$

$$R_{\text{od}} = 2R_{\text{c}} \tag{4.34}$$

(4) 单端输入、单端输出。差动放大电路单端输入、单端输出电路如图 4.18 所示。由于单端输入的效果与双端输入几乎一样，因此这种接法与双端输入单端输出接法的性能参数一样，见式（4.24）～式（4.29）。这种接法可用在输入和输出"共地"的场合，其特点是与一般单管放大电路比具有较强的抑制零点漂移能力。另外，通过不同的三极管集电极输出，可使输出信号与输入信号反相或同相。

4. 恒流源式差动放大电路

恒流源具有较小的直流电阻和较大的动态电阻，用它替代 R_{e} 时，V_{EE} 不必很大，但动态时发射极上却相当于接入一个很大的电阻。利用基本电流源电路替代射极耦合差动放大电路中的 R_{e}，即可变为恒流源式差动放大电路。

(1) 电路组成。恒流源式差动放大电路如图 4.19 所示。由图可见，恒流管 VT3 的基极电位由稳压二极管 VS 决定，可以认为基本不受温度变化的影响，则当温度变化时 VT3 的发射极电位和发射极电流也基本保持稳定，$I_{\text{C3}} \approx I_{\text{E3}}$，而 $I_{\text{C1}} + I_{\text{C2}} = I_{\text{C3}}$，所以 I_{C1} 和 I_{C2} 将不会因温度的变化而同时增大或减小。由于射极恒流源的动态输出电阻很大，对共模信号

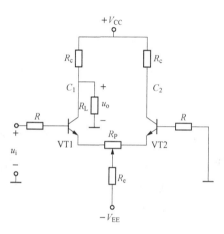

图 4.18　差动放大电路单端输入、
单端输出

来说，相当于在 VT1 和 VT2 的发射极上接了一个数值很大的电阻，有效抑制了共模信号的变化。这种差动放大电路在电路、器件严格匹配的情况下，K_{CMR} 可达 10^4 以上。

有时，为了简化，常用简化的恒流源符号，如图 4.20 所示。

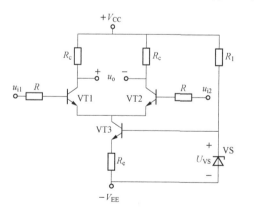

图 4.19　恒流源式差动放大电路

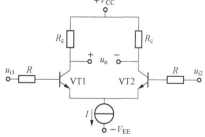

图 4.20　恒流源式差动放大电路的简化图

(2) 静态分析。从 VT3 的发射结电路开始分析来确定恒流源的电流，有

$$U_{\text{Re}} = U_{\text{VS}} - U_{\text{BE3}}$$

$$I_{C3} \approx I_{E3} = \frac{U_{Re}}{R_e} = \frac{U_{VS} - U_{BE3}}{R_e}$$

$$I_{CQ1} = I_{CQ2} = I_{CQ} = \frac{1}{2}I_{C3}$$

$$I_{BQ1} = I_{BQ2} = \frac{I_{CQ}}{\beta} = I_{BQ}$$

$$U_{BQ1} = U_{BQ2} = U_{BQ} = -I_{BQ}R$$

$$U_{EQ} = U_{BQ} - U_{BE}$$

$$U_{CQ1} = U_{CQ2} = U_{CQ} = V_{CC} - I_{CQ}R_C$$

这样可方便地计算出该电路静态值。

（3）动态分析。由于恒流三极管相当于一个阻值很大的射极电阻，对差模信号没有影响，所以恒流源式差放的交流通路与射极耦合差放的交流通路相同。因而二者的差模电压放大倍数 A_d、差模输入电阻 R_{id} 和输出电阻 R_o 均相同。对共模信号而言，相当于在射极上接有一个很大的电阻，所以共模电压放大倍数很小。

三、有源负载

由本书的第二章得知，基本共射和共基放大电路的电压放大倍数 $|\dot{A}_u|$ 的值与集电极负载电阻 R_c 的大小有关。通常 R_c 越大则 $|\dot{A}_u|$ 越大。但是，不可能将 R_c 的值取得很大，因为 R_c 的取值还与静态工作点 Q 有直接的关系，即 R_c 的取值还要保证 Q 点合适。集成电路的工艺更不便制造大电阻，所以，为了得到大的 $|\dot{A}_u|$ 又要保证合适的 Q 点，经常采用电流源来代替 R_c 组成有源负载，利用电流源输出电阻很大的特点，获得较高的电压放大倍数。

图 4.21 所示为一个采用了有源负载的单管共射放大电路。（a）图是采用镜像电流源组成的有源负载电路，（b）图是简化电流源的等效图。其中，VT1 是放大三极管，VT2 为有源负载。VT2 与 VT3 组成镜像电流源，作为偏置电路。基准电流 I 由 V_{CC}、VT3、R 支路产生，由图可得

$$I = \frac{V_{CC} - U_{BE3}}{R}$$

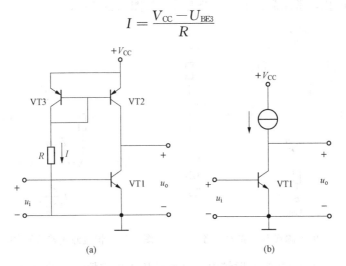

图 4.21 有源负载单管共射放大电路

（a）有源负载单管共射放大电路；（b）简化电流源的等效电路图

根据基准电流即可确定放大电路的工作电流。

由第二章基本放大电路得知,基本放大电路的电压放大倍数为

$$A_u = -\frac{\beta R_c}{r_{be}}$$

则有源负载的电压放大倍数为

$$A_u = -\frac{\beta r_{ce3}}{r_{be}}$$

式中:r_{ce3} 为镜像电流源中 VT3 的输出电阻。

可见,由于 r_{ce3} 的阻值很大,可获得了较大的电压放大倍数。

对于差动放大电路,同样可用电流源代替 R_c 而获得较大的电压放大倍数。图 4.22 所示为采用有源负载的差动放大电路。其中,NPN 三极管 VT1、VT2 组成差动放大电路,PNP 三极管 VT3、VT4 组成镜像电流源,作为 VT1、VT2 的有源负载。由图可见,放大电路为双端输入、单端输出的接法。电路的静态工作电流取决于 VT1、VT2 发射极的恒流源,即电路对称时

$$I_{C1} = I_{C2} = \frac{1}{2}I$$

对于输入信号而言,如果加上差模输入电压,如图 4.22 所示极性,则 i_{C1} 将增大,i_{C2} 将减小,而且可以认为 $i_{C1} = -i_{C2}$。当 VT3、VT4 的 β 足够大时,可忽略 VT3、VT4 的基极电流,认为 $i_{C1} \approx i_{C3}$。而 VT3、VT4 又组成镜像电流源,则 $i_{C3} \approx i_{C4}$,于是可得 $i_{C2} \approx -i_{C4}$,则输出电流为

$$i_o = i_{C4} - i_{C2} = 2i_{C4}$$

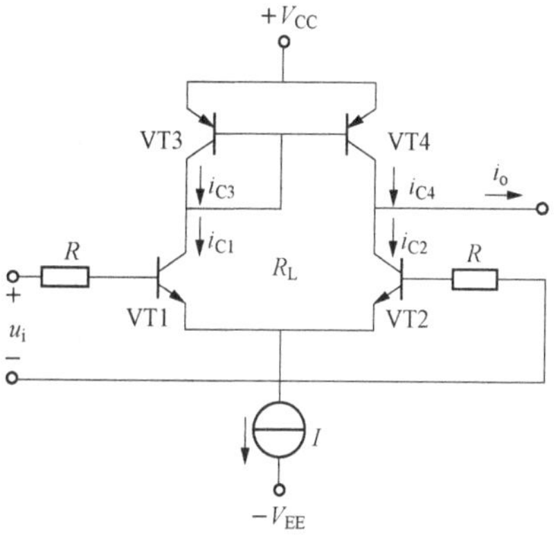

可见,单端输出获得了相当于双端输出时的电流变化量。即采用镜像电流源为有源负载时,单端输出相当于不采用时双端输出的电压放大倍数。

图 4.22 有源负载差动放大电路

四、达林顿晶体管(复合晶体管)

达林顿晶体管又称为复合晶体管。它将两只或更多只晶体管的集电极(发射极)连在一起,而将第一只晶体管的发射极(集电极)直接耦合到第二只晶体管的基极,依二次侧连而成,最后引出 e、b、c 三个电极。

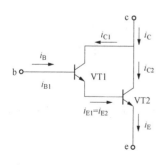

图 4.23 由两个 NPN 三极管组成的复合管

由两个 NPN 三极管组成的复合管如图 4.23 所示。在小信号工作条件下,通过微变等效电路可以分析得到,该管子的管型与复合管的前置管相同,电流放大系数近似为两个管子电流放大系数的乘积,即 $\beta \approx \beta_1 \beta_2$。

复合管的接法有多种形式,可以由相同类型或不同类型的三极管组成。图 4.24(a)~(d)所示为其中的四种接法。图 4.24(a)、(b)分别为由两个同为 NPN 型或同为 PNP 型的三极管组成的复合管。图 4.24(c)、(d)则是分别由两个不同类型三极管组成的复合管。图 4.24(e)所示前后级三极管发射极电流流向相反,发射结正偏时,前级 NPN 型三极管的发射极

电流由基极流向发射极，而后级 PNP 型的发射极电流则由发射极流向基极，两级电流流向相反，不能形成通路，无法构成复合管。图 4.24（f）所示前级三极管集电极与后级三极管基极电流流向相反，集电结反偏时，前级 NPN 三极管集电极电流为集电极流向基极，而后级 NPN 三极管发射结正偏时，基极电流由基极流向发射极，两级电流流向相反，无法构成复合管。

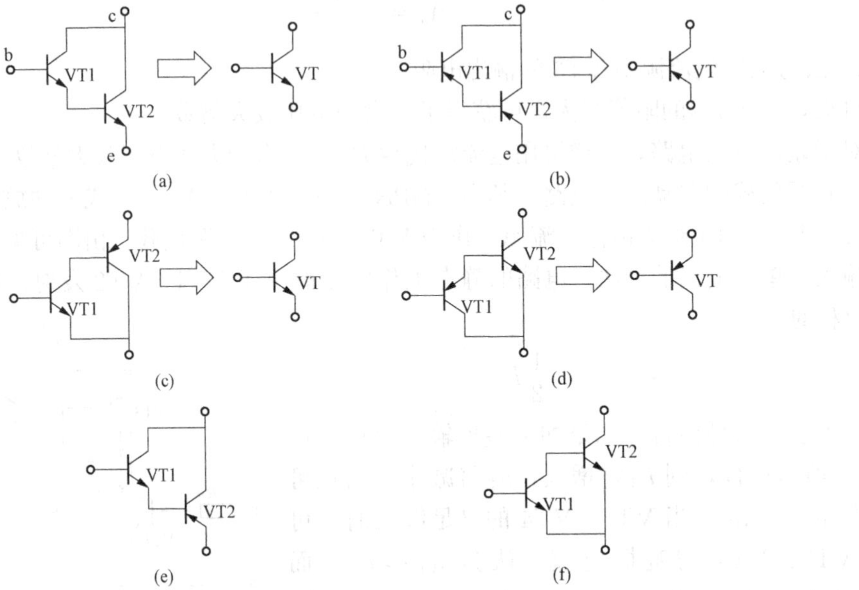

图 4.24　复合管构成

（a）由两个 NPN 型三极管构成；（b）由两个 PNP 型三极管构成；（c）由 NPN 与 PNP 型三极管构成；
（d）由 PNP 与 NPN 型三极管构成；（e）前后级三极管发射极电流流向相反，无法构成复合管；
（f）前级三极管集电极与后级三极管基极电流流向相反，无法构成复合管

　　无论由相同还是不同类型的三极管组成复合管，都应该注意其连接的正确性。首先，在前后两个三极管的连接关系上，应保证前级三极管的输出电流与后级三极管的输入电流的实际方向一致，以便形成适当的电流通路，否则电路不能形成通路，复合管无法工作。其次，外加电压的极性应保证前后两个三极管均为发射结正向偏置，集电结反向偏置，使两个三极管都工作在放大区。为保证三极管工作在放大区，一般的连接原则是前级三极管的 c - d 极接到后级三极管的 c - b 极。

　　图 4.24（e）、（f）为连接错误三极管不能正常工作。图（e）的前、后级三极管的电流方向不一致，不能起到复合管的作用。图（f）的前级三极管的 c - e 级接到后级三极管的 b - e 级，即 $U_{CE1} = U_{BE2}$ 前级 U_{CE} 被后级 U_{BE} 钳位，前级三极管不工作在放大区，复合管不能工作。

　　复合管可以由分立的三极管组成，也有实际的复合管产品。在集成电路中，复合管不仅应用于中间级，也常应用于输入级和输出级。

五、互补对称电路

　　在放大电路中，输出级电路一般要求能够提供足够的输出功率以满足负载的需求，同时应具有较高的效率以提高器件和电源的利用率，也应具有较低的输出电阻以便增强带负载能

力，还应具有较高的输入电阻，以免影响前级的电压放大倍数。由于输出级工作在大信号状态，应尽可能减小输出波形的失真。此外，输出级应有过载保护措施，以防输出端意外短路或负载电流过大而烧毁管子。一般的单管放大电路满足不了上述的要求，常用各种形式的互补对称电路来满足上述要求。

图 4.25 所示电路为互补对称电路的原理性电路。其中，VT1 为 NPN 型三极管，VT2 为 PNP 型三极管。两管的发射极连在一起，然后通过负载电阻 R_L 接地。放大电路需用两路直流电源 $+V_{CC}$ 和 $-V_{CC}$。

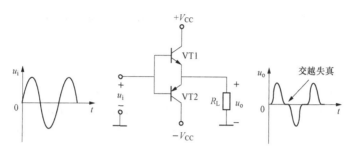

图 4.25 互补对称电路

当输入正弦电压 u_i 时，在正半周，VT1 导通，VT2 截止。VT1 的集电极电流 i_{c1} 由 $+V_{CC}$ 流出，经 VT1 和 R_L 流入公共端。在负半周，VT2 导通，VT1 截止。i_{c2} 由公共端流经 R_L 和 VT2 到 $-V_{CC}$。负载电阻 R_L 上的电流是 i_{c1} 和 i_{c2} 的组合，即 $i_1 \approx i_{c1} - i_{c2}$。当 u_i 为正弦波时，负载电流 i_o 和输出电压 u_o 基本上也是正弦波。

可见，互补对称电路实际是两个管子轮流对信号放大，正半周 NPN 管 VT1 导通放大信号，负半周 PNP 管 VT2 导通放大信号。无论 VT1 或 VT2 导通，放大电路均工作在射极输出器状态，所以输出电阻低，带负载能力强。

实际应用中，在 VT1、VT2 交替导通的过程中，将有一段时间两个三极管均截止，导致输出信号失真，如图 4.25 所示。这种失真是在三极管交替导通的过程中产生的，称为交越失真。交越失真是一种非线性失真。

为了克服交越失真，就必须让三极管在输入信号为零时恰好在导通的临界点。这样输入信号刚好大于零时，VT1 即导通，而输入信号刚好小于零时 VT2 导通。

图 4.26 所示为实际的互补对称电路。图中，VT1、VT2 的基极之间接入由 R_{b1}、VD1、VD2、R_{b2} 组成的电路，选择 R_{b1}、R_{b2} 使静态时从 $+V_{CC}$ 经 R_{b1}、VD1、VD2、R_{b2} 到 $-V_{CC}$ 有一个合适的电流，则 VT1 和 VT2 之间的电位差为 VD1 和 VD2 上的电压降。故静态时两个三极管已有较小的基极电流，因而两管也各有一个较小的集电极电流，使静态时 VT1、VT2 处于微导通状态。当输入正弦波信号时，在正、负半周两管分别导通的过程中，将有一段短暂的时间 VT1、VT2 同时导通，避免了两管同时截止，因此交替过程比较平滑，减小了交越失真。

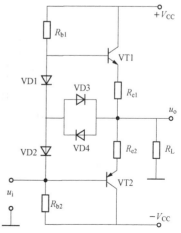

图 4.26 实际的互补对称电路

图 4.26 中，VD3、VD4、R_{e1}、R_{e2} 组成了过载保护电路，其中 R_{e1}、R_{e2} 为取样电阻，阻值很小。其工作原理如下：当正常工作时，VD3、VD4 截止，不起作用。若流过功率管 VT1 的正向电流过大，则 R_{e1} 上压降升高，使 VD3 导通，VT1 原来的基极电流中将有一部分被分流到 VD1、VD3 支路，由于基极电流减小，使 VT1 的输出电流无法增大，从而保护了功率管 VT1，同理如果流过 VT2 的反向电流过大，则 R_{e2} 压降升高，使 VD4 导通，将 VT2 的基极电流分流，从而保护了 VT2。

假设二极管导通时的 U_D 及三极管导通时的 U_{BE} 均为 0.7V，则采用以上过载保护电路时容许 VT1、VT2 输出的最大电流约为 $I_{Em} \approx \dfrac{0.7V}{R_e}$，由 I_{Em} 可见，R_e 越大，则 I_{Em} 越小。在温度特性方面，如果温度升高，则二极管或三极管导通时的 U_D 或 U_{BE} 将降低，此时容许功率管输出的最大电流 I_{Em} 也将随之减小，说明以上过载保护电路在高温时将在较小的输出电流时就开始工作，更有利于保护在高温条件下工作的功率晶体管。

互补对称电路的形式有多种，如分立元件组成或多种形式的集成功率放大电路，有双电源供电或单电源供电的。集成运放的输出级一般都采用各种形式的互补对称电路。

第三节　集成运放的典型电路

本节将简要介绍双极型集成运放 CF741。CF741 是第二代通用型集成运放，该运放的差模电压范围和共模电压范围宽、增益高、负载能力强，在通用运放系列中除频带较窄外，其他性能全面改进。此外，采用内频率补偿，使用方便，在大多数应用中可取代其他通用运放。其原理图如图 4.27 所示。它由输入级、偏置电路、中间级、输出级等构成。下面介绍其工作原理。

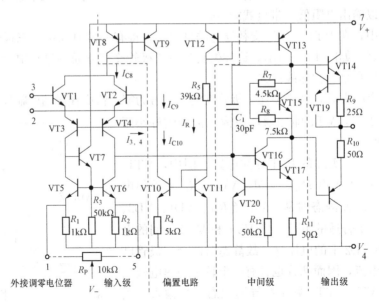

图 4.27　CF741 电路原理图

1. 输入级

输入级由 VT1~VT9 构成，其中 VT1~VT4 组成共集－共基组态的差动放大电路，VT5 和 VT6 构成有源负载，代替负载电阻 R_c。共集－共基组态的差动放大电路是一种复合状组态，兼有共集组态和共基组态的优点。其中，VT1、VT2 是共集组态，具有较高的差模输入电阻（2MΩ），能承受较高的共模输入电压；VT3、VT4 为共基组态，有电压放大作用，又因 VT5、VT6 充当有源负载，可得到很高的电压放大倍数。共基接法还使本级频率响应得到改善。图中，最下端虚线连接的 R_P 为外接调零电位器，用来进一步调整失调电压，一般情况下 CF741 不需外接 R_P 即可满足大多数的应用。

三极管 VT7 与电阻 R_3 组成射极输出器，向恒流管 VT5、VT6 提供偏流，同时将 VT3 集电极的电压变化传递到 VT6 的基极，使在单端输出条件下仍能得到相当于双端输出的电压放大倍数。接入 VT7 还使 VT3 和 VT4 的集电极负载趋于平衡。

2. 中间级

中间级为由 VT16、VT17 复合管组成中间放大级，VT12、VT13 作为其有源负载。由于采用复合管，所以中间级不仅能提供很高的电压放大倍数（高达 60dB），还具有很高的输入电阻，减小了中间级对输入级的负载作用，避免降低前级的电压放大倍数。

为防止产生自激振荡，在电路中 VT16 基极与 VT13 的集电极间引入（内部已经集成）一个 30PF 的校正电容 C。

3. 输出级

输出级为由三极管 VT14 与 VT18 构成互补对称电路。

为了防止由于输入级的信号过大或输出级负载电流过大造成 VT14、VT18 的损坏，在电路中引入了由 VT19、R_9、R_{10}、VT20、R_{11} 组成的过载保护电路。

为了减小交越失真，引入了由 R_7、R_8 和 VT15 组成的 "U_{BE} 扩大电路" 给输出级提供静态偏置电流，使输出级电路工作在甲乙类状态。"U_{BE} 扩大电路" 的工作原理如下：两个功率管基极之间的电压为 U_{CE15}，如果忽略 VT15 的基极电流，则

$$U_{CE15} \approx \frac{R_7 + R_8}{R_8} U_{BE15} \approx \left(1 + \frac{R_7}{R_8}\right) \times 0.7\text{V}$$

可见，只需改变 R_7 和 R_8 的阻值，即可调节两个功率管之间的电压差，比较方便。这种电路克服了甲乙类互补对称电路调节不太方便的缺点，在集成运放中应用十分广泛。

4. 偏置电路

集成电路中，为了降低功耗以限制升温，各级电路中晶体管的静态工作电流都很小，一般采用微电流源。

CF741 中，VT12、R_5、VT11 构成主偏置电路，I_R 是基准电流。

$$I_R = \frac{V_{CC} + V_{EE} - U_{BE12} - U_{BE11}}{R_5}$$

VT10 与 VT11 构成微电流源，即 $I_{C10} \ll I_R$，但更稳定。由 I_{C10} 提供 VT9 的集电极电流 I_{C9} 和 VT3、VT4 的基极电流 $I_{3,4}$。

VT8、VT9 构成镜像电流源，I_{C8} 决定输入级 VT1、VT2 的集电极电流。I_{C10}、I_{C9}、$I_{3,4}$ 间构成共模负反馈，设由于温度升高使 I_{C1} 和 I_{C2} 增大，则 I_{C8} 也增大，而 I_{C8} 与 I_{C9} 是镜像关系，因此 I_{C9} 也随之增大。但 $I_{C10} = I_{C9} + I_{3,4}$ 是一个恒流源，于是 $I_{3,4}$ 减小，使 I_{C3}、I_{C4} 也

减小，从而保持 I_{C1}、I_{C2} 稳定。这种接法起到稳定静态工作点、减小温漂、提高共模抑制比的作用。

VT12、VT13 构成镜像电流源，作为中间级的有源负载。

各生产厂家生产的 CF741 运放在电路内部有一些差别，但其电路原理、参数指标相差不大，一般可直接代用。

第四节 集成运放的主要技术指标

在集成运放的使用中，不需要去关注其内部电路如何，只要根据芯片的封装外形，了解其各引脚功能，即可通过外电路的连接，实现不同的功能电路。

集成运放的输入级通常由差动放大电路组成，因此一般具有两个输入端及一个输出端，还有其他用以连接电源电压等的引出端。两个输入端中，一个输入端与输出端的相位关系相反，称为反相输入端，另一个输入端与输出端的相位关系相同，称为同相输入端。运算放大器的符号如图 4.28 所示。其中图（a）为常用符号，图（b）为早期常用符号。

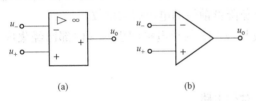

图 4.28 运算放大器的符号
(a) 常用符号；(b) 早期常用符号

为了描述集成运放各方面的技术性能，提出了许多项技术指标，常用的有十三种。

1. 开环差模电压增益 A_{od}

A_{od} 是指运放在无外加反馈状态下的差模电压放大倍数，一般用对数表示，即

$$A_{od} = 20\mathrm{LG} \left| \frac{\Delta u_o}{\Delta u_+ - \Delta u_-} \right| \text{(dB)}$$

理想时 A_{od} 为无穷大。实际的运放一般 A_{od} 约为 100dB，高质量的运放 A_{od} 可达 140dB。

2. 共模抑制比 K_{CMR}

共模抑制比是指开环差模电压增益与开环共模电压增益之比，一般也用分贝表示，即

$$K_{CMR} = 20\mathrm{lg} \left| \frac{A_{od}}{A_{oc}} \right| \text{(dB)}$$

多数集成运放的 K_{CMR} 在 80dB 以上，高质量的运放可达 160dB。

3. 差模输入电阻 R_{id}

R_{id} 是指输入差模信号时运放的输入电阻，用以衡量运放向信号源索取电流的大小。一般运放的差模输入电阻在 1MΩ 以上，而以场效应管为输入级的运放，R_{id} 可达 10^6 MΩ。

4. 输入失调电压 U_{io}

U_{io} 是指为了使静态时输出电压为零，在输入端所需加的补偿电压。它的大小反映了输入级差分对管 U_{BE}（或 U_{GS}）的对称程度，在一定程度上也反映了温漂的大小。一般的运放 U_{io} 值为 1～10mV，高质量的运放在 1mV 以下。

5. 输入失调电压温漂 α_{Uio}

α_{Uio} 的定义为

$$\alpha_{Uio} = \frac{dU_{io}}{dT}$$

α_{Uio} 表示失调电压的温度系数，是衡量运放温漂的重要指标。一般运放为每摄氏度 10～

$20\mu V$，高质量的运放低于每度 $0.5\mu V$。这个指标往往比输入失调电压更为重要，因为输入失调电压可以通过调零电位器补偿调到零，失调电压的温漂却无法调到零，甚至不一定能使其降低。

6. 输入失调电流 I_{io}

I_{io} 的定义是当输出电压等于零时，两个输入端偏置电流之差，即

$$I_{io} = |I_{B1} - I_{B2}|$$

它反映运放输入级差分对管输入电流的不对称情况，一般运放为 $10\sim100$nA，高质量的运放低于 1nA。

7. 输入失调电流温漂 α_{Iio}

α_{Iio} 的定义为

$$\alpha_{Iio} = \frac{dI_{io}}{dT}$$

它代表输入失调电流的温度系数。一般运放为每摄氏度数纳安，高质量的运放只有每度数十皮安。

8. 输入偏置电流 I_{iB}

I_{iB} 的定义是当输出电压等于零时，两个输入端偏置电流的平均值，即

$$I_{iB} = \frac{1}{2}(I_{B1} + I_{B2})$$

I_{iB} 是衡量差分对管输入电流绝对值大小的指标，其值主要决定于运放输入级的静态集电极电流及输入级放大管的 β 值。一般 I_{iB} 越大，其失调电流也越大。双极型三极管输入级的运放 I_{iB} 约为 10nA$\sim1\mu A$，场效应管输入级的运放 I_{iB} 小于 1nA。

9. 最大共模输入电压 U_{icm}

U_{icm} 表示集成运放输入端所能承受的最大共模输入电压。如果超过此值，集成运放的共模抑制性能将显著恶化。

10. 最大差模输入电压 U_{idm}

U_{idm} 表示运放反相输入端与同相输入端之间能够承受的最大电压。若输入电压超过这个限度，输入级差分对管中的一个管子的发射结可能被反向击穿。

11. -3dB 带宽 f_H

f_H 是集成运放的上限截止频率，一般集成运放的 f_H 较低只有几赫兹至几千赫兹。

12. 单位增益带宽 BW_G

BW_G 是指由 $20\lg|A_{od}|$ 下降到 0dB（即 $|A_{od}|=1$）时的频率，也就是集成运放的增益带宽积。

13. 转换速率 S_R

S_R 是指在额定负载条件下，输入一个大幅度的阶跃信号时，输出电压的最大变化率，即

$$S_R = \left|\frac{du_o}{dt}\right|_{max}$$

S_R 的单位为 V/μS。这个指标描述集成运放对大信号的适应能力。在实际工作中，输入信号的变化率的绝对值只有小于 S_R 时，运放的输出才能跟上输入的变化。S_R 越高，表明集

成运放的高频特性越好。

　　除了以上介绍的技术指标外，还有很多项其他指标，如最大输出电压、静态功耗及输出电阻等，它们的含义比较明确，此处不再一一介绍。

第五节　理想集成运放

一、理想运放的技术指标

　　如果将运放的各项指标理想化，就得到了一个理想的运放模型。主要理想指标如下：

开环差模电压增益 $A_{od} = \infty$；

差模输入电阻 $R_{id} = \infty$；

输入偏置电流 $I_{ib} = 0$；

输出电阻 $R_o = 0$；

共模抑制比 $K_{CMR} = \infty$；

各种失调以及它们的温度漂移（U_{io}、α_{Uio}、I_{io}、α_{Iio}）均为零；

$-3dB$ 带宽 $f_H = \infty$；

$S_R = \infty$。

　　随着集成运放的工艺水平的不断改进，运放产品的各项指标已经非常接近于理想运放。因此，在应用时，常常将实际运放看成理想运放。

二、理想运放工作在线性工作区的特点

　　我们一般将集成运放的应用分为两大类：线性应用与非线性应用。线性应用是运放工作在运放的线性工作区。当运放工作在线性工作区时，集成运放的输出电压与其两个输入端的电压之间存在着线性关系，即

$$u_o = A_{od}(u_+ - u_-) \tag{4.35}$$

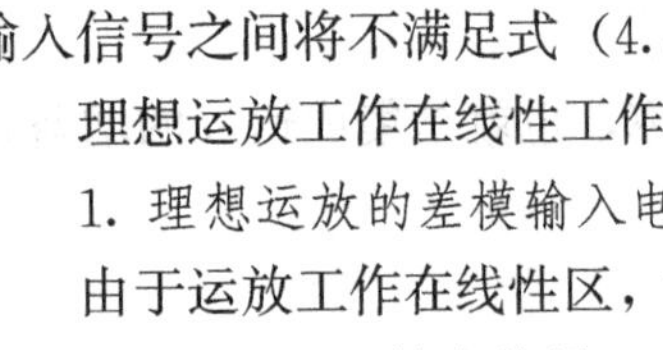

式中：u_o 是运放的输出电压；u_+ 和 u_- 分别是其同相输入端和反相输入端的输入电压；A_{od} 是其开环差模电压增益，如图 4.29 所示。

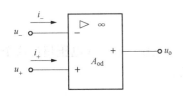

　　如果输入端输入电压幅度比较大，则运放的工作范围将超出线性放大区域而到达非线性区域，此时运放工作在非线性区域，称为运放的非线性应用。非线性区域运放的输出、

图 4.29　集成运放的电压和电流

输入信号之间将不满足式（4.35）所示的关系式。

　　理想运放工作在线性工作区时具有下述两个重要特点。

　　1. 理想运放的差模输入电压等于零

　　由于运放工作在线性区，故输出、输入间满足式（4.35）所示的关系式。而且，因理想运放的 $A_{od} = \infty$，输出信号 u_o 为有限值，所以由式（4.35）可得

$$u_+ - u_- = \frac{u_o}{A_{od}} = 0$$

即
$$u_+ = u_- \tag{4.36}$$

　　式（4.36）表示运放同相输入端与反相输入端两点的电压相等，如同将该两点短路一样。但并非真正的短路，故称其为"**虚短**"。

实际的运放 $A_{od} \neq \infty$，因此 u_+ 与 u_- 不可能完全相等。但是当 A_{od} 足够大时，其差模输入电压（$u_+ - u_-$）的值很小，一般可以忽略不计。例如，当 $u_o = 1V$ 时，若 $A_{od} = 10^5$，则 $u_+ - u_- = 10\mu V$；若 $A_{od} = 10^6$，则 $u_+ - u_- = 1\mu V$。可见在一定的 u_o 值下，运放的 A_{od} 越大，则 u_+ 与 u_- 差值越小，将两点视为"虚短"所带来的误差越小。

2. 理想运放输入电流等于零

由于理想运放的差模输入电阻 $R_{id} = \infty$，因此在其两个输入端的电流均为零，即在图（4.29）中有

$$i_+ = i_- = 0 \tag{4.37}$$

此时运放的两个输入端的电流都等于零，如同该两点被断开一样，故称其为"**虚断**"。

"虚短"与"虚断"是理想运放工作在线性工作区时的两个重要结论，是作为今后分析许多运放应用电路的出发点，必须牢牢掌握。

三、理想运放工作在非线性工作区时的特点

如果运放的差动输入信号太大使得运放的工作范围超出了线性放大的范围，则输出电压不再随输入电压线性增长，而将达到饱和，集成运放的电压传输特性如图 4.30 所示。

理想运放工作在非线性区时，也有两个重要特点。

（1）**理想运放的输出电压 u_o 只有两种可能的值，即等于正饱和的值 $+U_{opp}$，或等于负饱和值 $-U_{opp}$**，如图 4.30 中的实线所示，而运放的输入电压 u_+ 与 u_- 也不相等，即 $u_+ \neq u_-$。也就是说，"虚短"现象将不存在。u_o 表达式为

$$\begin{cases} u_o = +u_{opp}(u_+ > u_-) \\ u_o = -u_{opp}(u_+ < u_-) \end{cases} \tag{4.38}$$

（2）理想运放的输入电流等于零。在非线性工作区，由于理想运放的差模输入电阻 $R_{id} = \infty$，虽然两个输入端的电压不相等，因此在其两个输入端的电流仍然为零，即

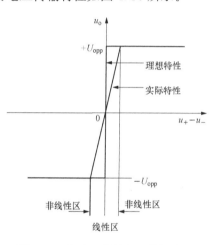

图 4.30 集成运放的电压传输特性

$$i_+ = i_- = 0 \tag{4.39}$$

此时理想运放仍然有"虚断"的特点。

实际的运放由于 $A_{od} \neq \infty$，只有当输入电压 u_+ 和 u_- 的差值很小时，运放才工作在线性放大区，如图 4.30 虚线所示。

集成运放的线性应用与非线性应用的分析方法有很大的不同，因此在分析电路时，首先应该区分清楚运放工作在线性工作区还是非线性工作区。

第六节　集成运放应用中的实际问题

在集成运放组成具体电路时，为使电路能正常、可靠地工作，需要解决一些实际问题，如器件的选用、自激振荡的消除、零点的调整、对集成运放的保护以及对电路精度的要求等等，常需要加入新的元件以满足实际电路的应用要求。

一、器件的选用

在实际选用时，应尽量选用通用型运放，它们容易购得且性价比最高。当通用型运放不能满足要求时，才选用专用型运放。实际选用时必须注意的一个问题是，技术指标并不是越高越好，够用适当留有余地即可，不必盲目追求器件的高指标。

二、自激振荡的消除

自激振荡是运放中经常出现的一种异常现象，具体表现为当输入信号为零时，输出端有一频率很高的正弦波输出信号。集成运放本质上是一个高增益的多级直流放大电路，在线性应用中要引入深度负反馈，往往引起电路的自激振荡而使电路无法工作。消除自激振荡的方法通常是在运放电路中适当的位置上接入补偿电容 C 或 RC 补偿电路，从而破坏电路自激振荡产生的条件，使运放在闭环时能稳定的工作。

对于实际的集成运放产品，有部分集成运放如 CF741、CF3193、CF1556 等产品在制造时已经将补偿电容集成在电路内部（内补偿型集成运放），一般应用不需补偿。

三、集成运放的调零

由于运放失调电压和失调电流的存在，当输入信号为零时，输出信号并不为零。为此，需要对集成运放进行调零。

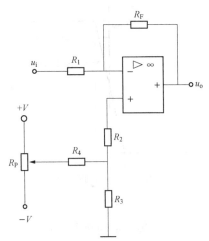

图 4.31 运放辅助调零电路

集成运放的调零可分为"内部调零"与"外部调零"两种。一类集成运放内部设有调零电路接口，外接调零可满足要求。另一类集成运放内部无调零电位器或内部调零不能满足要求时，即需外接调零电路。外接调零电路的原理是，利用正、负电源通过调节外接电位器 R_P 即可将一个固定的电压值加在运放的输入端。常见的外接调零电路有多种，图 4.31 所示的运放辅助调零电路为效果较好的一种。图中是同相端调零，也可以组成反相端调零电路。

四、集成运放的保护

为了避免集成运放在工作中因意外情况造成损坏，一般实用电路都有一定的保护电路。常用的有输入保护、输出保护和电源极性保护三种。

1. 输入保护

集成运放输入端所加的差模或共模电压过高时会造成运放内部输入对管的不平衡，使指标恶化，甚至损坏输入级晶体管。输入信号幅度过大还可能使集成运放发生"堵塞"现象，使放大电路不能正常工作。

常用的输入保护电路如图 4.32 所示。图 4.32（a）是反相输入保护，限制集成运放两个输入端之间的差模输入电压不超过二极管 VD1、VD2 的正向导通电压。图 4.32（b）是同相输入保护，限制集成运放差模输入电压不超过 $+V$ 至 $-V$ 的范围。这种电路的缺点是增加了失调电流造成的误差。另外，二极管所产生的温度漂移会使整个运放的漂移增加，在使用要求高的场合应注意这一问题。

2. 输出保护

当集成运放输出端过载或短路时，如果没有保护电路，就会使运放损坏，因此一些集成

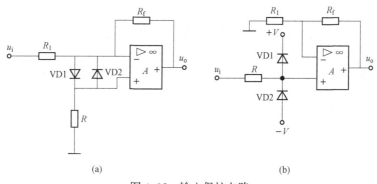

图 4.32 输入保护电路

（a）反相输入保护电路；（b）同相输入保护电路

运放在内部设置了过电流或短路保护电路。对于没有内部保护电路的集成运放，可采用图 4.33 所示的输出保护电路。其中，图 4.33（a）是限电流保护电路，电路工作原理如下：正常工作时 VT1 和 VT2 工作在饱和状态，此时相当于将电源直接接到运放；当运放的工作电流过大时，VT1 和 VT2 将工作在恒流区，管压降增大，但电流基本不变，于是限制了运放的工作电流，同时加在运放上的直流电源电压也下降，使运放得到保护。图中，VT1 和 VT2、VT3 和 VT4 分别组成镜像电流源，基准电流 I 设计的较大，正常工作时 VT1 和 VT2 的 $I_C < \beta I_B$，使 VT1 和 VT2 工作在饱和区，当异常情况出现时 I_C 增加，I_C 增大到设定值后 VT1 和 VT2 的 $I_C = \beta I_B$，使得 VT1 和 VT2 进入放大区，恒流源工作，限制了 I_{C1} 和 I_{C2} 的进一步增大，电路起到限电流保护作用。图 4.33（b）是一种限制输出电压的保护电路。图中 VS1 和 VS2 反向串联。若因为某种原因使输出端的电压过高时稳压管将会反向击穿，使集成运放的输出电压被限制在 VS1 或 VS2 的稳压值，从而避免了运放的损坏。

3. 电源极性保护

为了防止正、负两路电源的极性接反而引入的保护电路如图 4.34 所示。由图可见，如果电源极性错接，则二极管 VD1、VD2 截止，电源不能接入电路，防止了故障的发生。

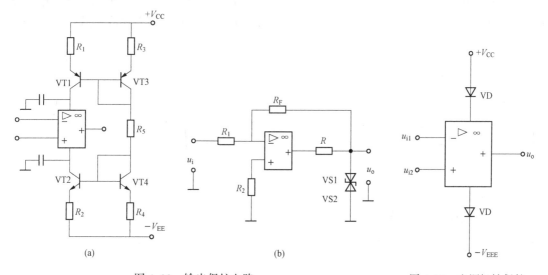

图 4.33 输出保护电路

（a）限电流保护电路；（b）限制输出电压保护电路

图 4.34 电源极性保护

第七节　差动放大电路的 Proteus 仿真

本节以射极耦合差动放大电路为例进行仿真，分析其差模放大倍数，共模放大倍数，并计算其共模抑制比。在 Proteus 软件中画出电路图，如图 4.35 所示。首先对电路调零，在两管集电极之间接毫伏表，调节滑动变阻器 RV8，观察毫伏表读数，直到读数为零或接近零为止，如图 4.36 所示，保持变阻器触头位置不再变动。

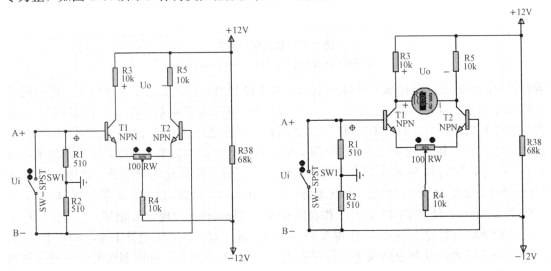

图 4.35　射极耦合差动放大电路原理图　　　　图 4.36　电路调零结果

在输入端接信号发生器，测量单端输出时电压放大倍数和共模抑制比。测量差模放大倍数时，两管分别接函数信号发生器的正负两极，如图 4.37 所示。调整信号发生器，观察 A、B 两点间毫伏表的读数，产生一个有效值为 100mV，1kHz 的正弦波信号。用图表将单端输出电压 U_{o1} 与输入电压 U_{i1} 绘出，如图 4.38 所示（注意图中输入信号采用右边纵坐标，单位为 mV）。用电压表测输出有效值约为 7.51V，如图 4.39 所示。这样可计算得出差模放大倍数约为 -75。

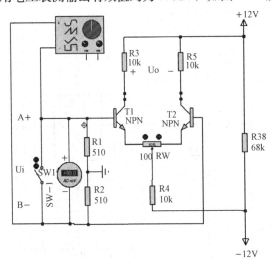

图 4.37　差模输入电路原理图

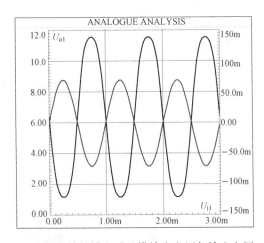

图 4.38　单端输出时差模输出电压与输入电压

测量共模放大倍数时，将两管输入并联，并接入信号发生器，如图 4.40 所示。调整信号发生器，产生一个有效值为 1V，1kHz 的正弦波信号。用电压表测输出有效值约为 6.38V，如图 4.41 所示。这样可计算得出共模放大倍数约为 −6.38。根据共模抑制比公式可计算出其值为 11.8。

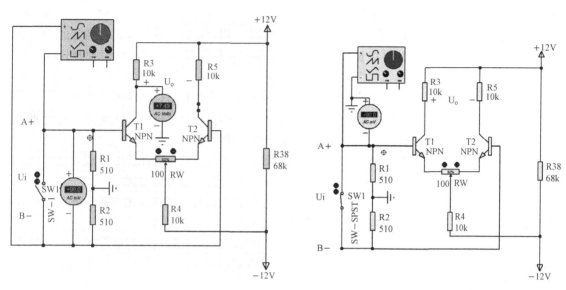

图 4.39　单端输出时差模输出电压有效值　　　　　图 4.40　共模输入连接原理图

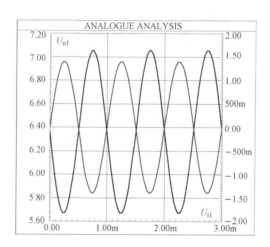

图 4.41　共模输入单端输出时输入、输出波形

本章主要介绍集成运算放大器的原理和构成、理想运放的概念、部分实际运放产品的性能特点以及集成运放技术指标。

（1）集成电路是利用半导体工艺，将各种元器件和连线等集成在一个芯片上而制成的。集成运算放大器输入级采用差动放大电路，级间耦合采用直接耦合，大量使用有源负载。

（2）组成集成运算放大器常用的基本电路有电流源电路、差动放大电路、复合管电路及互补对称功率放大电路等。

常用的电流源电路有镜像电流源和微电流源。

差动放大电路的主要作用是抑制零点漂移，即差动放大电路可以有很高的差模放大倍数和很低的共模放大倍数。差动放大电路根据输入输出的不同接法，通常有四种组合，即双端输入双端输出、双端输入单端输出、单端输入双端输出和单端输入单端输出。实际的差动放大电路通常利用恒流源或发射极长尾电阻引入一个共模负反馈，以提高共模抑制比，减小温漂。

功率放大电路的主要作用是进行功率放大，主要电路有互补对称功率放大电路。

（3）集成运算放大器实质上是一个具有高放大倍数的多级直接耦合放大电路，内部通常包含四个基本组成部分：输入级、中间级、输出级和偏置电路。

集成运放的输入级通常采用差动放大电路的形式，可以由双极型晶体管构成，也可以由场效应管构成。差分对管可以由两个单三极管组成，也可以由复合管组成。

集成运放中间级的主要作用是提供足够大的电压放大倍数。常常采用有源负载和复合管等结构形式，以提高电压放大倍数和获得大的输入电阻。

集成运放输出级的主要作用是向负载提供足够的输出功率，还应有过载保护措施。集成运放的输出级基本上都采用各种形式的互补对称电路。

偏置电路的任务是向各放大级提供合适的偏置电流，确定静态工作点。集成运放中常用的偏置电路由各种电流源组成。

（4）集成运放的技术指标是其各种性能的定量描述，也是选用运放产品的主要依据。

（5）理想运放就是将集成运放的各项技术指标理想化。理想运放工作在线性工作区时有两个重要特点：

1）"虚短"，即两个输入端电压相等，$u_+ = u_-$；

2）"虚断"，即输入端电流等于零，$i_+ = i_- = 0$。

理想运放工作在非线性工作区时，其输出电压只有两种可能的状态，等于 $U_{opp(+)}$ 或 $U_{opp(-)}$，其"虚短"的特点将不存在，"虚断"则继续存在。

习　题

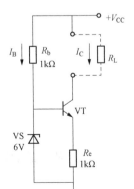

图 4.42　题 4.1 图

4.1　电流源电路如图 4.42 所示，已知晶体管的 $\beta = 50$，饱和电压 $V_{CES} = 0.3V$，其他参数如图 4.42 所示。试完成：

（1）当电源电压 $V_{CC} = 9V$ 时，确定负载电阻 R_L 的范围为多大时电路呈现电流源特性。

（2）当电源电压 $V_{CC} = 15V$，$U_{VS} = 3V$ 时，确定负载电阻 R_L 的范围为多大时电路呈现电流源特性。

4.2　图 4.43 所示是一个改进的镜像电流源电路。试完成：

（1）定性说明 VT3 的作用；

（2）当 $\beta_1 = \beta_2 = \beta_3 = \beta$ 时，证明

$$I_{C2} = \frac{I_{REF}}{1+\dfrac{2}{\beta^2+\beta}}$$

4.3 为了提高镜像电流源的镜像精确度，常常采用一些改进电路，图 4.44 所示的威尔逊电流源即为其中的一种，设 $I_{C1}=I_{C2}=I_C$，$\beta_1=\beta_2=\beta_3=\beta$，试证明

$$I_{C3} = I_{REF}\left(1-\frac{2}{\beta^2+2\beta+2}\right)$$

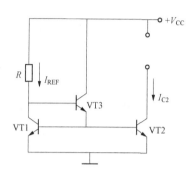

图 4.43 题 4.2 图　　　　　图 4.44 题 4.3 图

4.4 图 4.45 所示是一个用结型场效应管作为偏置电路的电流源电路，偏置电流一般只有几十微安。试分析这种电路有什么特殊优点，并导出 I_{C2} 的表达式。

4.5 差动放大电路如图 4.46 所示。已知三极管的 $\beta=100$，$R_c=8.2\text{k}\Omega$，$R_P=200\Omega$（动端在中点），$R_e=5.6\text{k}\Omega$，$R=2\text{k}\Omega$，$V_{CC}=V_{EE}=12\text{V}$。试完成：

（1）求出静态集电极电流 I_{C1} 和 I_{C2}，静态集电极电压 U_{C1} 和 U_{C2}。

（2）求出电路双端输出时的差模电压放大倍数 A_d，差模输入电阻 R_{id}，差模输出电阻 R_{od}。

（3）求出电路同相端（或反相端）单端输出时的差模电压放大倍数 A_d，差模输入电阻 R_{id}，差模输出电阻 R_{od}。共模电压放大倍数 A_c 和共模抑制比 K_{CMR}。

（4）当输入电压 $U_{i2}=0$ 时，重复第（2）题。

（5）当输入电压 $U_{i1}=0$ 时，重复第（3）题。

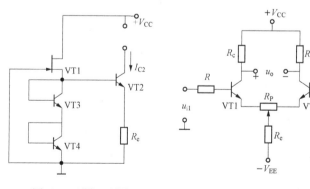

图 4.45 题 4.4 图　　　　　图 4.46 题 4.5 图

4.6 差动放大电路如图 4.47 所示。晶体管的 $\beta=50$，$r_{bb'}=100\Omega$，R 上的压降可以忽略，$U_{BEQ}=0.7\text{V}$。试完成：

（1）计算静态时 I_{C1}、I_{C2}、U_{C1} 和 U_{C1} 的值。

（2）计算电路的 A_d、R_i 和 R_o 的值。

（3）求出输出电压 u_o 的最大动态范围。

（4）求出当 $u_i=-1V$ 时，$u_o=$？

4.7 试画出符合下述要求的差动放大电路：

（1）NPN 型晶体管作为差动对管，电阻负载，差动对管的射极连接由 NPN 晶体管组成的比例电流源，双电源供电，双端输入、同相单端输出。

（2）用 N 沟道增强型 MOS 场效应管作为差动对管，单端输入、双端输出，差动对管的源极连接由 N 沟道增强型 MOS 场效应管组成的电流源偏置。

（3）用 P 沟道结型场效应管作为差动放大电路，双电源供电，差动对管的源极连接由单管 P 沟道结型场效应管组成的电流源，用 NPN 晶体管组成的比例电流源作为有源负载，单端输入、单端输出。

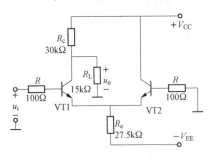

图 4.47 题 4.6 图

4.8 差动放大电路如图 4.48 所示。已知 $V_{CC}=V_{EE}=15V$，$R_c=6.2k\Omega$，$R=1k\Omega$，$R_e=2.1k\Omega$，$R_1=20k\Omega$，$R_2=10k\Omega$，$R_L=12k\Omega$，三极管的 $\beta=100$，$U_{BEQ}=0.7V$。试完成：

（1）估算静态工作点。

（2）估算差模电压放大倍数 A_d，差模输入电阻 R_{id}，差模输出电阻 R_{od}。

（3）将负载电阻 R_L 与 VT1 连接的端子接地，试求此时（单端输出）的差模电压放大倍数。

（4）确定电路的共模输入电压范围。

4.9 已知图 4.49 中三极管的 $\beta=100$，$U_{BEQ}=0.68V$，$V_{CC}=V_{EE}=12V$，试完成：

（1）估算放大管的 I_{CQ} 和 U_{CQ}（对地）。

（2）估算 A_d、R_{id} 和 R_o。

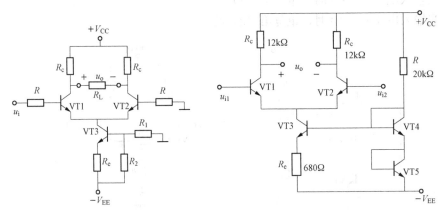

图 4.48 题 4.8 图　　　　　图 4.49 题 4.9 图

4.10 电路如图 4.50 所示，设晶体管的 $\beta=100$，$U_{BEQ}=0.7V$，$r_{bb'}=100\Omega$，$V_{CC}=V_{EE}=12V$，静态（$U_i=0$）时，$U_o=0$。试求：

（1）静态时 I_{C1} 和 I_{C2} 的值。

（2）电阻 R_c 的值。

（3）该电路总的电压放大倍数 A_u。

（4）电路的输入电阻 R_i 和输出电阻 R_o。

4.11　电路如图 4.51 所示。设所有管子的 β 均为 50，U_{BEQ} 均为 0.7V，静态时 $U_{C1}=U_{C2}=10V$，$I_{C1}=I_{C2}=100\mu A$，$I_{C3}=I_{C4}=1MA$，$I_5=I_8=10MA$，$I_6=10.2MA$，$R_5=510\Omega$。$V_{CC}=V_{EE}=15V$，在静态时 $U_o=0$ 的条件下，试求：

（1）R_1、R_2、R_3、R_4、R_6 的值。

（2）总的电压放大倍数 A_u。

（3）输入电阻 R_i 和输出电阻 R_o 的值。

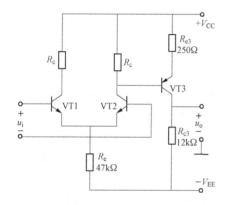

图 4.50　题 4.10 图

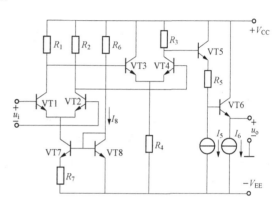

图 4.51　题 4.11 图

第五章　放大电路中的负反馈

　　将放大电路的输出量（电压或电流）的一部分或全部，通过反馈网络按照一定的方式馈送回输入回路，从而影响输入量（电压或电流）的过程，称为反馈。在放大电路中引入负反馈，是改善放大电路性能的重要手段。本章主要论述负反馈的四种组态及其对放大电路性能的影响，阐述深度负反馈下放大电路的分析方法，以及负反馈放大电路产生自激振荡的条件以及消除自激振荡的方法。

第一节　反馈的基本概念

一、什么是反馈

　　反馈网络的作用是把放大电路的输出量的部分（或全部）反馈回输入回路。由反馈网络引回到放大电路的输入回路中的电量称为**反馈量或反馈信号**，用 U_f 或 I_f 表示。既然反馈信号是经反馈网络从输出量中取得的，则反馈信号与输出信号成正比（比例系数就是反馈网络的传输系数，反馈网络一般是线性网络）。反馈网络一般由在输出回路和输入回路之间起联系作用的一些元件（如电阻、电容等）组成。

　　下面通过图 5.1（a）所示的静态工作点稳定电路来分析、理解反馈是如何形成的。该电路的直流通路如图 5.1（b）所示，当集电极静态电流 I_{CQ} 受温度或其他因素的影响而波动时，因发射极电阻 R_e 上的直流压降随之变化，改变了三极管发射结的正偏电压，使基极电流 I_{BQ} 向相反方向变化，抑制了 I_{CQ} 的波动，其结果是稳定了静态工作点。可见，该反馈使电路具有了自动调节静态电流的能力。

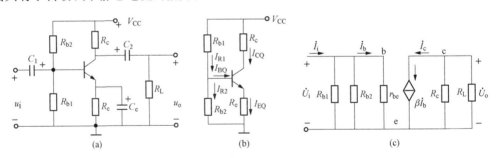

图 5.1　静态工作点稳定电路

（a）静态工作点稳定电路；（b）直流通路；（c）微变等效电路

　　静态工作点稳定电路的交流微变等效电路如图 5.1（c）所示，由于发射极旁路电容 C_e 将三极管发射极交流短接到地，交流输入电压经 C_1 和 C_e 耦合加在发射结上，有 $\dot{U}_{be} = \dot{U}_i$，此时，电路中只有直流负反馈。如果将 C_e 开路，集电极交流电流 $\dot{i}_c$ 和基极交流电流 $\dot{i}_b$ 均会在 R_e 上产生交流压降，因 $\dot{i}_c$ 远大于 $\dot{i}_b$，所以 R_e 上的交流电压可近似认为是由 $\dot{i}_c$ 产生的，

即 $\dot{U}_{Re} \approx \dot{I}_c R_e$。$\dot{U}_{Re}$ 的出现必将改变三极管发射结电压 $\dot{U}_{be}$ 的大小。这里 $\dot{U}_{be}$ 是净输入电压❶，$\dot{U}_i$ 是整个电路的输入电压，$\dot{U}_{Re}$ 是反馈电压，常标为 $\dot{U}_f$。R_e 在输出、输入回路之间起到了联系作用，将输出电流的大小变化以反馈电压的形式反映到了输入回路。若 $R_e = 0$ 或被 C_e 旁路时，便不会有上述反馈过程，所以 R_e 是反馈元件。

由上述分析可知，反馈要通过将输出、输入回路联系起来的反馈网络来实现。放大电路中常有直流、交流反馈共存的情况（图 5.1 中 C_e 开路时就是如此）。

二、正反馈和负反馈

根据反馈极性的不同，即反馈量对原输入信号作用的影响不同，反馈有正反馈和负反馈之分。

若反馈信号增强了原输入信号的作用，使净输入信号增大，称之为**正反馈**。反之，若反馈信号使净输入信号减弱，则为**负反馈**。这里净输入信号增大或减小是相对于无反馈（即反馈信号为零）的情况而言的。

判断反馈极性的方法是**瞬时极性法**。基本思路是首先假定某一瞬时放大电路输入信号的极性，可为⊕或⊖（相对于地而言），⊕表示瞬时增量或电压相对于地的瞬时极性为正，⊖表示瞬时减量或电压相对于地的瞬时极性为负。然后从输入端经过放大电路到输出回路，逐级判断电路有关各节点电压的瞬时极性或支路电流流向，再由输出回路经反馈网络到输入回路，推出反馈信号在此瞬间的电压极性或电流流向，最后观察反馈信号是增强还是削弱了净输入信号，进而得出结论。

【**例 5.1**】　应用瞬时极性法判断图 5.2 所示各电路中的反馈极性。

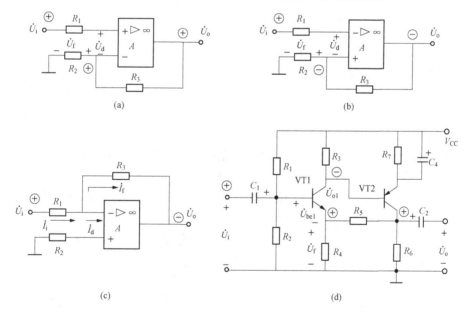

图 5.2　〔例 5.1〕图
（a）、（c）电路引入负反馈；（b）、（d）电路引入正反馈

---

❶　净输入信号又称为差值信号，是输入信号与反馈信号之差。

解：图 5.2（a）所示电路是运放组成的同相比例运算电路，其中，R_3 和 R_2 组成分压器，R_2 上的交流电压是反馈电压，它来自对输出电压 $\dot{U}_o$ 的分压。由于输入电压加在运放的同相输入端，所以运放的输出电压将与输入电压同相，输入电压标为⊕时，输出电压也标为⊕，此时 R_2 上的反馈电压对地将为⊕，由图（a）输入回路可知，真正被运放放大的净输入信号 $\dot{U}_d$ 是 $\dot{U}_i$ 与 $\dot{U}_f$ 之差，即 $\dot{U}_d = \dot{U}_i - \dot{U}_f$。净输入信号减小了，是负反馈。

图 5.2（b）所示电路的反馈网络仍由 R_2、R_3 组成，但输入电压加在运放的反相输入端，当输入电压标为⊕时，运放输出为⊖，经 R_2、R_3 分压所得反馈电压的瞬时极性为⊖，此时可根据输入回路的电压极性关系写出 $\dot{U}_d = \dot{U}_i + \dot{U}_f$，即运放净输入电压比没有反馈时还大，净输入信号增大了，是正反馈。

图 5.2（c）所示电路是反相比例运算电路，电阻 R_3 跨接在电路输出、输入之间，是反馈元件。当假设输入电压的瞬时极性为⊕时，经运放反相放大，输出电压极性为⊖，由此可判断 R_3 中交流电流此时真实方向（如图中 $\dot{I}_f$ 所示），而此时输入电流 $\dot{I}_i$ 和运放净输入电流 $\dot{I}_d$ 的真实方向在输入电压作用下亦可确定。显然，运放的反相输入端节点处中有 $\dot{I}_d = \dot{I}_i - \dot{I}_f$（KCL），所以 R_3 引入的反馈是负反馈。

图 5.2（d）所示电路是两级共射放大电路，输出回路和输入回路之间起联系作用的反馈网络由 R_4、R_5 组成，R_4 上的交流电压 $\dot{U}_f$ [1] 正比于输出电压 $\dot{U}_o$，它可以将 $\dot{U}_o$ 的变化反映到输入回路中，影响净输入信号 $\dot{U}_{be1}$ 的大小。当输入电压设定某一瞬间为⊕时，经 VT1 反相，$\dot{U}_{o1}$ 为⊖，再经 VT2 反相，输出端应标⊕（两级共射是同相放大器）。$\dot{U}_o$ 此时为⊕，决定了 $\dot{U}_f$ 也为⊕。这说明输入回路中可以列出电压关系式：$\dot{U}_i = \dot{U}_{be1} + \dot{U}_f$，即 $\dot{U}_{be1} = \dot{U}_i - \dot{U}_f$。净输入信号 $\dot{U}_{be1}$ 减小了，所以电阻 R_4、R_5 引入的是负反馈。

三、直流反馈和交流反馈

如果反馈到输入端的信号仅有直流，则称为直流反馈，直流反馈的主要目的是稳定静态工作点；反馈到输入端的信号仅有交流，则为交流反馈，交流反馈主要用于改善放大电路的动态性能；如果既有直流又有交流信号，则为交直流反馈。

在很多放大电路中，为了稳定 Q 点和得到优良的性能指标，直流反馈和交流反馈往往共存于同一个反馈网络中。在这种情况下，当一种反馈是负反馈时，另一种反馈同样是负反馈。图 5.2（a）、（c）、（d）三图所示电路就是这种情况。

图 5.3 所示电路中，有两个反馈网络：①R_{b1} 和 R_{e2} 提供的 VT2 发射极到 VT1 基极的反馈；②R_{e1} 和 R_f 引入的，从 VT2 集电极到 VT1 发射极的反馈。对于前者，由于 C_3 的旁路作用，使得 R_{e2} 上只有直流压降，交流压降为零，所以 $R_{b1} + R_{e2}$ 网络只能对直流量形成反馈（放大器为直耦方式）。根据瞬时极性法，是直流

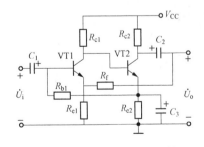

图 5.3　直流反馈和交流反馈

---

❶ 实际上，R_4 上交流电压由两部分组成：VT1 的发射极交流电流 I_{e1} 在 R_4 上的压降；输出电压 U_o 在 R_4 上的分压。在一般情况下，后者远大于前者，故可以将 $I_{e1}R_4$ 忽略不计。

负反馈，用来稳定 VT1、VT2 的 Q 点。对于后者来说，因电容 C_2 的隔直作用，R_f+R_{e1} 网络只能对交流信号形成反馈，可以判断出是交流负反馈。

第二节　负反馈电路的一般表达式和组态

一、负反馈放大电路的一般表达式

1. 负反馈放大电路的框图

根据反馈的定义，可以建立起一个抽象的框图来表示负反馈放大电路，如图 5.4 所示。在这里将负反馈放大电路主要分成了两部分：基本放大电路 $\dot{A}$ 和反馈网络 $\dot{F}$。$\dot{X}_i$ 是电路的输入信号，$\dot{X}_f$ 是反馈信号，$\dot{X}_o$ 是输出，$\dot{X}_d$ 为净输入信号，是 $\dot{X}_i$ 与 $\dot{X}_f$ 相减得到的差值信号，即

$$\dot{X}_d = \dot{X}_i - \dot{X}_f \tag{5.1}$$

这些量可以是电压或者电流。在输入回路，$\otimes$ 表示比较环节，通过输入回路的接线方式来完成。在输出回路，反馈信号 $\dot{X}_f$ 是与 $\dot{U}_o$ 成正比，还是与 $\dot{I}_o$ 成正比（称为对输出信号取样）也取决于输出回路的接线方式，图中用符号 · 表示。带箭头的线段表示信号的传输方向。

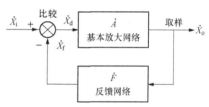

图 5.4　负反馈放大电路的框图

$\dot{X}_o$ 与 $\dot{X}_d$ 之比称为基本放大电路的开环放大倍数，用 $\dot{A}$ 表示，即

$$\dot{A} = \frac{\dot{X}_o}{\dot{X}_d} \tag{5.2}$$

输出 $\dot{X}_o$ 是反馈网络的输入，反馈信号 $\dot{X}_f$ 是反馈网络的输出，二者之比称为反馈网络的反馈系数，用 $\dot{F}$ 表示，即

$$\dot{F} = \frac{\dot{X}_f}{\dot{X}_o} \tag{5.3}$$

对于整个负反馈放大电路来说，它是一个闭环放大电路，其输出 $\dot{X}_o$ 与输入 $\dot{X}_i$ 之比就是负反馈放大电路的闭环放大倍数，用 $\dot{A}_f$ 表示为

$$\dot{A}_f = \frac{\dot{X}_o}{\dot{X}_i} \tag{5.4}$$

2. 负反馈放大电路闭环放大倍数的一般表达式

为了研究引入负反馈后，放大电路闭环放大倍数的变化，将式（5.1）~式（5.3）代入式（5.4）中，可得负反馈放大电路闭环放大倍数一般表达式为

$$\dot{A}_f = \frac{\dot{X}_o}{\dot{X}_i} = \frac{\dot{X}_o}{\dot{X}_d + \dot{X}_f} = \frac{\dfrac{\dot{X}_o}{\dot{X}_d}}{1 + \dfrac{\dot{F}\dot{X}_o}{\dot{X}_d}} = \frac{\dot{A}}{1 + \dot{A}\dot{F}}$$

因此有

$$\dot{A}_{\mathrm f}=\frac{\dot{X}_{\mathrm o}}{\dot{X}_{\mathrm i}}=\frac{\dot{A}}{1+\dot{A}\dot{F}} \tag{5.5}$$

式（5.5）表明，引入负反馈后，放大倍数发生了变化，这种变化可分为下面三种情况：

（1）若（$1+\dot{A}\dot{F}$）的模，即 $|1+\dot{A}\dot{F}|>1$，则放大倍数减小，$|\dot{A}_{\mathrm f}|<|\dot{A}|$，这是负反馈的情况。

（2）若 $|1+\dot{A}\dot{F}|<1$，则放大倍数增大，$|\dot{A}_{\mathrm f}|>|\dot{A}|$，这说明出现了正反馈。

（3）若 $|1+\dot{A}\dot{F}|=0$，则 $|\dot{A}_{\mathrm f}|\to\infty$，说明此时即使无信号输入，电路也会有输出，这时电路处于自激振荡状态。这是强烈的正反馈导致的结果。对于放大电路来说，一旦发生自激振荡，输出信号将与输入无关，失去了放大作用。所以，负反馈放大电路要避免出现这种情况。

3. 反馈深度

$|1+\dot{A}\dot{F}|$ 称为反馈深度。对于负反馈电路来说，放大倍数减小的程度，与 $|1+\dot{A}\dot{F}|$ 的大小有关，$|1+\dot{A}\dot{F}|$ 越大，$|\dot{A}_{\mathrm f}|$ 就减小得越多。反馈深度还可表示为

$$|1+\dot{A}\dot{F}|=\left|1+\frac{\dot{X}_{\mathrm o}}{\dot{X}_{\mathrm d}}\frac{\dot{X}_{\mathrm f}}{\dot{X}_{\mathrm o}}\right|=\left|1+\frac{\dot{X}_{\mathrm f}}{\dot{X}_{\mathrm d}}\right|=\left|\frac{\dot{X}_{\mathrm d}+\dot{X}_{\mathrm f}}{\dot{X}_{\mathrm d}}\right|=\frac{|\dot{X}_{\mathrm i}|}{|\dot{X}_{\mathrm d}|} \tag{5.6}$$

式（5.6）表明，净输入信号与输入信号的大小关系也与反馈深度有关，$|1+\dot{A}\dot{F}|$ 越大，净输入信号将越小，放大倍数越低，反馈越深。所以 $|1+\dot{A}\dot{F}|$ 的大小反映了负反馈对放大电路的影响程度。

虽然引入负反馈后放大倍数减小了，但放大器的许多性能却得到了改善。为了保证引入负反馈后放大倍数不至于降得太低，人们往往在设计电路时将开环增益设置得很大，引入较深的负反馈后，仍可保留有较大的闭环增益。

4. 深度负反馈

若放大电路中施加的负反馈比较强烈，满足 $|1+\dot{A}\dot{F}|\gg1$，称其为深度负反馈，在此条件下，式（5.5）可简化为

$$\dot{A}_{\mathrm f}=\frac{\dot{A}}{1+\dot{A}\dot{F}}\approx\frac{\dot{A}}{\dot{A}\dot{F}}=\frac{1}{\dot{F}} \tag{5.7}$$

式（5.7）表明，在深度负反馈条件下，闭环放大倍数 $\dot{A}_{\mathrm f}$ 基本上等于反馈系数 $\dot{F}$ 的倒数，即深度负反馈放大电路的放大倍数 $\dot{A}_{\mathrm f}$ 与基本放大电路的开环放大倍数 $\dot{A}$ 无关，主要取决于反馈网络的反馈系数 $\dot{F}$。这是一个很有用的近似计算公式，常用于估算反馈较深的闭环放大倍数。

另外，在深度负反馈条件下，$1+\dot{A}\dot{F}\gg1$，则有 $\dot{A}\dot{F}\gg1$（$\dot{A}\dot{F}$ 称为**环路增益**，环路增益表示在反馈放大电路中，信号沿着基本放大电路和反馈网络组成的环路传递一周以后所得到的放大倍数），由式（5.6）的推导中可知

$$\dot{A}\dot{F}=\frac{\dot{X}_{\mathrm f}}{\dot{X}_{\mathrm d}},\qquad \dot{A}\dot{F}\gg1$$

即 $\dot{X}_{\mathrm f}\gg\dot{X}_{\mathrm d}$，因为 $\dot{X}_{\mathrm i}=\dot{X}_{\mathrm d}+\dot{X}_{\mathrm f}$，所以有

$$\dot{X}_i \approx \dot{X}_f \tag{5.8}$$

式（5.8）表明，在深度负反馈的情况下，净输入信号被削弱的很多，以致反馈信号的幅度接近输入信号。式（5.8）是一个比式（5.7）更常用的近似计算公式。

需要注意的是，式（5.5）是按照图 5.1 所示的框图进行推导的。在此图中，假设基本放大电路和反馈网络都是单向传输的，即：①基本放大电路只能将净输入信号传输到输出端，$\dot{X}_o$ 不能通过基本放大器反向传输到输入回路；②反馈网络只能将输出信号 $\dot{X}_o$ 传输到输入回路，输入信号不能经反馈网络传输到输出端；③反馈网络与信号源、负载电阻无关，即反馈网络中不能包括信号源内阻 R_s 和负载电阻 R_L。这是式（5.5）成立的三个前提条件。对于大多数负反馈电路，基本放大电路的正向传输作用远大于其反向传输，满足条件①；因为从输入端经反馈网络直接传输到的输出回路的直通信号会受到反馈网络的很大衰减，在输出回路产生的影响很小。可以忽略不计，也可以满足条件②；至于第三个条件，只要 $\dot{F}$ 表达式中不包括 R_s 和 R_L 即可。

二、负反馈放大电路的四种组态

1. 负反馈放大电路的四种组态的概念

基本放大电路 $\dot{A}$ 和反馈网络 $\dot{F}$ 都是双口网络，它们在输入端和输出端都有串联、并联两种连接形式，在输出端的连接形式决定了负反馈电路的取样方式，在输入端的连接形式决定了负反馈电路的比较方式。

图 5.5 所示为负反馈放大电路的两种取样方式。在图 5.5（a）中，反馈网络与基本放大电路在输出端是并联的，反馈信号 $\dot{X}_f$ 直接反映了输出电压 $\dot{U}_o$ 的变化，即 $\dot{X}_f = \dot{F} \dot{U}_o$，故称其为电压取样或电压反馈。在图 5.5（b）中，反馈网络与基本放大电路在输出端是串联的，反馈信号 $\dot{X}_f$ 直接反映了输出电流 $\dot{I}_o$ 的变化，即 $\dot{X}_f = \dot{F} \dot{I}_o$，故称其为电流取样或电流反馈。

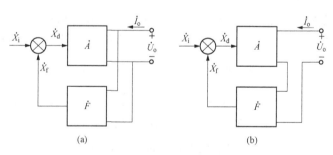

图 5.5　负反馈放大电路的取样方式

（a）电压取样；（b）电流取样

图 5.6 所示为负反馈放大电路的两种比较方式。在图 5.6（a）中，反馈网络与基本放大电路在输入端是串联的，电路输入回路的三个信号 $\dot{X}_i$、$\dot{X}_f$、$\dot{X}_d$ 均以电压的形式出现，且净输入信号 $\dot{U}_d$ 是 $\dot{U}_i$ 与 $\dot{U}_f$ 之差，即 $\dot{U}_d = \dot{U}_i - \dot{U}_f$，所以把这种比较方式称为串联比较，相应的反馈方式称为串联反馈。在图 5.6（b）中，反馈网络与基本放大电路在输入端是并联的，电路输入回路的三个信号 $\dot{X}_i$、$\dot{X}_f$、$\dot{X}_d$ 均以电流的形式出现，且净输入信号 $\dot{I}_d$ 是 $\dot{I}_i$ 与

$\dot{I}_f$之差，即　$\dot{I}_d = \dot{I}_i - \dot{I}_f$，所以把这种比较方式称为并联比较，相应的反馈方式称为并联反馈。

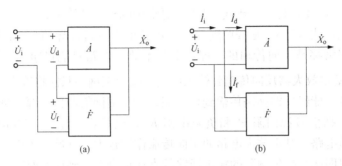

图 5.6　负反馈放大电路的比较方式
(a) 串联比较；(b) 并联比较

　　按照反馈网络与基本放大电路在输出、输入端连接方式的不同，负反馈放大电路可分为以下四种组态（类型）：电压串联负反馈、电压并联负反馈、电流串联负反馈、电流并联负反馈。

　　对于具体放大电路的反馈组态的判断，可以根据取样方式和比较方式的特点进行。判断电路是电压反馈还是电流反馈时，可以采用输出交流短路法。其方法是：假定将输出电压交流短路，若此时反馈量也跟着消失，说明反馈量是取自输出电压，与输出电压成正比，是电压反馈；若反馈量仍然存在，说明反馈量是取自输出电流，与输出电流成正比，是电流反馈。

　　对于比较方式的判断，比较常用的方法是观察 $\dot{X}_f$ 与 $\dot{X}_i$ 的比较形式，以电压形式比较的为串联反馈，以电流形式比较的为并联反馈。

　　2. 电压串联负反馈电路

　　(1) 电路组成及框图。由运放组成的电压串联负反馈电路和相应的框图如图 5.7 所示。电路中电阻 R_f 和 R_1 组成的分压器将电路的输出回路和输入回路联系了起来，是反馈网络，反馈网络的输入端并联在输出端，R_1 上的电压与输出电压成正比，即 $\dot{U}_f = \dfrac{R_1}{R_1 + R_f}\dot{U}_o$，所以该电路属于电压反馈。而输入回路中 3 个信号量 $\dot{X}_i$、$\dot{X}_f$、$\dot{X}_d$ 均为电压形式，所以为串联比较。根据瞬时极性法可知反馈电压与输入电压同相，在输入回路中，集成运放的差模输入电压就是净输入电压 $\dot{U}_d$。在理想情况下，集成运放的输入电流为零，电阻 R_2 上压降为零，于是可得净输入电压为输入电压 $\dot{U}_i$ 与反馈电压 $\dot{U}_f$ 同相相减，有 $\dot{U}_d = \dot{U}_i - \dot{U}_f$，可判断出该电路为负反馈。其判断过程已在电路中标出。

　　也可用输出端短路来证明是电压反馈。图 5.7 (a) 中，假设输出端交流短路，输出电压等于零时，反馈量也为零，反馈不复存在，判定为电压反馈。以上分析说明图 5.7 (a) 所示电路中引入的反馈是电压串联负反馈。

　　电压串联负反馈电路的框图如图 5.7 (b) 所示，在输出端反馈网络与放大电路并联连接，在输入回路反馈网络与放大电路串联连接，反馈量采样于输出电压 $\dot{U}_o$，在输入回路中反馈电压 $\dot{U}_f$ 与外加输入电压 $\dot{U}_i$ 比较得到净输入电压 $\dot{U}_d$。

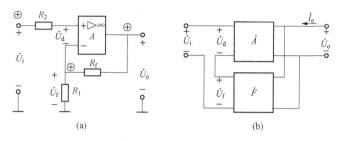

图 5.7　电压串联负反馈

(a) 典型电路原理图；(b) 框图

由图 5.7 所示框图可见，基本放大网络的输入是净输入电压 $\dot{U}_d$，输出是输出电压 $\dot{U}_o$，二者均为电压量，故其开环放大倍数 $\dot{A}$ 用 $\dot{A}_u$ 表示，称为放大电路的开环电压放大倍数，即

$$\dot{A}_u = \frac{\dot{U}_o}{\dot{U}_d} \tag{5.9}$$

反馈网络的输入是放大电路的输出电压 $\dot{U}_o$，其输出是反馈电压 $\dot{U}_f$，反馈网络的反馈系数 $\dot{F}$ 是 $\dot{U}_f$ 与 $\dot{U}_o$ 之比，故用符号 $\dot{F}_u$ 表示，可得

$$\dot{F}_u = \frac{\dot{U}_f}{\dot{U}_o} \tag{5.10}$$

图 5.7 (a) 所示的电压串联负反馈放大电路中，已知 $\dot{U}_f = \frac{R_1}{R_1 + R_f} \dot{U}_o$，所以其反馈系数为

$$\dot{F}_u = \frac{\dot{U}_f}{\dot{U}_o} = \frac{R_1}{R_1 + R_f} \tag{5.11}$$

电压串联负反馈放大电路的闭环放大倍数 $\dot{A}_u$ 是输出电压 $\dot{U}_o$ 与输入电压 $\dot{U}_i$ 之比，故用符号 $\dot{A}_{uf}$ 表示，称为放大电路的闭环电压放大倍数，可得

$$\dot{A}_{uf} = \dot{U}_o / \dot{U}_i \tag{5.12}$$

根据一般表达式 (5.5)，可得 $\dot{A}_u$、$\dot{F}_u$、$\dot{A}_{uf}$ 三者的关系式为

$$\dot{A}_{uf} = \frac{\dot{A}_u}{1 + \dot{A}_u \dot{F}_u} \tag{5.13}$$

深度负反馈条件下，即 $|1 + \dot{A}_u \dot{F}_u| \gg 1$ 时，

$$\dot{A}_{uf} \approx 1/\dot{F}_u \tag{5.14}$$

在深度负反馈条件下，图 5.7 (a) 所示电路的闭环电压放大倍数为

$$\dot{A}_{uf} \approx 1/\dot{F}_u = 1 + \frac{R_f}{R_1} \tag{5.15}$$

(2) 反馈特点。电压负反馈的特点是维持输出电压基本稳定。当 $\dot{U}_i$ 一定时，由于某种原因（如元件参数及负载等变化）引起输出电压 $\dot{U}_o$ 变化，由于反馈信号正比于 $\dot{U}_o$，负反

馈的结果将会抑制这种变化，从而使输出电压 $\dot{U}_\text{o}$ 相对稳定。以图 5.7（a）为例，电路的自动调节过程如下：

某原因(如负载 $R_\text{L}\downarrow$)——→$|\dot{U}_\text{o}|\downarrow$——→$|\dot{U}_\text{f}|\downarrow$——→$|\dot{U}_\text{d}|\uparrow$

$|\dot{U}_\text{o}|\uparrow$ ←——————————————————

由于某种原因（如负载电阻 R_L 减小）引起输出电压 $|\dot{U}_\text{o}|$ 下降，反馈电压 $|\dot{U}_\text{f}|$ 随着输出电压 $|\dot{U}_\text{o}|$ 而下降。在输入回路中，反馈电压 $|\dot{U}_\text{f}|$ 下降使净输入电压 $|\dot{U}_\text{d}|$ 上升，经运放的放大使输出电压也上升，抑制了输出电压 $|\dot{U}_\text{o}|$ 的减小，使其保持稳定。这里的关键是电压负反馈能使净输入量 $|\dot{U}_\text{d}|$ 的变化向着使输出电压 $|\dot{U}_\text{o}|$ 朝相反方向变化。显然，这种使输出电压稳定的调节过程是连续的、动态的。当 $\dot{U}_\text{i}$ 为一定值时，负反馈过程力图使 $\dot{U}_\text{o}$ 的大小也保持定值，这就意味着电路的电压放大倍数的稳定性得到了提高。

电路负载发生变化时，电压负反馈将使输出电压 $|\dot{U}_\text{o}|$ 恒定，而此时流过负载的输出电流 $|\dot{I}_\text{o}|$ 却是变化的。例如，上面已分析过的，当负载电阻 R_L 减小，$|\dot{U}_\text{o}|$ 恒定，但 $|\dot{I}_\text{o}|$ 将增大。

由于串联负反馈在输入回路中的比较以电压形式出现，即 $|\dot{U}_\text{d}|=|\dot{U}_\text{i}|-|\dot{U}_\text{f}|$，若内阻压降对 $|\dot{U}_\text{i}|$ 的影响很小可忽略不计，此时信号源 $\dot{U}_\text{s}$ 相当于恒压源，$|\dot{U}_\text{i}|$ 约等于信号源电压，反馈电压 $\dot{U}_\text{f}$ 对 $\dot{U}_\text{d}$ 的影响作用最强，负反馈效果好，即负反馈的自动调节作用明显。如果 R_s 较大，内阻压降对 $|\dot{U}_\text{i}|$ 的影响增大，削弱了 $\dot{U}_\text{f}$ 对 $\dot{U}_\text{d}$ 的影响，负反馈效果变差。所以串联负反馈的放大电路要求信号源内阻 R_s 越小越好，即要求信号源采用内阻小的恒压源。

3. 电压并联负反馈电路

（1）电路组成及框图。典型的电压并联负反馈电路及相应的框图如图 5.8（a）所示，反馈网络由电阻 R_f 组成，反馈量 $\dot{I}_\text{f}$ 取自于输出端的电压量。

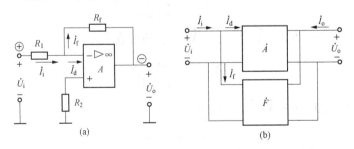

图 5.8　电压并联负反馈

（a）典型电路原理图；（b）框图

用瞬时极性法标出瞬时极性，如图 5.8（b）所示，如果 $\dot{U}_\text{i}$ 的瞬时极性为⊕，经运放输出电压 $\dot{U}_\text{o}$ 瞬时极性为⊖，反馈电阻 R_f 两端的电位左高右低，因此反馈量 $\dot{I}_\text{f}$ 的瞬时真实方向与参考方向一致，在输入回路中，输入量 $\dot{I}_\mathrm{i}$、净输入量 $\dot{I}_\mathrm{d}$ 的瞬时真实方向与参考方向一致，由 $\dot{I}_\mathrm{i}$、$\dot{I}_\mathrm{d}$、$\dot{I}_\mathrm{f}$ 的参考方向根据基尔霍夫电流定律得 $\dot{I}_\mathrm{d}=\dot{I}_\mathrm{i}-\dot{I}_\mathrm{f}$，在所假设的瞬时，三者的关系可写成

$$|\dot{I}_\mathrm{d}|=|\dot{I}_\mathrm{i}|-|\dot{I}_\mathrm{f}| \tag{5.16}$$

反馈量 $\dot{I}_\mathrm{f}$ 使净输入量 $|\dot{I}_\mathrm{d}|<|\dot{I}_\mathrm{i}|$，即削弱了输入量的作用，为负反馈。反馈量以电流形式在输入回路与输入电流并联相比较，故为并联反馈。

在图 5.8（a）所示电路中，流过反馈电阻 R_f 的电流即为反馈电流，因此可得

$$\dot{I}_\mathrm{f}=-\frac{\dot{U}_--\dot{U}_\mathrm{o}}{R_\mathrm{f}}\approx-\frac{\dot{U}_\mathrm{o}}{R_\mathrm{f}} \tag{5.17}$$

反馈电流与输出电压成比例，故为电压反馈。或假设输出电压对地交流短路，此时反馈量为零，即反馈不复存在，据此也可判断为电压负反馈。因此，图 5.8（a）所示电路为电压并联负反馈电路。

电压并联负反馈电路的框图如图 5.8（b）所示。基本放大电路的输入信号是净输入电流 $\dot{I}_\mathrm{d}$，输出信号是放大电路的输出电压 $\dot{U}_\mathrm{o}$，它的开环放大倍数 $\dot{A}$ 用符号 $\dot{A}_\mathrm{R}$ 表示，即

$$\dot{A}_\mathrm{R}=\dot{U}_\mathrm{o}/\dot{I}_\mathrm{d} \tag{5.18}$$

由式（5.18）可知，$\dot{A}_\mathrm{R}$ 的量纲是电阻，故称之为放大电路的开环转移电阻。

反馈网络的输入信号是放大电路的输出电压 $\dot{U}_\mathrm{o}$，输出信号是反馈电流 $\dot{I}_\mathrm{f}$，反馈网络的反馈系数 $\dot{F}$ 为 $\dot{I}_\mathrm{f}$ 与 $\dot{U}_\mathrm{o}$ 之比，用符号 $\dot{F}_\mathrm{G}$ 表示，它的量纲是电导，可表示为

$$\dot{F}_\mathrm{G}=\dot{I}_\mathrm{f}/\dot{U}_\mathrm{o} \tag{5.19}$$

因此其反馈系数 $\dot{F}_\mathrm{G}$ 为

$$\dot{F}_\mathrm{G}=\dot{I}_\mathrm{f}/\dot{U}_\mathrm{o}=-\frac{1}{R_\mathrm{f}} \tag{5.20}$$

电压并联负反馈放大电路的闭环放大倍数 $\dot{A}_\mathrm{f}$ 是输出电压 $\dot{U}_\mathrm{o}$ 与输入电流 $\dot{I}_\mathrm{i}$ 之比，用符号 $\dot{A}_\mathrm{Rf}$ 表示，称为闭环互阻放大倍数，可得

$$\dot{A}_\mathrm{Rf}=\dot{U}_\mathrm{o}/\dot{I}_\mathrm{i} \tag{5.21}$$

根据式（5.5），可得 $\dot{A}_\mathrm{Rf}$、$\dot{F}_\mathrm{G}$、$\dot{A}_\mathrm{R}$ 三者的关系式为

$$\dot{A}_\mathrm{Rf}=\frac{\dot{A}_\mathrm{R}}{1+\dot{A}_\mathrm{R}\dot{F}_\mathrm{G}} \tag{5.22}$$

深度负反馈条件下，即 $|1+\dot{A}_\mathrm{R}\dot{F}_\mathrm{G}|\gg1$ 时，有

$$\dot{A}_\mathrm{Rf}\approx1/\dot{F}_\mathrm{G} \tag{5.23}$$

在深度负反馈条件下，图 5.8（a）所示的电压并联负反馈放大电路闭环互阻放大倍数由式（5.20）可得

$$\dot{A}_\mathrm{Rf}\approx1/\dot{F}_\mathrm{G}=-R_\mathrm{f} \tag{5.24}$$

（2）反馈特点。电压并联负反馈与电压串联负反馈一样，也能维持输出电压基本稳定，读者可自行分析。

由于该电路是并联反馈，输入量、反馈量在输入回路中以电流形式比较，$|\dot{I}_{\text{d}}| = |\dot{I}_{\text{i}}| - |\dot{I}_{\text{f}}|$，$|\dot{I}_{\text{i}}|$ 若为恒流，即信号源内阻 R_{s} 很大时，反馈电流 $\dot{I}_{\text{f}}$ 的变化才能全部反映到 $\dot{I}_{\text{d}}$ 上，反馈效果显著；如果信号源内阻 R_{s} 很小，则净输入电流受反馈电流 $\dot{I}_{\text{f}}$ 变化的影响也小，反馈效果差，换句话说，当 $R_{\text{s}}=0$ 时，净输入电流仅由信号源电压决定，与反馈电流 $\dot{I}_{\text{f}}$ 无关，反馈不存在。此概念也可以用来判断电路是并联反馈而不是串联反馈。由此可见，并联反馈电路的信号源适宜采用内阻大的恒流源。

4. 电流串联负反馈电路

(1) 电路组成及框图。电流串联负反馈电路的典型电路及相应的框图如图 5.9 所示，R_{f} 是联系输入与输出回路的反馈元件。

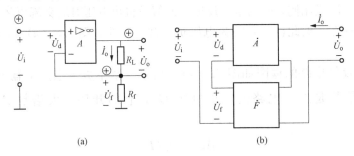

图 5.9　电流串联负反馈

(a) 典型电路原理图；(b) 框图

用瞬时极性法标出瞬时极性如图 5.9 (a) 所示，运放的同相输入端 $\dot{U}_{+}$ 为 ⊕，输出 $\dot{U}_{\text{o}}$ 为 ⊕，则输出电流的真实方向向下，在 R_{f} 产生的压降 $\dot{U}_{\text{f}}$ 的瞬时极性为 ⊕，在输入回路，$\dot{U}_{\text{d}} = \dot{U}_{\text{i}} - \dot{U}_{\text{f}}$，由瞬时极性得 $|\dot{U}_{\text{d}}| = |\dot{U}_{\text{i}}| - |\dot{U}_{\text{f}}|$，$|\dot{U}_{\text{f}}|$ 使净输入量小于输入量，削弱了输入量的作用，可判断为负反馈。在输入回路中反馈电压 $\dot{U}_{\text{f}}$ 加在运放的反相输入端，与输入电压相比较，故为串联反馈。

由图 5.9 (a) 可得出 $\dot{U}_{\text{f}}$ 与输出信号之间的关系

$$\dot{U}_{\text{f}} = \dot{I}_{\text{o}} R_{\text{f}} \tag{5.25}$$

由式 (5.25) 可见，反馈电压的大小与输出电流的大小成比例，故为电流反馈。或假设 $R_{\text{L}}=0$，即输出电压为零时，反馈电压仍存在，据此亦可判断为电流反馈。因此，图 5.9 (a) 电路为电流串联负反馈电路。

电流串联负反馈的框图如图 5.9 (b) 所示，基本放大电路的输入信号是净输入电压 $\dot{U}_{\text{d}}$，输出信号是放大电路的输出电流 $\dot{I}_{\text{o}}$，其开环放大倍数 $\dot{A}$ 用符号 $\dot{A}_{\text{G}}$ 表示，即

$$\dot{A}_{\text{G}} = \dot{I}_{\text{o}}/\dot{U}_{\text{d}} \tag{5.26}$$

$\dot{A}_{\text{G}}$ 的量纲是电导，称为基本放大电路的开环转移电导。

反馈网络的输入信号是放大电路的输出电流 $\dot{I}_{\text{o}}$，输出信号是反馈电压 $\dot{U}_{\text{f}}$，反馈系数 $\dot{F}$ 等于 $\dot{U}_{\text{f}}$ 与 $\dot{I}_{\text{o}}$ 之比，用符号 $\dot{F}_{\text{R}}$ 表示，它的量纲是电阻，可表示为

$$\dot{F}_{\text{R}} = \dot{U}_{\text{f}}/\dot{I}_{\text{o}} \tag{5.27}$$

如图 5.9（a）所示的电流串联负反馈放大电路中，由式（5.25）知反馈电压 $\dot{U}_f = \dot{I}_o R_f$，则其反馈系数为

$$\dot{F}_R = \dot{U}_f/\dot{I}_o = R_f \tag{5.28}$$

电流串联负反馈放大电路的闭环放大倍数 $\dot{A}_f$ 是输出电流 $\dot{I}_o$ 与输入电压 $\dot{U}_i$ 之比，用符号 $\dot{A}_{Gf}$ 表示，称为闭环互导放大倍数，可得

$$\dot{A}_{Gf} = \dot{I}_o/\dot{U}_i \tag{5.29}$$

根据一般表达式式（5.5），可得 $\dot{A}_G$、$\dot{F}_R$、$\dot{A}_{Gf}$ 三者的关系式为

$$\dot{A}_{Gf} = \frac{\dot{A}_G}{1 + \dot{A}_G \dot{F}_R} \tag{5.30}$$

深度负反馈条件下，即 $|1 + \dot{A}_G \dot{F}_R| \gg 1$ 时，有

$$\dot{A}_{Gf} \approx 1/\dot{F}_R \tag{5.31}$$

闭环互导放大倍数为

$$\dot{A}_{Gf} \approx 1/\dot{F}_R = \frac{1}{R_f} \tag{5.32}$$

（2）反馈特点。电流负反馈的特点是维持输出电流基本恒定。当 $\dot{U}_i$ 一定时，由于负载电阻 R_L 变动，使输出电流减小，则由于负反馈的作用，电路将进行如下自动调整过程：

$$R_L \uparrow \longrightarrow |\dot{I}_o| \downarrow \longrightarrow |\dot{U}_f|(=|\dot{I}_o|R_f) \downarrow \longrightarrow |\dot{U}_d| \uparrow$$
$$|\dot{I}_o| \uparrow \longleftarrow$$

由于负载电阻 R_L 变动，使输出电流 $|\dot{I}_o|$ 减小，由 $\dot{U}_f = \dot{I}_o R_f$ 知，反馈电压 $|\dot{U}_f|$ 随之而下降；在输入回路中，由 $|\dot{U}_d| = |\dot{U}_i| - |\dot{U}_f|$ 知，$|\dot{U}_i|$ 一定时反馈电压 $|\dot{U}_f|$ 下降使净输入电压 $|\dot{U}_d|$ 上升，经运放的放大使输出电压也上升，输出电流 $|\dot{I}_o|$ 随之增加，结果输出电流基本不变，保持恒定。

电路负载发生变化时，电流负反馈将使输出电流 $|\dot{I}_o|$ 恒定，而此时负载上的输出电压 $|\dot{U}_o|$ 却是变化的。例如上面已分析过的，当负载电阻 R_L 增大，$|\dot{I}_o|$ 恒定，但 $|\dot{U}_o|$ 将增大。

由于该电路是串联反馈，信号源宜采用低内阻的信号源。

5. 电流并联负反馈电路

（1）电路组成。典型的电流并联负反馈电路及相应的框图如图 5.10 所示，电阻 R_f 和 R_1 组成反馈网络。用瞬时极性法在图中标出瞬时极性，假设输入电压 $\dot{U}_i$ 的瞬时极性为 $\oplus$，经运放输出电压 $\dot{U}_o$ 瞬时极性为 $\ominus$，则输出电流 $\dot{I}_o$ 的真实方向如图中所示，反馈电阻 R_f 两端的电位左高右低，因此反馈量 $\dot{I}_f$ 的瞬时真实方向与参考方向一致，在输入回路中，输入量 $\dot{I}_i$、净输入量 $\dot{I}_d$ 的瞬时真实方向与参考方向一致，由 $\dot{I}_i$、$\dot{I}_d$、$\dot{I}_f$ 的参考方向根据基尔霍夫电流定律得 $\dot{I}_d = \dot{I}_i - \dot{I}_f$，在所假设的瞬时，三者的关系可写成

$$|\dot{I}_d| = |\dot{I}_i| - |\dot{I}_f| \tag{5.33}$$

反馈量 $\dot{I}_f$ 使净输入量 $|\dot{I}_d| < |\dot{I}_i|$，即削弱了输入量的作用，为负反馈；反馈量以电流形式在输入回路与输入电流并联相比较，故为并联反馈。

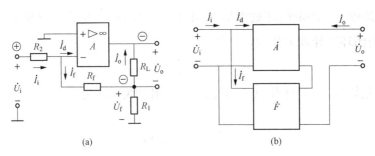

图 5.10　电流并联负反馈

(a) 电路原理图；(b) 框图

在图 5.10 中，如果忽略输入电压的影响（因为输入电压比 R_1 上的交流压降小得多），可近似认为 R_f 和 R_1 组成一个分流器，反馈电流是输出电流的一部分。其关系为

$$\dot{I}_f = \frac{-R_1}{R_1 + R_f} \dot{I}_o \tag{5.34}$$

反馈电流与输出电流成比例，故为电流反馈。因此图 5.10（a）所示电路为电流并联负反馈电路。

在图 5.10（a）中，运放就是基本放大电路，它的输入信号是净输入电流 $\dot{I}_d$，输出信号 $\dot{I}_o$，其开环放大倍数 $\dot{A}$ 用符号 $\dot{A}_i$ 表示，称为基本放大电路的开环电流放大倍数。其定义为

$$\dot{A}_i = \dot{I}_o / \dot{I}_d \tag{5.35}$$

反馈网络的输入信号是放大电路的输出电流 $\dot{I}_o$，输出信号是反馈电流 $\dot{A}_f$，反馈系数 $\dot{F}$ 等于 $\dot{I}_f$ 与 $\dot{I}_o$ 之比，用符号 $\dot{F}_i$ 表示，称为电流反馈系数，表达式为

$$\dot{F}_i = \dot{I}_f / \dot{I}_o \tag{5.36}$$

由式（5.34），可得其反馈系数为

$$\dot{F}_i = \dot{I}_f / \dot{I}_o = \frac{-R_1}{R_1 + R_f} \tag{5.37}$$

电流并联负反馈放大电路的闭环放大倍数 $\dot{A}_f$ 是输出电流 $\dot{I}_o$ 与输入电流 $\dot{I}_i$ 之比，用符号 $\dot{A}_{if}$ 表示，称为闭环电流放大倍数，即

$$\dot{A}_{if} = \dot{I}_o / \dot{I}_i \tag{5.38}$$

根据一般表达式（5.5），可得 $\dot{A}_i$、$\dot{F}_i$、$\dot{A}_{if}$ 三者的关系式为

$$\dot{A}_{if} = \frac{\dot{A}_i}{1 + \dot{A}_i \dot{F}_i} \tag{5.39}$$

在深度负反馈条件下，即 $|1 + \dot{A}_i \dot{F}_i| \gg 1$ 时，可得

$$\dot{A}_{if} \approx 1 / \dot{F}_i \tag{5.40}$$

闭环电流放大倍数由式（5.37）可得

$$\dot{A}_{if} \approx 1/\dot{F}_i = -\left(1+\frac{R_f}{R_1}\right) \tag{5.41}$$

（2）反馈特点。电流并联负反馈与电流串联负反馈一样，能维持输出电流基本恒定。由于是并联反馈，信号源宜采用高内阻的信号源。

通过上述讨论，可得出下列结论：①凡是电压负反馈，均可稳定输出电压；凡是电流负反馈，均可稳定输出电流。②为取得最好的负反馈效果，串联比较的负反馈电路要求信号源内阻 R_S 要尽量小；并联比较的负反馈电路要求信号源内阻要尽量大。③对于不同组态的负反馈放大电路来说，其中基本放大电路的放大倍数 $\dot{A}$ 和反馈网络系数 $\dot{F}$、闭环放大倍数 $\dot{A}_f$ 的物理意义和量纲都各不相同，因此，统称 $\dot{A}$ 为广义的开环放大倍数和 $\dot{F}$ 为广义的反馈系数，$\dot{A}_f$ 为广义的闭环放大倍数。为了便于比较，现将四种负反馈组态的开环放大倍数 $\dot{A}$ 和反馈系数 $\dot{F}$，闭环放大倍数 $\dot{A}_f$ 分别列于表5.1中。

表 5.1　　四种负反馈组态的 $\dot{A}$ 、$\dot{F}$ 之比较

反馈类型	输入信号	输出信号	反馈信号	开环放大倍数 $\dot{A}$	反馈系数 $\dot{F}$	闭环放大倍数 $\dot{A}_f$
电压串联式	$\dot{U}_i$	$\dot{U}_o$	$\dot{U}_f$	电压放大倍数 $\dot{A}_u = \dot{U}_o/\dot{U}_d$	$\dot{F}_u = \dot{U}_f/\dot{U}_o$	闭环电压放大倍数 $\dot{A}_{uf} = \dot{U}_o/\dot{U}_i$
电压并联式	$\dot{I}_i$	$\dot{U}_o$	$\dot{I}_f$	互阻放大倍数 $\dot{A}_R = \dot{U}_o/\dot{I}_d (\Omega)$	$\dot{F}_G = \dot{I}_f/\dot{U}_o (S)$	闭环互阻放大倍数 $\dot{A}_{CRf} = \dot{U}_o/\dot{I}_i (\Omega)$
电流串联式	$\dot{U}_i$	$\dot{I}_o$	$\dot{U}_f$	互导放大倍数 $\dot{A}_G = \dot{I}_o/\dot{U}_d (S)$	$\dot{F}_R = \dot{U}_f/\dot{I}_o (\Omega)$	闭环互导放大倍数 $\dot{A}_{Gf} = \dot{I}_o/\dot{U}_i (S)$
电流并联式	$\dot{I}_i$	$\dot{I}_o$	$\dot{I}_f$	电流放大倍数 $\dot{A}_i = \dot{I}_o/\dot{I}_d$	$\dot{F}_i = \dot{I}_f/\dot{I}_o$	闭环电流放大倍数 $\dot{A}_{if} = \dot{I}_o/\dot{I}_i$

【例 5.2】 已知电路如图5.11所示，假设电路中的电容均足够大。试判断图中各电路中交流反馈的极性，如是负反馈判断其反馈组态并求其反馈系数。

解：（1）图5.11（a）所示电路是一个单管共射放大电路，该电路通过电阻 R_f 将三极管的集电极（信号输出端）和基极（信号输入端）联系起来，电阻 R_f 是反馈元件。放大电路的输出、输入电压相位相反。用瞬时极性法，可得 $\dot{U}_i \oplus \longrightarrow \dot{U}_o \ominus$，此时 R_f 支路中的反馈电流 $\dot{I}_f$ 的瞬时真实方向如图所示，使流向 VT 基极的净输入电流 $\dot{I}_b$ 为 $|\dot{I}_b| = |\dot{I}_i| - |\dot{I}_f|$，可见电路为负反馈。

在输入回路中外加输入信号与反馈信号是以电流形式比较的，故为并联反馈。根据欧姆定律，同时考虑 $\dot{U}_i \ll \dot{U}_o$，在深度负反馈条件下 $\dot{U}_i = 0$，$0 - \dot{U}_i = +\dot{I}_f R_f$，可得反馈电流为

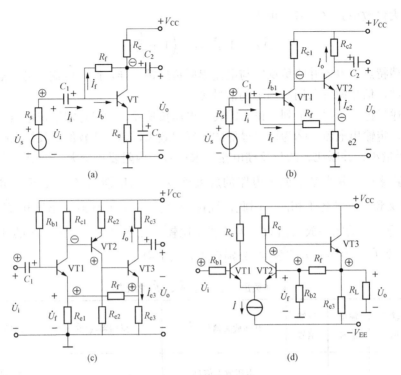

图 5.11　［例 5.2］电路图

$\dot{I}_{\mathrm{f}} = \dfrac{-\dot{U}_{\mathrm{o}}}{R_{\mathrm{f}}}$，反馈电流与输出电压成正比，可判定为电压反馈。所以图 5.11（a）所示电路的反馈组态是电压并联负反馈。其反馈系数为

$$\dot{F}_{\mathrm{G}} = \frac{\dot{I}_{\mathrm{f}}}{\dot{U}_{\mathrm{o}}} = -\frac{1}{R_{\mathrm{f}}}$$

（2）图 5.11（b）所示电路是一个两级直接耦合放大电路，反馈信号由 VT2 的发射极通过电阻 R_{f} 引回到 VT1 的基极，电阻 R_{f} 和 R_{e2} 构成反馈网络。设输入电压 $\dot{U}_{\mathrm{i}}$ 的瞬时极性为 $\oplus$，则 VT1 的 $\dot{U}_{\mathrm{c1}}$ 瞬时极性为 $\ominus$，VT2 的 $\dot{U}_{\mathrm{e2}}$ 瞬时极性为 $\ominus$，于是从 VT1 的基极通过 R_{f} 流向 VT2 发射极的反馈电流 $\dot{I}_{\mathrm{f}}$ 的瞬时真实方向与参考方向一致。在输入回路，反馈电流 $\dot{I}_{\mathrm{f}}$ 使流向 VT1 基极的净输入电流小于输入电流，即

$$\mid \dot{I}_{\mathrm{b1}} \mid = \mid \dot{I}_{\mathrm{i}} \mid - \mid \dot{I}_{\mathrm{f}} \mid$$

可见反馈信号削弱了输入电流的作用，净输入电流比无反馈时小，故为负反馈。同时因为式中输入信号与反馈信号均为电流形式，所以是并联反馈。由图 5.10（b）可见，反馈电流与 VT2 发射极电流 $\dot{I}_{\mathrm{e2}}$ 是分流关系，而 $\dot{I}_{\mathrm{e2}} \approx \dot{I}_{\mathrm{o}}$，由于 VT2 的 $\dot{U}_{\mathrm{e2}}$ 瞬时极性为 $\ominus$，决定了 $\dot{I}_{\mathrm{e2}}$ 的真实方向为流入 VT2 发射极，因此可得反馈电流为

$$\dot{I}_{\mathrm{f}} = \frac{R_{\mathrm{e2}}}{R_{\mathrm{f}} + R_{\mathrm{e2}}} \dot{I}_{\mathrm{e2}} \approx \frac{R_{\mathrm{e2}}}{R_{\mathrm{f}} + R_{\mathrm{e2}}} \dot{I}_{\mathrm{o}}$$

反馈电流正比于输出电流，所以图 5.11（b）所示电路反馈组态是电流并联负反馈。其电流反馈系数为

$$\dot{F}_i = \frac{\dot{I}_f}{\dot{I}_o} = \frac{R_{e2}}{R_F + R_{e2}}$$

（3）图 5.11（c）所示电路是一个三级直接耦合放大电路，其中 VT1、VT3 是 NPN 三极管，VT2 是 PNP 三极管，电阻 R_f、R_{e1} 和 R_{e3} 组成反馈网络。$\dot{I}_{e3}$ 在 R_{e3} 和 R_f、R_{e1} 组成电阻网络（在深度负反馈下，R_f 与 R_{e1} 串联，再与 R_{e3} 并联）上产生压降，并由 R_{e1} 和 R_f 分压得到 R_{e1} 两端的反馈电压。利用瞬时极性法，假设 $\dot{U}_i$ 对地为 ⊕，则 $\dot{U}_{c1}$ 为 ⊖，$\dot{U}_{c2}$ 为 ⊕，$\dot{U}_{e3}$ 与 $\dot{U}_{b3}$ 同相，也为 ⊕。经电阻 R_f 和 R_{e1} 分压，反馈送至 VT1 管发射极的 $\dot{U}_f$ 为 ⊕，这样 VT1 管的发射结输入电压（净输入电压）为

$$|\dot{U}_{be1}| = |\dot{U}_i| - |\dot{U}_f|$$

反馈电压削弱了输入电压的作用，故为负反馈。

反馈信号与输入信号是以电压形式比较的，因此是串联反馈。根据电路图，可以认为 R_f 与 R_{e1} 串联支路与 R_{e3} 分流，分到的电流在 R_{e1} 上产生的压降就是 $\dot{U}_f$，所以可列出下列公式

$$\dot{U}_f = \frac{R_{e3}R_{e1}}{R_{e1}+R_f+R_{e3}}\dot{I}_{e3} = \frac{R_{e3}R_{e1}}{R_{e1}+R_f+R_{e3}}(-\dot{I}_o)$$

反馈电压正比于输出电流，所以图 5.11（c）所示电路反馈组态是电流串联负反馈。而其反馈系数为

$$\dot{F}_R = \frac{\dot{U}_f}{\dot{I}_o} = -\frac{R_{e3}R_{e1}}{R_{e1}+R_f+R_{e3}}$$

（4）图 5.11（d）所示电路是一个两级直接耦合放大电路，其中 VT1 和 VT2 组成差动输入级，在图中所示差放的单端输出方式中，输出电压与输入同相，而 VT3 是射极跟随器，亦为同相放大。VT3 的发射极到 VT2 的基极之间由电阻 R_f、R_{b2} 组成的分压网络完成反馈过程。用瞬时极性法判断反馈极性如下：设输入 $\dot{U}_i$ 对地为 ⊕，则差放输出 $\dot{U}_{c2}$ 为 ⊕，经 VT3 同相跟随，$\dot{U}_{e3}$ 为 ⊕（即 $\dot{U}_o$ 为 ⊕）。$\dot{U}_o$ 经电阻 R_f 和 R_{b2} 反馈送至 VT2 的基极，使反馈电压 $\dot{U}_f$ 为 ⊕，对于差放来说，其差模输入电压为 $\dot{U}_d = \dot{U}_i - \dot{U}_f$，现 $\dot{U}_f$ 与 $\dot{U}_i$ 同相，则差放的差模输入电压（净输入电压）为

$$|\dot{U}_d| = |\dot{U}_i| - |\dot{U}_f| \tag{5.42}$$

由此可知，反馈电压削弱了输入电压的作用，故为负反馈。同时，式（5.42）表明反馈信号与输入信号是以电压形式比较的，因此是串联反馈。而反馈电压 $\dot{U}_f$ 是对输出电压 $\dot{U}_o$ 的分压，与 $\dot{U}_o$ 成正比例，所以属于电压反馈。也可以采用输出交流短路法进行判断，假设 $\dot{U}_o = 0$，则反馈电压也将为零，即反馈不复存在，故为电压反馈。所以图 5.11（d）所示电路的反馈组态是电压串联负反馈。

因电路中 $\dot{X}_f = \dot{U}_f$，$\dot{X}_o = \dot{U}_o$，且 $\dot{U}_f$ 与 $\dot{U}_o$ 是分压关系（深度负反馈的前提下，VT2 基极电流为 0），故反馈系数为

$$\dot{F}_u = \frac{\dot{U}_f}{\dot{U}_o} = \frac{R_{b2}}{R_{b2}+R_f}$$

　　需要说明的是，在多级放大电路中，可能同时存在局部（本级）反馈或整体（级间）反馈。局部反馈是指多级放大电路中某一级放大电路的反馈。例如，图 5.11（c）中，电阻 R_{e2} 引入了第二的电流串联负反馈，R_{e1}、R_f、R_{e3} 组成的反馈网络也分别在第一级和第三级引入了局部电流串联负反馈。整体反馈是指多级放大电路中级与级之间或输出与输入之间存在的反馈。一般情况下，反馈分析的对象主要是针对整体反馈。如图 5.11 中（b）～（d）所示电路所讨论的均是整体反馈。

第三节　负反馈对放大电路性能的影响

　　放大电路内部器件的参数、环境温度、电源电压及负载等因素发生变化，都会导致放大电路的工作不稳定。当引入适当的负反馈后，虽然闭环放大倍数会下降，但放大电路的稳定性将得到提高。下面分别对这一系列影响加以详细分析、讨论。

一、提高放大倍数的稳定性

　　放大电路引入负反馈后，可以使电路具有一定的自动稳定能力。对于电压反馈，可以稳定输出电压，对于电流反馈，可以稳定输出电流。显然，在输入量一定时，引入了负反馈的电路能够稳定输出量的现象，说明电路的闭环放大倍数 $\dot{A}_f$ 得到了稳定。但是因为引入负反馈后，$|\dot{A}_f|$ 本身也减小到开环放大倍数 $|\dot{A}|$ 的 $1/|1+\dot{A}\dot{F}|$ 倍，所以衡量负反馈对放大电路放大倍数的稳定性的影响，应当用相对变化量 $d|\dot{A}_f|/|\dot{A}_f|$ 与 $d|\dot{A}|/|\dot{A}|$ 进行比较，相对变化量较小的其稳定性较高。

　　为了简化问题，讨论信号频率在中频范围的情况，此时，$\dot{A}$ 为实数，$\dot{F}$ 一般也为实数，因此式（5.5）可写成

$$A_f = \frac{A}{1+AF} \tag{5.43}$$

式中，A 是变量，为了分析当 A 变化时对 A_f 的影响，求 A_f 对 A 的导数，得

$$\frac{dA_f}{dA} = \frac{1}{(1+AF)^2} \tag{5.44}$$

或

$$dA_f = \frac{dA}{(1+AF)^2} \tag{5.45}$$

将式（5.45）等号两边除以式（5.43）两边，得

$$\frac{dA_f}{A_f} = \frac{1}{1+AF}\frac{dA}{A} \tag{5.46}$$

对于负反馈 $1+AF>1$，所以有

$$\frac{dA_f}{A_f} < \frac{dA}{A} \tag{5.47}$$

式（5.46）表明：负反馈放大电路闭环放大倍数 A_f 的相对变化量 dA_f/A_f 降低到无反馈时放大网络开环放大倍数 A 的相对变化量 dA/A 的 $1/(1+AF)$。这就说明负反馈可以提高放大倍数的稳定性。换言之，引入负反馈后，放大倍数降为原来的 $1/(1+AF)$，但放大倍数的稳定性提高了，提高程度与 $1+AF$ 有关。

【例 5.3】　　设某放大电路的开环放大倍数 $A=1000$，由于环境温度的变化使 A 有 $\pm 10\%$ 的变化。引入负反馈后，反馈系数 $F=0.099$，试求闭环放大倍数及其相对变化量。

解： 由已知条件可计算出反馈深度为

$$1+AF = 1+1000 \times 0.099 = 100$$

引入负反馈后，闭环放大倍数为

$$A_{\mathrm{f}} = \frac{A}{1+AF} = \frac{1000}{100} = 10$$

无反馈时，放大倍数的相对变化量为

$$\frac{\mathrm{d}A}{A} = \pm 10\% = \pm 10^{-1}$$

有反馈时，闭环放大倍数相对变化量

$$\frac{\mathrm{d}A_{\mathrm{f}}}{A_{\mathrm{f}}} = \frac{1}{1+AF} \frac{\mathrm{d}A}{A} = \frac{1}{100} \times (\pm 10^{-1}) = \pm 10^{-3} = \pm 0.1\%$$

由此可知，引入负反馈后，A_{f} 值的变化范围为 $9.99 \sim 10.01$。

结果表明：当开环放大倍数变化 10% 时，闭环放大倍数的相对变化量只有 0.1%，显而易见，引入负反馈后，降低了放大倍数，但换取了放大倍数稳定性的提高。

需要说明的是，这里讨论的放大倍数的稳定性是广义的，具体地说，电压串联负反馈将使电路的闭环电压放大倍数的稳定性提高，电流串联负反馈将使电路的闭环互导放大倍数的稳定性提高，电压并联负反馈将使电路的闭环互阻放大倍数的稳定性提高，电流并联负反馈将使电路的闭环电流放大倍数的稳定性提高。

二、展宽通频带

由于电路中存在电抗性元件，在其幅频特性的高频区或低频区，放大倍数将随信号频率的变化而减小，如果能够减缓这种减小的速率，就可使通频带展宽。通过前面的分析已经得到结论，无论何种原因引起放大电路放大倍数发生变化，均可以通过负反馈使放大倍数的相对变化量减小，提高放大倍数的稳定性，由此可以采用负反馈来提高放大倍数在低、高频区的稳定性，当开环放大倍数在低、高频区有明显下降时，负反馈会使闭环放大倍数下降很缓慢，从而展宽放大电路的通频带。

图 5.12 中画出了放大电路引入反馈前后的幅频特性。A_{m} 表示无反馈时中频区开环放大倍数，A_{mf} 表示引入负反馈后中频区闭环放大倍数，通常情况下反馈系数 F 是与频率无关的定值（反馈网络仅由电阻组成时），则闭环放大倍数表达式为

$$A_{\mathrm{mf}} = \frac{A_{\mathrm{m}}}{1+A_{\mathrm{m}}F} \tag{5.48}$$

改写成对数表达式为（单位为分贝，用 dB 表示）

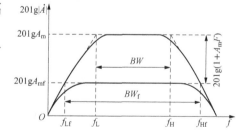

图 5.12　负反馈对幅频特性的影响

$$20\lg A_{\mathrm{mf}} = 20\lg \frac{A_{\mathrm{m}}}{1+A_{\mathrm{m}}F} = 20\lg A_{\mathrm{m}} - 20\lg(1+A_{\mathrm{m}}F) \tag{5.49}$$

式（5.49）说明，闭环放大倍数要比开环放大倍数减小 $20\lg(1+A_{\mathrm{m}}F)\,\mathrm{dB}$。而在原幅频特性的低频区和高频区开环放大倍数开始下降时，由于负反馈作用，对应的闭环放大倍数下降很小，由式（5.44）可知

$$dA_f = \frac{1}{(1+AF)^2}dA$$

可认为闭环放大倍数基本不变。图 5.12 中引入负反馈后的通频带为 $BW_f = f_{Hf} - f_{Lf}$，大于开环时的通频带 $BW = f_H - f_L$，因此引入负反馈后，放大电路的通频带展宽了。

假设放大电路具有近似单个高频时间常数的频率特性，则高频区的开环放大倍数为

$$\dot{A}_H = \frac{A_m}{1 + j\dfrac{f}{f_H}} \tag{5.50}$$

式中：f_H 为无反馈时由高频时间常数决定的上限频率。引入负反馈之后，假设反馈系数 F 为常数，则高频区的闭环放大倍数为

$$\dot{A}_{Hf} = \frac{\dot{A}_H}{1 + \dot{A}_H F} \tag{5.51}$$

将式（5.50）代入式（5.51）得

$$\dot{A}_{Hf} = \frac{A_m / \left(1 + j\dfrac{f}{f_H}\right)}{1 + A_m F / \left(1 + j\dfrac{f}{f_H}\right)} = \frac{A_m}{1 + A_m F + j\dfrac{f}{f_H}} \tag{5.52}$$

$$= \frac{A_m / (1 + A_m F)}{1 + j\dfrac{f}{f_H(1 + A_m F)}} = \frac{A_{mf}}{1 + j\dfrac{f}{f_{Hf}}}$$

由式（5.52）得到引入负反馈之后的上限频率为

$$f_{Hf} = f_H(1 + A_m F) \tag{5.53}$$

即引入负反馈后，上限频率增大至无反馈时的上限频率 f_H 的 $1 + A_m F$ 倍。同理，假设放大电路具有近似单个低频时间常数的频率特性，则在低频区开环放大倍数为

$$\dot{A}_L = \frac{A_m}{1 - j\dfrac{f_L}{f}} \tag{5.54}$$

式中：f_L 为无反馈时由低频时间常数决定的下限频率。引入负反馈之后，假设反馈系数 F 为常数，在低频区的闭环放大倍数为

$$\dot{A}_{Lf} = \frac{\dot{A}_L}{1 + \dot{A}_L F} = \frac{A_m / \left(1 - j\dfrac{f_L}{f}\right)}{1 + A_m F / \left(1 - j\dfrac{f_L}{f}\right)} = \frac{A_m}{1 + A_m F - j\dfrac{f_L}{f}} \tag{5.55}$$

$$= \frac{A_m / (1 + A_m F)}{1 - j\dfrac{f_L}{f(1 + A_m F)}} = \frac{A_{mf}}{1 - j\dfrac{f_{Lf}}{f}}$$

由式（5.55）得到引入负反馈之后的下限频率为

$$f_{Lf} = \frac{f_L}{1 + A_m F} \tag{5.56}$$

即引入负反馈后，下限频率 f_{Lf} 减小至无反馈时的下限频率 f_L 的 $1/(1 + A_m F)$。无负反馈时的通频带为

$$BW = f_H - f_L \tag{5.57}$$

因为通常情况下有 $f_H \gg f_L$，忽略 f_L，所以就有

$$BW \approx f_{\mathrm{H}} \qquad (5.58)$$

而引入负反馈后的通频带 BW_{f} 为

$$BW_{\mathrm{f}} = f_{\mathrm{Hf}} - f_{\mathrm{Lf}} \approx f_{\mathrm{Hf}} \qquad (5.59)$$

由式（5.53）可知 $f_{\mathrm{Hf}} = f_{\mathrm{H}}(1 + A_{\mathrm{m}}F)$，则得到引入负反馈后的通频带 BW_{f} 与无负反馈时的通频带 BW 的关系为

$$BW_{\mathrm{f}} \approx (1 + A_{\mathrm{m}}F)BW \qquad (5.60)$$

式（5.60）表明，引入负反馈后通频带展宽至无负反馈时通频带的 $1 + A_{\mathrm{m}}F$ 倍。但同时，中频区闭环放大倍数 A_{mf} 下降至无反馈时中频区开环放大倍数 A_{m} 的 $1/(1 + A_{\mathrm{m}}F)$。因此引入负反馈前后中频放大倍数与通频带的乘积将基本不变，即

$$A_{\mathrm{mf}}BW_{\mathrm{f}} \approx A_{\mathrm{m}}BW \qquad (5.61)$$

这一特点，与第二章中介绍的"增益带宽积"的概念是一致的。由式（5.61）可知，若负反馈放大电路中负反馈深度越深，通频带展宽得越多，但同时中频放大倍数也下降得越多。

三、减小非线性失真和抑制干扰及噪声

实际放大电路中采用的晶体三极管等都是非线性器件，当输入信号为正弦波时，尤其是输入信号较大时，输出信号的波形可能不是一个真正的正弦波，会产生部分的非线性失真。例如，由图 5.13（a）所示，正弦波输入信号 x_{i} 经过一实际放大电路 A1 放大后产生输出信号波形为正半周幅值大，负半周幅值小的非正弦波。

图 5.13 所示的实际放大电路可用图 5.14（a）所示的模型表示。基波分量是由输入信号 x_{i} 产生的，是理想的线性放大电路应输出的信号，设理想放大倍数为 A，则基波分量为 Ax_{i}，各次谐波分量用 Δx_{o} 表示，实际放大电路的输出量为

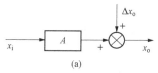

图 5.13 无反馈时的信号波形

$$x_{\mathrm{o}} = Ax_{\mathrm{i}} + \Delta x_{\mathrm{o}} \qquad (5.62)$$

引入负反馈后，因为闭环放大倍数下降，输出量中的基波成分、谐波成分均被削弱。基波成分是由输入信号产生的，输入信号在负反馈环外，可以加大输入信号使输出量的基波成分提高到加入负反馈以前的值，而各次谐波成分因负反馈的引入被削弱，从而减小了非线性失真，如图 5.14（b）所示。

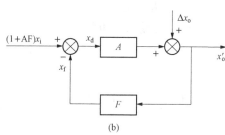

图 5.14 负反馈减小非线性失真
(a) 无反馈时的模型；(b) 引入负反馈后的模型

引入负反馈后，假设反馈网络的反馈系数 F 为某固定常数，则闭环放大倍数下降为 $A/(1+AF)$，为使输出量的基波成分仍然为加入负反馈以前的值 Ax_{i}，应将输入信号增大至 $(1+AF)x_{\mathrm{i}}$，电路输出为

$$x_{\mathrm{o}}' = Ax_{\mathrm{i}} + \Delta x_{\mathrm{o}}' \qquad (5.63)$$

式中：$\Delta x_{\mathrm{o}}'$ 表示引入负反馈后输出量中的谐波分量。

由图 5.14（b），在输入比较环节可得净输入量为

$$x_{\mathrm{d}} = (1+AF)x_{\mathrm{i}} - x_{\mathrm{f}} \qquad (5.64)$$

而反馈量为

$$x_{\mathrm{f}} = Fx_{\mathrm{o}}' \qquad (5.65)$$

将式（5.63）、式（5.65）代入式（5.64），得

$$x_d = x_i - F\Delta x_o' \tag{5.66}$$

由图5.14（b）的输出，可得

$$x_o' = Ax_d + \Delta x_o \tag{5.67}$$

将式（5.66）代入式（5.67），得

$$x_o' = Ax_i - AF\Delta x_o' + \Delta x_o \tag{5.68}$$

把式（5.63）代入式（5.68），整理后得

$$\Delta x_o' = \frac{\Delta x_o}{1+AF} \tag{5.69}$$

由式（5.69）得出结论，输出波形中的非线性失真减小为原来的 $1/(1+AF)$。

　　但上述结论只有在非线性失真不太严重时才成立。如果放大电路的输出量出现了严重的饱和失真或截止失真时，则说明放大电路在正弦信号周期内的部分时间段已工作在饱和区或截止区，此时 $A\to0$，负反馈无法改善非线性失真。

　　负反馈可以有效地抑制反馈环内的噪声和干扰。抑制效果与负反馈深度有关，负反馈越深，抑制效果越好。但如果干扰是与输入信号同时混入的电路，则负反馈对此种干扰无效。

四、改变输入电阻和输出电阻

　　负反馈放大电路中引入不同组态的反馈，对输入电阻和输出电阻会产生不同的影响。为满足实际工作中提出的特定要求，可以灵活应用各种负反馈组态来改变输入电阻、输出电阻的数值。

　　1. 负反馈对输入电阻的影响

　　负反馈对输入电阻的影响由反馈信号与外加输入信号在放大电路输入回路中的比较方式决定。即串联负反馈将增大输入电阻，而并联负反馈将减小输入电阻。下面进行详细分析。

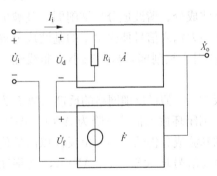

图5.15　串联负反馈放大电路框图

　　（1）串联负反馈使输入电阻增大。图5.15所示是一个串联负反馈放大电路的框图。图中着重画出输入回路，反馈信号与外加输入信号以电压形式比较，而且反馈电压 $\dot{U}_f$ 与输出信号 $\dot{X}_o$ 成正比（$\dot{U}_f = \dot{F}\dot{X}_o$）。净输入电压为

$$\dot{U}_d = \dot{U}_i - \dot{U}_f \tag{5.70}$$

则有

$$\dot{U}_i = \dot{U}_d + \dot{U}_f = \dot{U}_d + \dot{F}\dot{X}_o \tag{5.71}$$

在图5.15中，无反馈时的输入电阻为

$$R_i = \dot{U}_d / \dot{I}_i \tag{5.72}$$

引入串联负反馈后，输入电阻为

$$R_{if} = \frac{\dot{U}_i}{\dot{I}} = \frac{\dot{U}_d + \dot{U}_f}{\dot{I}_i} \equiv \frac{\dot{U}_d + \dot{F}\dot{X}_o}{\dot{I}_i} = \frac{\dot{U}_d + \dot{F}\dot{A}\dot{U}_d}{\dot{I}_i} = \frac{(1+\dot{F}\dot{A})\dot{U}_d}{\dot{I}_i} \tag{5.73}$$

　　根据式（5.81）可知，$R_{if} = (1+\dot{A}\dot{F})R_i$，可见串联负反馈使输入电阻增大。具体来说，对于电压串联负反馈放大电路

$$R_{if} = R_i(1+\dot{A}_u\dot{F}_u)$$

对于电流串联负反馈放大电路

$$R_{if} = R_i(1 + \dot{A}_G \dot{F}_R)$$

由此可得出结论，引入串联负反馈，放大电路输入电阻将增大，为无反馈时的 $1 + \dot{A}\dot{F}$ 倍。即串联负反馈反馈深度越深，输入电阻 R_{if} 越大。在深度负反馈条件下，由于 $|1 + \dot{A}\dot{F}| \gg 1$，近似分析时可认为 $R_{if} \to \infty$。因此串联负反馈常用在要求输入电阻较高的电路中。

需要注意，引入串联负反馈后，只将反馈环路内的输入电阻增大至无反馈时的 $|1 + \dot{A}\dot{F}|$ 倍，而反馈环之外的电阻不受影响。如图 5.16 所示的电路中，R_{b1} 和 R_{b2} 并不包括在反馈环 $\dot{A}\dot{F}$ 路内，因此不受影响。该电路总的输入电阻为

$$R'_{if} = R_{if} /\!/ R_{b1} /\!/ R_{b2} \qquad (5.74)$$

这里只有 R_{if} 因为串联负反馈使之增大，如果 R_{b1}、R_{b2} 不是很大，则即使 R_{if} 增大很多，电路总的输入电阻 R'_{if} 将增大不多。

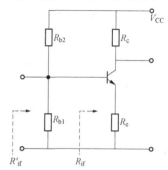

图 5.16　R_{if} 与 R'_{if} 的区别

（2）并联负反馈使输入电阻减小。在图 5.17 所示的并联反馈放大电路框图中，着重画出输入回路，反馈信号与输入信号以电流形式比较，且反馈信号与输出信号成正比，即 $\dot{I}_f = \dot{F}\dot{X}_o$，净输入电流为 $\dot{I}_d = \dot{I}_i - \dot{I}_f$，所以 $\dot{I}_i = \dot{I}_d + \dot{I}_f$，在图 5.17 中，无反馈时 $\dot{I}_i = \dot{I}_d$，此时电路的输入电阻为

$$R_i = \dot{U}_i / \dot{I}_d \qquad (5.75)$$

引入并联负反馈后，输入电阻为

$$R_{if} = \frac{\dot{U}_i}{\dot{I}_i} = \frac{\dot{U}_i}{\dot{I}_d + \dot{I}_f} = \frac{\dot{U}_i}{\dot{I}_d + \dot{F}\dot{X}_o} = \frac{\dot{U}_i}{\dot{I}_d + \dot{A}\dot{F}\dot{I}_d} = \frac{\dot{U}_i}{\dot{I}_d}\frac{1}{1 + \dot{A}\dot{F}} \qquad (5.76)$$

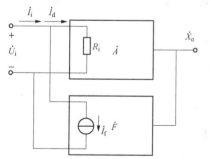

图 5.17　并联负反馈放大电路框图

可知 $R_{if} = R_i/(1 + \dot{A}\dot{F})$，并联负反馈将使输入电阻减小。

具体来说，对于电压并联负反馈放大电路，有

$$R_{if} = R_i/(1 + \dot{A}_R \dot{F}_G)$$

对于电流并联负反馈放大电路，有

$$R_{if} = R_i/(1 + \dot{A}_i \dot{F}_i)$$

由此得知，引入并联负反馈后输入电阻 R_{if} 将减小，成为无反馈时的输入电阻的 $1/(1 + \dot{A}\dot{F})$。即并联负反馈反馈深度越深，输入电阻 R_{if} 越小。在深度负反馈条件下，由于 $|1 + \dot{A}\dot{F}| \gg 1$，近似分析时可认为 $R_{if} \to 0$。因此，并联负反馈常用在要求输入电阻较低的电路中。

2. 负反馈对输出电阻的影响

负反馈对输出电阻的影响与反馈信号在放大电路输出端的取样方式有关，即电压负反馈将减小输出电阻，电流负反馈将增大输出电阻。

由前面分析可知，电压负反馈对输出电压具有稳定作用，在输入信号为定值而负载变化时。电压负反馈将使放大电路的输出趋于稳定，放大电路的输出更接近电压源的性质，即电

路的输出电阻将因引入了电压负反馈而减小。可以证明，引入电压负反馈后，输出电阻 R_{of} 为无反馈时输出电阻 R_o 的 $1/(1+\dot{A}\dot{F})$，即

$$R_{of} = R_o/(1+\dot{A}\dot{F}) \tag{5.77}$$

式中：$\dot{A}_o$ 为当负载电阻 R_L 开路时基本放大电路的开环放大倍数。

具体来说，对于电压串联负反馈放大电路

$$R_{of} = R_o/(1+\dot{A}_u\dot{F}_u)$$

对于电压并联负反馈放大电路

$$R_{of} = R_o/(1+\dot{A}_R\dot{F}_G)$$

即电压负反馈减小输出电阻，反馈深度越深，输出电阻 R_{of} 越小。在深度负反馈条件下，由于 $|1+\dot{A}\dot{F}| \gg 1$，近似分析时可认为 $R_{of} \rightarrow 0$。

电流负反馈对输出电流有维持稳定的作用，当输入信号一定而负载发生变化时，电路输出电流将因电流负反馈而趋于稳定。放大电路的输出更接近电流源的性质，此时电路的输出电阻将因引入了电流负反馈而增大。可以证明，引入电流负反馈后，输出电阻 R_{of} 为无反馈时的输出电阻 R_o 的 $1+\dot{A}\dot{F}$ 倍，即

$$R_{of} = R_o(1+\dot{A}\dot{F}) \tag{5.78}$$

式中：$\dot{A}$ 是当负载电阻 R_L 短路时基本放大电路的开环放大倍数。

具体来说，对于电流串联负反馈放大电路，有

$$R_{of} = R_o(1+\dot{A}_G\dot{F}_R)$$

对于电流并联负反馈放大电路，有

$$R_{of} = R_o(1+\dot{A}_i\dot{F}_i)$$

即电流负反馈将增大输出电阻，反馈深度越深，输出电阻 R_{of} 越大。在深度负反馈条件下，由于 $|1+\dot{A}\dot{F}| \gg 1$，近似分析时可认为 $R_{of} \rightarrow \infty$。

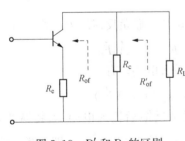

图 5.18　R'_{of} 和 R_{of} 的区别

同样需要注意的是，引入电流串联负反馈后，只是将反馈环路内的输出电阻增大至无反馈时的 $|1+\dot{A}\dot{F}|$ 倍，而反馈环之外的电阻不受影响。如图 5.18 所示的电路中，R_c 并不包括在电流负反馈环路内，因此不受影响。该电路总的输出电阻为

$$R'_{of} = R_{of} \mathbin{/\mkern-5mu/} R_c \tag{5.79}$$

在一般情况下，$R_c \ll R_{of}$，所以即便 R_{of} 增大很多，电路总的输出电阻 R'_{of} 将增大不多。

第四节　闭环电压放大倍数的近似计算

在深度负反馈条件下，即负反馈放大电路满足 $|1+\dot{A}\dot{F}| \gg 1$ 的条件，闭环电压放大倍数的估算通常可以采用以下两种方法。

一、利用关系式 $\dot{A}_{\mathrm{f}} \approx \dfrac{1}{\dot{F}}$ 估算闭环电压放大倍数

通过前面的分析，由式（5.7）可知，如果负反馈放大电路满足 $\mid 1 + \dot{A}\dot{F} \mid \gg 1$ 的条件，则其闭环放大倍数 $\dot{A}_{\mathrm{f}}$ 可表示为

$$\dot{A}_{\mathrm{f}} \approx \frac{1}{\dot{F}} \tag{5.80}$$

利用式（5.80），只需先求出反馈系数 $\dot{F}$，即可估算出 $\dot{A}_{\mathrm{f}}$，闭环放大倍数的估算过程十分简单。但是式（5.80）中的 $\dot{A}_{\mathrm{f}}$ 是广泛意义上的闭环放大倍数，其含义和量纲与反馈的组态有关（参见表5.1），只有当负反馈组态是电压串联负反馈时，式（5.80）中的 $\dot{A}_{\mathrm{f}}$ 才专指闭环电压放大倍数，此时该式可表示为

$$\dot{A}_{uf} \approx \frac{1}{\dot{F}_u} \tag{5.81}$$

电压串联负反馈放大电路可利用式（5.81）直接估算深度负反馈条件下放大电路的闭环电压放大倍数。

除了电压串联负反馈以外的其他三种负反馈组态，即电压并联负反馈、电流串联负反馈和电流并联负反馈。由表5.1可知，式（5.80）中，$\dot{A}_{\mathrm{f}}$ 分别表示成为 $\dot{A}_{\mathrm{Rf}}$、$\dot{A}_{\mathrm{Gf}}$、$\dot{A}_{\mathrm{if}}$，它们的物理意义分别表示负反馈放大电路的闭环互阻放大倍数、闭环互导放大倍数和闭环电流放大倍数，因此，对于这三种组态的负反馈放大电路，如果利用式（5.80），则分别求出的是 $\dot{A}_{\mathrm{Rf}}$、$\dot{A}_{\mathrm{Gf}}$ 或 $\dot{A}_{\mathrm{if}}$，之后需要再经过转换才能得到 $\dot{A}_{uf}$。

二、利用关系式 $\dot{X}_{\mathrm{f}} \approx \dot{X}_{\mathrm{i}}$ 估算闭环电压放大倍数

为使计算更为简捷，可根据 $\dot{X}_{\mathrm{f}} \approx \dot{X}_{\mathrm{i}}$ 式估算负反馈电路的闭环电压放大倍数。该表明，在 $\mid 1 + \dot{A}\dot{F} \mid \gg 1$ 时，反馈信号 $\dot{X}_{\mathrm{f}}$ 和外加输入信号基本相同，也即有

$$\dot{X}_{\mathrm{d}} \approx 0 \tag{5.82}$$

因此得出在深度负反馈条件下负反馈放大电路的两个特点：

（1）反馈量约等于输入量，即 $\dot{X}_{\mathrm{f}} \approx \dot{X}_{\mathrm{i}}$；

（2）净输入量趋近于零，即 $\dot{X}_{\mathrm{d}} \approx 0$。

具体而言，不同组态的负反馈电路，输入量 $\dot{X}_{\mathrm{i}}$ 和反馈量 $\dot{X}_{\mathrm{f}}$、净输入量 $\dot{X}_{\mathrm{d}}$ 含义不同。

在串联负反馈电路中，三者均为电压，则有

$$\dot{U}_{\mathrm{f}} \approx \dot{U}_{\mathrm{i}} \tag{5.83}$$

在并联负反馈电路中，三者均为电流，则有

$$\dot{I}_{\mathrm{f}} \approx \dot{I}_{\mathrm{i}} \tag{5.84}$$

对于任何组态的负反馈放大电路，只要满足深度负反馈的条件，都可以利用 $\dot{X}_{\mathrm{f}} \approx \dot{X}_{\mathrm{i}}$ 的特点，直接估算闭环电压放大倍，而不必先求反馈系数。

由此可知，要估算闭环电压放大倍数，必须首先判断负反馈组态是串联负反馈还是并联负反馈，以便选择适当的公式，再根据放大电路的实际情况分别列出 $\dot{U}_{\mathrm{f}}$、$\dot{U}_{\mathrm{i}}$（或 $\dot{I}_{\mathrm{f}}$、$\dot{I}_{\mathrm{i}}$）的表达式，然后直接估算闭环电压放大倍数。

【例 5.4】　设图 5.19 中各放大电路满足深度负反馈条件，试估算各电路的闭环电压放大倍数。

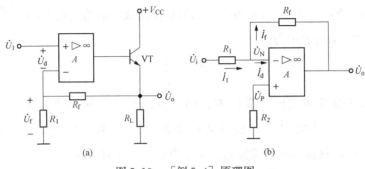

图 5.19　［例 5.4］原理图

解： 在估算闭环电压放大倍数之前，首先应判断电路负反馈的组态。

（1）图 5.19（a）电路中，电路反馈信号取自输出电压 $\dot{U}_\circ$，与外加输入信号以电压形式比较，属于电压串联负反馈组态，$\dot{U}_f \approx \dot{U}_i$。由电路得

$$\dot{U}_f = \frac{R_1}{R_1 + R_f}\dot{U}_\circ$$

上式代入 $\dot{U}_f \approx \dot{U}_i$ 中，得闭环电压放大倍数为

$$\dot{A}_{uf} = \frac{\dot{U}_\circ}{\dot{U}_i} = 1 + \frac{R_f}{R_1}$$

利用式（5.81）可得同样结果。因为 $\dot{F}_u = \dfrac{\dot{U}_f}{\dot{U}_\circ} = \dfrac{R_1}{R_1 + R_f}$，所以可得

$$\dot{A}_{uf} \approx \frac{1}{\dot{F}_u} = \frac{R_1 + R_f}{R_1}$$

（2）图 5.19（b）所示电路中，反馈信号取自输出电压 $\dot{U}_\circ$，与外加输入信号以电流形式比较，属于电压并联负反馈组态，在深度负反馈条件下，由式（5.84）可知 $\dot{I}_f \approx \dot{I}_i$。

由电路可分别求得

$$\dot{I}_i = \frac{\dot{U}_i - \dot{U}_N}{R_1}, \qquad \dot{I}_f = \frac{\dot{U}_N - \dot{U}_\circ}{R_f}$$

根据理想运放工作在线性区时"虚短"和"虚断"的特点，可知 $\dot{U}_N \approx \dot{U}_P = 0$，利用 $\dot{I}_f \approx \dot{I}_i$，可得

$$\frac{\dot{U}_i}{R_1} \approx -\frac{\dot{U}_\circ}{R_f}$$

则闭环电压放大倍数为

$$\dot{A}_{uf} = \frac{\dot{U}_\circ}{\dot{U}_i} \approx -\frac{R_f}{R_1}$$

【例 5.5】　设图 5.20 中各放大电路的级间反馈均满足深度负反馈条件，试估算各电路的闭环电压放大倍数。

解：（1）图 5.20（a）所示电路图为射极偏置电路，反馈组态是电流串联负反馈。在本章第一节开始部分曾讨论过，由电路可得

$$\dot{U}_f = \dot{I}_e R_{e1} \approx \dot{I}_c R_{e1} \approx \dot{U}_i$$

而 $\dot{U}_o = -\dot{I}_c R'_L$，其中 $R'_L = R_c \parallel R_L$，则

$$\dot{A}_{uf} = \frac{\dot{U}_o}{\dot{U}_i} \approx \frac{-\dot{I}_c R'_L}{\dot{I}_c R_{e1}} = -\frac{R'_L}{R_{e1}}$$

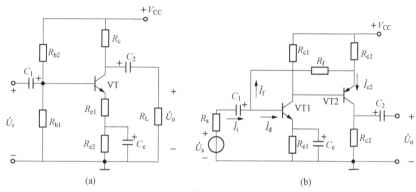

图 5.20　［例 5.5］的原理图

（2）图 5.20（b）所示电路由电阻 R_f、R_{e2} 引入了两级之间的电流并联负反馈，利用瞬时极性法，可以判断出输出、输入回路有关电流在输入电压为正半周时的实际流向（已在图中标出）。为便于观察，画出其交流通路如图 5.21 所示。在输入 $U_i \ll \dot{U}_{e2}$ 的情况下，反馈电流与输出电流 $\dot{I}_{e2}$ 是分流关系，即 $\dot{I}_f = \frac{R_{e2}}{R_F + R_{e2}} \dot{I}_{e2}$，在深度负反馈条件下，有 $\dot{I}_f \approx \dot{I}_i$，且输出回路电压、电流关系为 $\dot{U}_o = \dot{I}_o R_{c2} = \dot{I}_{e2} R_{c2}$，在输入回路，因输入电压很小，可忽略不计，则输入电流为 $\dot{I}_i \approx \frac{\dot{U}_s}{R_s}$。由以上关系可列出

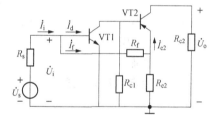

图 5.21　图 5.20（b）的交流通路

$$\frac{\dot{U}_s}{R_s} \approx \frac{R_{e2}}{R_F + R_{e2}} \frac{\dot{U}_o}{R_{e2}}$$

可得闭环电压放大倍数为

$$\dot{A}_{usf} = \frac{\dot{U}_o}{\dot{U}_s} \approx \frac{R_{c2}(R_{e2} + R_f)}{R_{e2} R_s}$$

【例 5.6】　当 $|1 + \dot{A}\dot{F}| \gg 1$ 时，试估算图 5.22 所示电路的闭环放大电路倍数。

解：图 5.22 所示电路是一个多级放大电路。电阻 R_1、R_f 组成的分压器作为交直流反馈网络，连接于输出与输入之间。利用瞬时极性可知当 $\dot{U}_i$ 对地为正时，$\dot{U}_{c1}$ 为 $\ominus$，$\dot{U}_{c2}$ 为 $\oplus$，经运放放大、VT3 跟随后，输出电压的极性为 $\oplus$，$\dot{U}_o$ 经电阻 R_f 和 R_1 反馈送回 VT2 的基极，反馈电压 $\dot{U}_f$ 此时的极性为 $\oplus$，即 $\dot{U}_f$ 与 $\dot{U}_i$ 同相。对于差放来说，$\dot{U}_f$ 和 $\dot{U}_i$ 相当于

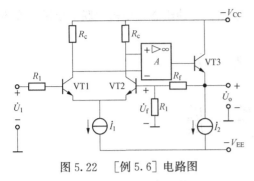

图 5.22 ［例 5.6］电路图

双端输入时的两个输入电压信号，两者之差是差放的差模输入电压，也就是电路的净输入电压 $\dot{U}_d=\dot{U}_i-\dot{U}_f$。$\dot{U}_f$ 与 $\dot{U}_i$ 同相，说明差模输入电压要比 $\dot{U}_f=0$ 时减小很多，净输入电压减小，是负反馈。反馈信号是以电压形式与输入量比较的，所以是串联反馈。反馈电压与输出电压成正比，是电压反馈。因此，图 5.22 所示电路反馈组态为电压串联负反馈。

由于运放的开环增益很高，此电路在一般情况下均满足深度负反馈条件，所以有 $\dot{U}_f \approx \dot{U}_i$，由电路可得 $\dot{U}_f = \dfrac{R_1}{R_1+R_f}\dot{U}_o$，所以可得闭环电压放大倍数

$$\dot{A}_{uf} = \frac{\dot{U}_o}{\dot{U}_i} \approx \frac{R_1+R_f}{R_1} = 1+\frac{R_f}{R_1}$$

第五节　负反馈放大电路的自激振荡

根据本章第三小节所述，引入负反馈能够改善放大电路的各项性能指标，而且改善的程度与反馈深度 $|1+\dot{A}\dot{F}|$ 有关。一般情况下，$|1+\dot{A}\dot{F}|$ 越大，即负反馈深度越深，改善的效果越好。但是，在一定条件下过深的负反馈可能会使放大电路产生自激振荡，使放大电路不能正常工作。产生自激振荡时，即使放大电路没有外加输入信号，其输出端也会产生一定频率和幅度的输出信号。尤其对于多级放大电路而言，引入负反馈容易产生自激振荡。本节将介绍自激振荡的产生条件及消除方法。

一、产生自激振荡的条件

根据式（5.5）可知，当 $1+\dot{A}\dot{F}=0$ 时，$\dot{A}_f \to \infty$，此时即使没有输入信号，放大电路仍将有一定的输出信号，说明放大电路产生了自激振荡。因此，负反馈放大电路产生自激振荡的条件是 $1+\dot{A}\dot{F}=0$，即

$$\dot{A}\dot{F} = -1 \tag{5.85}$$

式（5.85）也可以按模和相角分别表示为

$$|\dot{A}\dot{F}| = 1 \tag{5.86}$$

$$\varphi_{AF} = \varphi_A + \varphi_F = \pm(2n+1)\pi \quad (n=0,1,2,3,\cdots) \tag{5.87}$$

式（5.87）和式（5.88）分别称为产生自激振荡的幅值条件和相位条件。

在放大电路通频带内，放大电路的输出与输入为同相（$\varphi_A=0°$）或反相（$\varphi_A=-180°$），因此可选择反馈网络 $\dot{F}$ 的恰当接法，以满足负反馈的条件 $\dot{X}_d=\dot{X}_i-\dot{X}_f$ 及 $\dot{X}_f$ 与 $\dot{X}_i$ 同相，来实现 $|\dot{X}_d|=|\dot{X}_i|-|\dot{X}_f|$。但在中频区以外，当频率降低或升高时，$\dot{A}$、$\dot{F}$ 的模和相角都将随之改变。不论是在低频区，还是在高频区，随着频率的降低或升高，相位移将在中频区相移的基础上发生变化（低频区超前，高频区滞后），这种变化称为**附加相移**。如果在某一频率处，相对于中频而言，$\dot{A}\dot{F}$ 产生的附加相移 $\Delta\varphi_{AF}=\Delta\varphi_A+\Delta\varphi_F$ 达到了 $\pm180°$，此时 $\dot{X}_f$ 反

相，则 $\dot{X}_{\mathrm{i}}$ 与 $\dot{X}_{\mathrm{f}}$ 由中频时的同相变为反相；$|\dot{X}_{\mathrm{d}}|$ 将是 $|\dot{X}_{\mathrm{i}}|$ 与 $|\dot{X}_{\mathrm{f}}|$ 的代数和，使原来中频时的负反馈变为正反馈；若此时 $\dot{A}\dot{F}$ 的幅值足够大，使 $|\dot{X}_{\mathrm{f}}| \geqslant |\dot{X}_{\mathrm{d}}|$，则即使 $|\dot{X}_{\mathrm{i}}|=0$，也仍会有输出，即将会产生自激振荡。

　　由上面的分析可知，假设反馈网络为纯阻性，在单级负反馈放大电路中最大附加相移不可能超过 $90°$，无法满足自激振荡的相位条件，不可能产生自激振荡。两级负反馈放大电路一般来说也是稳定的，因为虽然当 $f\to\infty$ 和 $f\to 0$ 时 $\dot{A}\dot{F}$ 的附加相移可达到 $\pm 180°$，但此时幅值 $|\dot{A}\dot{F}|=0$，不满足产生自激振荡的幅度条件。在实际测试时会发现，在 $|\dot{A}|$ 较大的两级放大电路中也会有自激振荡，这是由于没有考虑到的附加因素造成的。而三级负反馈放大电路则只要达到一定的反馈深度即可能产生自激振荡，因为在低频和高频范围可以分别找出一个满足 $\dot{A}\dot{F}$ 的附加相移为 $\pm 180°$ 的频率，且此时 $|\dot{A}\dot{F}|=1$，能同时满足自激振荡的相位条件和幅值条件。所以三级及三级以上的负反馈放大电路在深度负反馈条件下，必须采取措施来破坏自激条件，才能使放大电路稳定地工作。

二、负反馈放大电路的稳定性

　　为了研究负反馈放大电路的稳定性，可从产生自激振荡的相位条件和幅值条件两个条件入手，相位条件得到满足后，在绝大多数情况下只要 $|\dot{A}\dot{F}| \geqslant 1$，放大电路就将产生自激振荡。

　　为了判断负反馈放大电路是否稳定，可以利用其回路增益 $\dot{A}\dot{F}$ 的幅频特性 $20\lg|\dot{A}\dot{F}|$ - f 和相频特性 φ_{AF}- f，在其波特图上综合考虑，分析是否同时满足自激振荡的相位条件、幅值条件。当分析结论为否定时，电路可以稳定工作。

　　例如，某一负反馈放大电路的 $\dot{A}\dot{F}$ 的波特图如图 5.23（a）所示，由图中的相频特性可见，$f=f_0$ 时，$\dot{A}\dot{F}$ 的附加相位移 $\varphi_{AF}=-180°$，而在此频率点，对应的对数幅频特性位于坐标轴上方，即 $20\lg|\dot{A}\dot{F}|>0$ 或 $|\dot{A}\dot{F}|>1$，说明当 $f=f_0$ 时电路同时满足自激振荡的相位条件和幅值条件，所以该负反馈放大电路定会产生自激振荡，即处于不稳定的工作状态。又如另一个负反馈放大电路的 $\dot{A}\dot{F}$ 的波特图如图 5.23（b）所示，由图可见，当附加相移 $\varphi_{AF}=-180°$ 时，相应的对数幅频特性在横坐标轴下方，即 $20\lg|\dot{A}\dot{F}|<0$ 或 $|\dot{A}\dot{F}|<1$，说明电路不满足自激振荡的幅值条件，负反馈放大电路不会产生自激振荡，能够稳定工作。

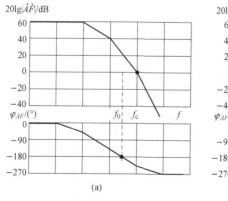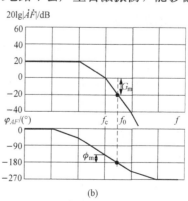

图 5.23　利用波特图判断负反馈放大电路的稳定性

（a）不稳定工作状态；（b）稳定工作状态

如果把幅频特性 $20\lg|\dot{A}\dot{F}|$ - f 曲线和横坐标的交点定义为增益交界频率 f_c；在相频特性 φ_{AF} - f 上定义相移为 $-180°$ 处的频率为相位交界频率 f_0，则在 f_c 和 f_0 处有

$$20\lg|\dot{A}\dot{F}|\Big|_{f=f_c} = 0 (\text{dB}) \qquad (5.88)$$

$$\varphi_{AF}\Big|_{f=f_0} = -180° \qquad (5.89)$$

由前面的分析可知波特图为图 5.23（a）所示的负反馈放大电路处于不稳定的工作状态，此时 $f_0 < f_c$；波特图为图 5.23（b）所示的负反馈放大电路能稳定工作，此时 $f_0 > f_c$。

所以也可根据 f_0、f_c 的大小，直接判定电路是否会稳定工作：

（1）当 $f_0 > f_c$ 时，电路不振荡，能稳定工作；

（2）当 $f_0 < f_c$ 时，电路一定会自激振荡，处于不稳定工作状态；

（3）当 $f_c = f_0$ 时，电路处于临界自激，也处于不稳定工作状态。

为了使设计的负反馈放大电路能稳定可靠地工作，不但要求它在预定的工作条件下满足稳定条件，而且当环境温度、电路参数即电源电压等因素在一定的范围内变化时也能满足稳定条件，因此要求放大电路要有一定的**稳定裕量**。**通常可用幅值稳定裕量或相位稳定裕量作为衡量的标准。**

通常将 $\varphi_{AF} = -180°$ 时的 $20\lg|\dot{A}\dot{F}|$ 值定义为幅值稳定裕量，即

$$G_m = 20\lg|\dot{A}\dot{F}|_{f=f_0} \qquad (5.90)$$

例如，图 5.23（b）中，当 $\varphi_{AF} = -180°$ 时，即 $f = f_0$ 时，$20\lg|\dot{A}\dot{F}| < 0$，电路是稳定的，此时 $20\lg|\dot{A}\dot{F}|$ 的值即为幅值稳定裕量。对于稳定的负反馈放大电路，其 G_m 应为负值，G_m 越负，表示负反馈放大电路越稳定。

一般要求 $G_m \leqslant -10\text{dB}$。即 $\varphi_A + \varphi_F = (2n+1)180°$ 时，使 $20\lg|\dot{A}\dot{F}| \leqslant -10\text{dB}$。也可以用相位稳定裕量来描述负反馈放大电路的稳定裕量，相位稳定裕量 Φ_m 定义为在 $20\lg|\dot{A}\dot{F}| = 0\text{dB}$ 的频率上，即 $f = f_c$ 时，相位要超前 $\varphi_{AF} = -180°$ 的角度，即

$$\Phi_m = 180° - |\varphi_{AF}|_{f=f_0} \qquad (5.91)$$

由图 5.23（b）可见，$20\lg|\dot{A}\dot{F}| = 0$ 时，即 $f = f_c$ 时，相应的 $|\varphi_{AF}| < 180°$，说明电路是稳定的。对于稳定的负反馈放大电路，$|\varphi_{AF}|_{f=f_c} < 180°$，因此 Φ_m 是正值，Φ_m 越大，表示负反馈放大电路越稳定。

一般要求 $\Phi_m \geqslant 45°$。即 $20\lg|\dot{A}\dot{F}| = 0$ 时，使 $|\varphi_{AF}| \leqslant 135°$。

三、消除自激振荡的方法

自激振荡的产生使负反馈放大电路无法正常工作，对于三级或三级以上的负反馈放大电路来说，为了避免产生自激振荡，需要采用适当的方法来破坏自激振荡的幅值条件和相位条件并使其有一定的稳定裕量。以图 5.23 所示的波特图为例来说，就是要使 $20\lg|\dot{A}\dot{F}|_{f=f_0} < 0$（即 $|\dot{A}\dot{F}| < 1$）或者说使 $|\varphi_{AF}|_{f=f_c} < 180°$。换言之，要消除自激，就是要求 $f_c < f_0$。

消除自激振荡常用相位补偿法。在放大电路或反馈网络的适当部位接入附加电容 C_ϕ 或由电阻 R 和电容 C 组成的补偿网络，改变电路 $\dot{A}\dot{F}$ 的频率特性，使其在高频部分的幅值衰减得更快一些，保证 $20\lg|\dot{A}\dot{F}| = 0$ 时的相移 $|\varphi_{AF}| < 180°$。相位补偿法有多种，常见的三

种如图 5.24 所示。

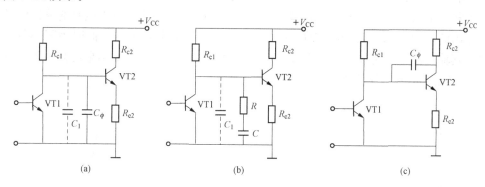

图 5.24 几种常见的相位补偿法

（a）电容滞后补偿法；（b）RC 滞后补偿法；（c）密勒效应补偿法

图 5.24（a）为电容滞后补偿法，是在放大电路前级输出电阻和后级输入电阻都比较大的位置并接电容 C_φ，适当的 C_φ 能保证电路不出现自激振荡，但是牺牲了一部分通频带。图 5.24（b）为 RC 滞后补偿法，该方法用电阻 R 和电容 C 相串联的网络代替图 5.24（a）中的电容 C_φ，消除自激振荡的同时，比图 5.24（a）有更宽的通频带。图 5.24（c）为密勒效应补偿法，将补偿电容接在基极和集电极之间，利用密勒效应可以增强小容量电容的消振效果。

上述方法都是使电流幅频特性在通频带的高端迅速衰减，使电路通频带变窄。因此实际工作中，要通过实际测量、调试来确定补偿网络的参数，以便能稳定工作，同时又保证有较宽的通频带。

第六节 负反馈放大电路的 Proteus 仿真

本节以电压串联负反馈电路为例，用 Proteus 分析负反馈对电路非线性失真的影响，电路原理图如图 5.25 所示。首先采用同第二章第九节相同的方法对两级电路分别调整静态工

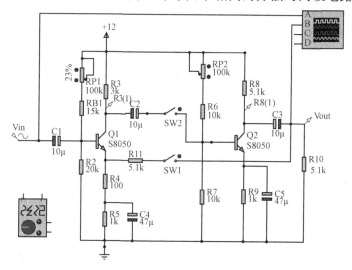

图 5.25 电压串联负反馈放大电路原理图

作点。然后闭合开关 SW2，输入 1kHz 的正弦波信号，调整其幅度，打开 SW1，观察输出波形，不断增加输入信号幅值，直到观察到失真，此时为开环两级放大电路的输出信号。其输入、输出波形如图 5.26 所示。保持输入信号不变，闭合开关 SW1，此时为闭环负反馈放大电路，其输出信号不再失真，如图 5.27 所示。此外，观察图 5.27 结果可知，闭环放大倍数约为 85（输入信号电压为右侧坐标轴，单位为 mV）。

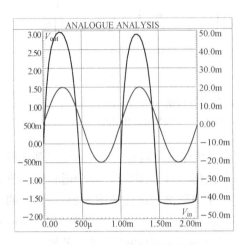

图 5.26　开环输出失真波形

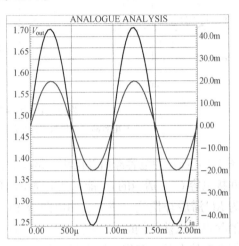

图 5.27　引入负反馈时的输入输出波形

本章小结

（1）反馈的概念。把放大电路的输出量（电压或电流）的一部分或全部，通过反馈网络以一定的方式又引回到放大电路的输入回路中去，以影响电路的输入信号，控制输出信号的变化，起到自动调节的作用。

（2）反馈的类型。根据反馈极性的不同，引入的反馈可分为正反馈和负反馈。在正反馈情况下，净输入信号输入信号与反馈信号代数和。在负反馈情况下，净输入信号是输入信号与反馈信号之差。当电路的环路放大倍数 $\dot{A}\dot{F}$ 很大时，反馈到输入回路的反馈信号与输入信号相接近，净输入信号变得很小，此即深度负反馈情况。判断反馈极性的方法是瞬时极性法。

在电路中若引入正反馈，会带来电路不稳定，性能指标变差，以致不能正常工作等问题，所以放大电路中一般避免引入正反馈。

如果电路能对直流信号形成闭环，则电路中存在直流反馈，若为负反馈，则可以稳定位于反馈环中所有三极管的 Q 点，反馈越深，Q 点就越稳定。若为正反馈，则电路不能工作在放大区。

电路中往往交流反馈、直流反馈共存，直流负反馈用来稳定 Q 点，交流负反馈用来改善电路的动态性能。

交流负反馈有四种组态：电压串联负反馈、电流串联负反馈、电压并联负反馈、电流并联负反馈。组态不同，对电路性能的改善也有不同的侧重。

（3）引入交流负反馈后，可以提高放大电路的放大倍数稳定性，展宽通频带，减小非线性失真和抑制干扰，并改变电路的输入电阻和输出电阻等。性能的改善程度与反馈深度

$|1+\dot{A}\dot{F}|$有关，通常负反馈越深即$|1+\dot{A}\dot{F}|$越大，上述各项性能改善越显著，但放大倍数降低得也越多。

当在电路中分别引入上面提到的四种反馈组态时，将分别使电路的闭环电压、闭环互导、闭环互阻和闭环电流增益稳定性得到提高。而引入电压负反馈，可以稳定输出电压，使电路的闭环输出电阻减小；引入电流负反馈，则可以稳定输出电流，使电路输出回路的恒流特性更好。在输入回路，串联负反馈使得输入电流减小，输入电阻增大；而并联负反馈则相反。

（4）负反馈放大电路的分析计算根据具体情况可采取不同的方法。若为简单的负反馈放大电路，如单级工作点稳定电路、射极输出器等，可利用微变等效电路法分析计算。若为复杂的负反馈放大电路，因为比较容易满足$|1+\dot{A}\dot{F}|\gg1$的条件，所以可按深度负反馈近似计算。

（5）引入负反馈虽然能改善放大电路的性能。但由于放大电路和反馈网络有附加相移，在一定条件下，负反馈可能转化为正反馈，甚至产生自激振荡。经常采用的解决办法是相位补偿法，即在放大电路或反馈网络中接入补偿网络。其指导思想是改变$\dot{A}\dot{F}$的频率特性，使其在可能产生自激的频率上，不能同时满足自激的幅值条件和相位条件。本章主要介绍了消除高频自激的电容补偿法和阻容补偿法两种方法，前者使通频带变窄，后者比前者有较宽的通频带。

习　题

5.1　试思考：怎样分析电路中是否存在反馈？存在反馈的情况下，是否任何情况下反馈都起作用？

5.2　试分别分析图 5.28 所示的各放大电路，并回答下列问题：

（1）反馈网络由哪些元件组成？

（2）电路中的反馈是正反馈还是负反馈？

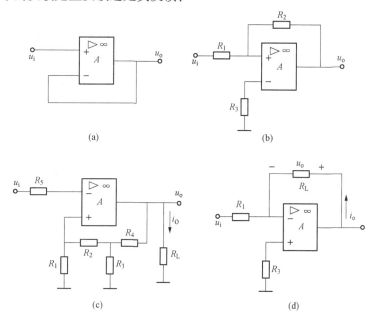

图 5.28　题 5.2 图

5.3　在图 5.29 所示放大电路中，分别说明有无反馈（整体反馈）？若有反馈则由哪些元件组成反馈网络，是交流反馈还是直流反馈？

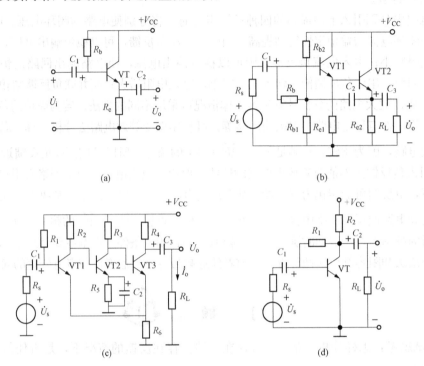

图 5.29　题 5.3 图

5.4　在图 5.29 所示放大电路中若有交流反馈，用瞬时极性法判断其反馈的极性。

5.5　在图 5.29 所示的放大电路中若反馈的极性是负反馈，试判断其反馈类型（组态），并估算反馈系数。

5.6　在图 5.28 所示各放大电路中若反馈极性是负反馈则该反馈放大电路属于哪种组态？有哪些电路能稳定输出电流？有哪些电路能稳定输出电压？

5.7　试分别判断图 5.30 所示电路中的反馈组态并说明反馈网络由哪些元件组成，估算其反馈系数。

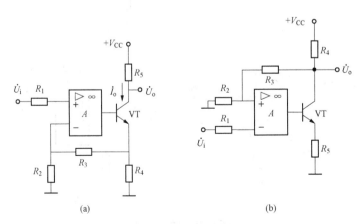

图 5.30　题 5.7 图

5.8　已知反馈放大电路如图 5.31 所示，试说明电路中有哪些反馈（包括级间反馈和局部反馈）并说明各反馈主要作用是什么？

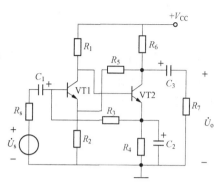

图 5.31　题 5.8 图

5.9　在下列各项中选择填空（A. 直流负反馈；B. 交流负反馈；C. 交流正反馈；D. 直流正反馈）

在放大电路中，为了稳定静态工作点，可以引入（　）；若要稳定放大倍数，应引入（　）；某些情况下，为了提高放大倍数可适当引入（　）；若希望展宽通频带，可以引入（　）；如果要改变输入电阻或输出电阻，应引入（　）。

5.10　已知某反馈放大电路中 $|\dot{A}|=1200$，$|\dot{F}|=0.01$。试回答下列问题：

（1）其闭环放大倍数 $|\dot{A}_f|$ 是多少？

（2）如果 $|\dot{A}|$ 发生 $\pm20\%$ 的变化，则 $|\dot{A}_f|$ 的相对变化量是多少？

（3）如果 $|\dot{A}|$ 变化 $\pm20\%$ 时，要求 $|\dot{A}_f|$ 的相对变化量不超过 $\pm1\%$ 且 $|\dot{A}_f|$ 为 100，$|\dot{A}|$ 至少应选多大？此时反馈系数 $|\dot{F}|$ 应选多少？

5.11　若图 5.30 所示的各放大电路满足深度负反馈条件，试估算其闭环电压放大倍数。

5.12　试估算图 5.31 所示电路的电压放大倍数，写出其表达式。

5.13　已知电路如图 5.32 所示，试完成：

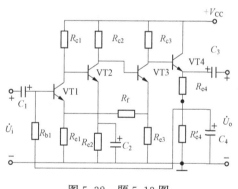

图 5.32　题 5.13 图

组态并估算电路的电压放大倍数。

（1）分析电路中共有几路级间反馈，分别说明各路反馈的极性和交直流性质，若为交流负反馈分析其反馈组态。

（2）分别说明上述反馈对放大电路产生何种影响。

（3）估算电路的电压放大倍数，写出其表达式。

5.14　已知理想运放组成电路如图 5.33 所示，试分别判断各电路中反馈的极性，并说明反馈网络由哪些元器件组成。若为负反馈则判断其

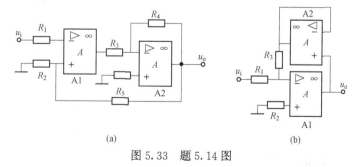

(a)　　　　　(b)

图 5.33　题 5.14 图

5.15　电路如图 5.34 所示，若要求达到以下效果，分别应该怎样引入负反馈？

（1）静态时，电路元件参数的改变对输出直流电压 U_o 影响较小。

（2）动态时，要求 $\dot{I}_{c3} \approx \dot{I}_{e3}$ 的值基本不受变化的影响。

（3）接上负载电阻 R_L 后，电压放大倍数基本不变。

5.16　试判断图 5.35 所示电路的反馈组态，若满足深度负反馈条件，试估算其闭环电压放大倍数。若要将该电路改接为电压并联负反馈试画出电路图（不增减元件）。

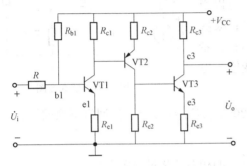 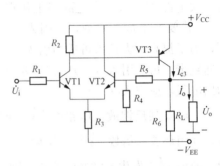

图 5.34　题 5.15 图　　　　　　　　　图 5.35　题 5.16 图

5.17　填空题：

（1）对于串联负反馈电路，为增强反馈作用应使信号源内阻（　　　）。

（2）对于并联负反馈电路，为增强反馈作用应使信号源内阻（　　　）。

（3）对于电压负反馈电路，为增强反馈作用应使负载电阻（　　　）。

（4）对于电流负反馈电路，为增强反馈作用应使负载电阻（　　　）。

5.18　已知理想运放组成的反馈放大电路如图 5.36 所示，判断电路的组态并估算电路的电压放大倍数，说明反馈网络由哪些元器件组成。如果要使反馈为并联的方式，则电路应作怎样的变动？画出电路图。估算变动之后电路的电压放大倍数。

5.19　已知电路如图 5.37 所示，当 $\dot{U}_i = 0$ 时，$\dot{U}_o = 0$。

（1）判断开关 S 分别接通 c_1、c_2 时，电路中反馈的极性，若是负反馈，判别反馈的组态。

（2）如果将电阻 R_f 从 b_1 端改接到 b_2 端，重复上述分析内容。

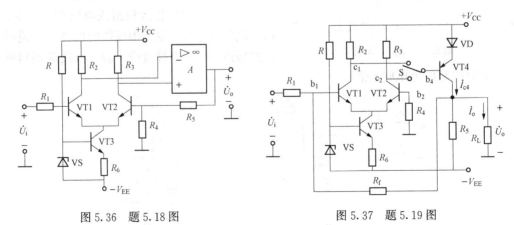

图 5.36　题 5.18 图　　　　　　　　　图 5.37　题 5.19 图

5.20　反馈放大电路中的负反馈在什么条件下可变为正反馈？

5.21　理想运放构成的电路如图 5.38 所示。试完成：

（1）判断该电路的反馈极性及类型。

（2）写出电路的电压放大倍数 $A_{uf} = \dfrac{u_o}{u_i}$ 的表达式。

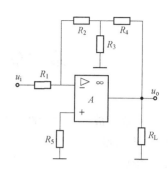

图 5.38 题 5.21 图

5.22 已知某负反馈放大电路的回路增益为

$$\dot{A}\dot{F} = \frac{10^2}{\left(1+\mathrm{j}\dfrac{f}{f_1}\right)\left(1+\mathrm{j}\dfrac{f}{f_2}\right)\left(1+\mathrm{j}\dfrac{f}{f_3}\right)}$$

式中，$f_1 = 10\mathrm{kHz}$，$f_2 = 100\mathrm{kHz}$，$f_3 = 1000\mathrm{kHz}$。试完成：

（1）画出其幅频渐近波特图。

（2）判别该反馈放大电路的稳定性。

第六章　集成运算放大器的线性应用

集成运放的传输特性曲线包括线性区与非线性区。本章主要讨论集成运放工作在线性区的情况，此时电路一般加有深度负反馈。根据第五章深负反馈净输入近似为零的结论，在定量分析集成运放线性电路时，始终将"虚短"和"虚断"作为基本出发点。详细介绍由集成运放组成的模拟信号运算电路，包括比例电路、求和电路、积分和微分电路、对数和指数（反对数）电路、乘法和除法电路；简要介绍集成模拟乘法器与信号处理电路中的有源滤波电路。

第一节　基本运算电路

一、比例运算电路

顾名思义，比例运算电路的输出电压与输入电压之间是比例关系，是最基本的运算电路，也是其他运算电路的基础。随后介绍的求和电路、积分和微分电路、对数和指数电路等，都是在比例电路的基础上，加以扩展或演变得到的。

比例运算电路有反相输入、同相输入和差动输入三种基本形式。

1. 反相比例运算电路

基本反相比例运算电路如图 6.1 所示，图中输入电压 u_i 经电阻 R_1 加到集成运放的反相输入端，同相输入端经电阻 R_2 接地，输出电压 u_o 经 R_f 接回到反相输入端。由于集成运放的第一级为差分放大电路，运放的两个输入端实际是两个差分对管的基极。为使差放电路的参数尽可能保持对称，应使两个差分对管基极对地的电阻尽量一致。因此，电阻 R_2 的阻值一般取 R_1 // R_f，使得同相端与反相端向外看出的等效电阻应一致，以免静态基极电流流过这两个等效电阻时，在运放的输入端产生附加的偏差电压。

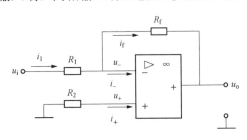

图 6.1　反相比例运算电路

由于理想运放的线性应用电路是深度负反馈，电路的净输入电压和净输入电流均为零，因此：

（1）$u_+ = u_-$，运放的反相输入端与同相输入端两点的电位相等，称为"虚短"；

（2）$i_+ = i_- = 0$，运放的反相输入端与同相输入端的电流为零，称为"虚断"。

特别地，由于 $i_+ = 0$，故 R_2 上没有压降，则 $u_+ = 0$。又因为 $u_+ = u_-$，因此 $u_- = 0$，称为反相输入端"虚地"。"虚地"是反相比例运算电路一个特有的性质。

由"虚断"可得 $i_1 = i_f$，根据基尔霍夫电流定律，$u_i - 0 = i_1 R_1$，$0 - u_o = i_f R_f$，即 $i_1 = \dfrac{u_i}{R_1}$，$i_F = -\dfrac{u_o}{R_f}$，得到反相比例运算电路的输出电压与输入电压的关系为

$$u_o = -\frac{R_f}{R_1} u_i \tag{6.1}$$

由于反相输入端"虚地"，显然电路的输入电阻 $R_i = R_1$。

综上所述，反相比例运算电路有如下几个特点：

（1）输出电压与输入电压反相，二者的比值为 $-R_f/R_1$，与其他电路参数无关。当 $R_f = R_1$ 时，$u_o = -u_i$，称为反相器。

（2）输入电阻 $R_i = R_1$，只取决于 R_1，一般情况下反相比例运算电路的输入电阻比较低。

（3）电路引入了电压负反馈，因而输出电阻 R_o 很低。

（4）由于同相输入端接地，反相输入端为"虚地"，因此反相比例运算电路没有共模输入信号，故对运放的共模抑制比要求相对比较低。

需要注意的是，集成运放的线性应用电路一般均为深度负反馈电路。这是因为理想集成运放的开环放大倍数 A 为无穷大，实际运放至少有数十万，而 F 通常是千分之几到几分之一，满足深度负反馈电路的判断条件 $AF \gg 1$。从深负反馈的角度分析反向比例电路可以得出与式（6.1）相同的结果。由第五章的知识容易判断出，反相比例运算电路为电压并联负反馈，有 $i_- = i_1 - i_f$ 成立。根据电压并联负反馈的电路特征，输入信号为 i_1，输出信号为 u_o，反馈信号为 i_f，反馈系数 $F = \dfrac{i_f}{u_o} = -\dfrac{1}{R_f}$，闭环放大倍数 $A_f = \dfrac{u_o}{i_1} = \dfrac{1}{F} = -R_f$，再将 $i_1 = \dfrac{u_i}{R_1}$ 代入，也可得出 $u_o = -\dfrac{R_f}{R_1} u_i$。

2. 同相比例运算电路

将反相比例运算电路的输入信号与接地端互换，即从同相端输入信号，就构成了同相比例运算电路，如图 6.2 所示。

根据"虚短"可得 $u_- = u_+$，根据"虚断"，$u_+ = u_i$，$u_- = \dfrac{R_1}{R_1 + R_f} u_o$，最终得到同相比例运算电路输出电压与输入电压的关系为

$$u_i = \left(1 + \frac{R_f}{R_1}\right) u_i \qquad (6.2)$$

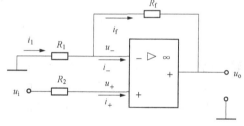

图 6.2　同相比例运算电路

综上所述，同相比例运算电路有如下几个特点：

（1）输出电压与输入电压同相，电压放大倍数 $A_u = \dfrac{u_o}{u_i} = \left(1 + \dfrac{R_f}{R_1}\right) \geqslant 1$，与其他电路参数无关。当 $R_1 = \infty$（开路）或 $R_f = 0$（短路）时，$u_o = u_i$，即输出电压与输入电压幅度相等、相位相同，称为电压跟随器，又称为同相跟随器，如图 6.3 所示。

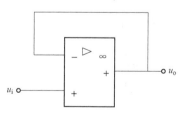

图 6.3　电压跟随器

（2）输入电阻很大。由图 6.2 可知输入电阻取决于运放本身的输入电阻 R_{id}，而 R_{id} 是很大的，并且串联负反馈电路会进一步提高输入电阻。

（3）由于 $u_+ = u_- = u_i$，因此同相比例运算电路输入端本身加有共模输入电压 $u_{ic} = u_i$，对运放的共模抑制比相对要求高。

（4）同样电路引入的是电压负反馈，输出电阻 R_o 很低。

同样，从深度负反馈的角度也可以得出相同的结论：

由第五章的知识容易判断出同相比例运算电路为电压串联负反馈。输入信号为 u_i，输出信号为 u_o，反馈信号等于 u_-，反馈系数 $F=\dfrac{u_-}{u_o}$，根据分压关系 $\dfrac{u_-}{u_o}=R_1/(R_1+R_f)$，闭环放大倍数 $A_f=\dfrac{u_o}{u_i}=\dfrac{1}{F}=1+\dfrac{R_f}{R_1}$，与式（6.2）相吻合。

3. 差分比例运算电路

差分比例运算电路如图 6.4 所示，输入电压 u_{i1} 和 u_{i2} 分别加在集成运放的反相输入端和同相输入端。

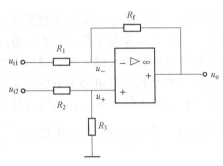

图 6.4　差分比例运算电路

应用叠加定理可知

$$u_o=-\frac{R_f}{R_1}u_{i1}+\left(1+\frac{R_f}{R_1}\right)u_+$$

利用同相输入端"虚断"，$u_+=\dfrac{R_3}{R_2+R_3}u_{i2}$，最终得到

$$u_o=-\frac{R_f}{R_1}u_{i1}+\left(1+\frac{R_f}{R_1}\right)\left(\frac{R_3}{R_2+R_3}\right)u_{i2}$$

特殊地，当 $R_1=R_2$，$R_f=R_3$（实际也是集成运放输入端的平衡条件）时，差分比例运算电路输出与输入的关系为

$$u_o=\frac{R_f}{R_1}(u_{i2}-u_{i1}) \tag{6.3}$$

电路的输出电压与两个输入电压之差成正比，实现了差分比例运算。

在满足上述平衡条件时，由输入的共模部分和运放的偏置电流引起的误差同时被消除，而输出电压 u_o 只与输入的差模部分（$u_{i2}-u_{i1}$）有关。电路的差模输入电阻为 $R_i=2R_1$。

差分比例运算电路的缺点是对元件的对称性要求较高，外接电阻要求精密匹配，即使选用误差为 $\pm 0.1\%$ 的电阻，通常也不能满足要求。在要求改变运算关系时，又必须同时选配两对高精密电阻，非常不方便。电路的另一个缺点是输入电阻不够高。

4. 比例电路应用实例

【例 6.1】　试求图 6.5（a）所示反相输入的 U-I 变换电路中，流过负载的电流 i_L。

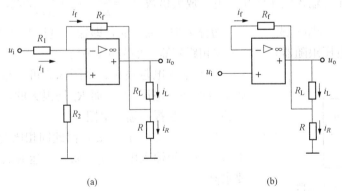

(a)　　　　　　　　　(b)

图 6.5　电压—电流变换电路

(a) U-I 变换电路；(b) 提高输入电阻后

解： 利用"虚短"和"虚断"分析法，有

$$i_1 = i_f = \frac{u_i}{R_1}$$

$$-i_f R_f = i_R R$$

$$i_R = -\frac{R_f}{R} i_f$$

又因为 $i_L = i_R - i_f = -i_f \left(1 + \frac{R_f}{R}\right)$，可得

$$i_L = -\frac{u_i}{R_1}\left(1 + \frac{R_f}{R}\right) \tag{6.4}$$

即负载电流 i_L 与输入电压 u_i 成比例，而与负载电阻 R_L 无关，所以是一个恒流源。上述电路信号从反相端输入，所以输入电阻很小。为了提高输入电阻可以改用图 6.5（b）所示的同相输入 $U\text{-}I$ 变换电路。

利用"虚短"和"虚断"条件，即 $i_F = 0$、$u_i = u_- = u_+ = u_R$ 可得

$$i_L = i_R = \frac{u_i}{R} \tag{6.5}$$

【例 6.2】 计算图 6.6 所示 T 形反馈网络的电压放大倍数。

解： 根据"虚短"与"虚断" $u_- = u_+ = 0$，$i_1 = i_2$，那么 $u_i = i_1 R_1 = i_2 R_1$。根据电路连接，$u_o = -(i_2 R_2 + i_3 R_3)$，并且 $i_3 = i_2 + i_4$；T 形网络中点 M 的电位 $u_m = -i_2 R_2 = -i_4 R_4$，可得 $i_4 = \frac{R_2}{R_4} i_2$，代入 u_o 的表达式，可得

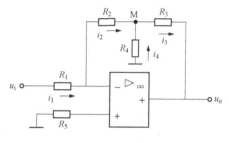

图 6.6　T 形反馈网络电路

$$u_o = [i_2 + (i_2 + i_4)R_3] = -i_2\left(R_2 + R_3 + \frac{R_2 R_3}{R_4}\right)$$

则 T 形反馈网络电路的电压放大倍数为

$$A_u = \frac{u_o}{u_i} = -\frac{R_2 + R_3 + \dfrac{R_2 R_3}{R_4}}{R_1} \tag{6.6}$$

可见，此电路的输出电压与输入电压之间同样存在反相比例运算关系。

T 形反馈网络反相比例运算电路与基本反相比例运算电路相比，更容易获得大的电压放大倍数。在基本反相比例运算电路中，由于反相输入端"虚地"，因此电路的输入电阻为 $R_i = R_1$。一般情况下，R_1 受到其他条件限制不能很小，如果想获得大的电压放大倍数，根据式（6.1）需要大的反馈电阻 R_f。然而，大阻值的电阻一方面不容易制造，另一方面精度也很难达到要求，因此基本反相比例运算电路的放大倍数通常较小。而对于放大倍数如式（6.6）所示的 T 形反馈网络反相比例运算电路，即使 R_1 选得较大，R_2、R_3、R_4 的值较小，也可以使 $R_2 R_3$ 与 R_4 的比值较大，不会出现需要大电阻值的情况。

二、加法电路

加法电路的输出量是多个输入量的和，用运放实现加法运算时，可以采用反相输入方式，也可以采用同相输入方式。

1. 反相输入加法电路

三输入反相加法电路如图 6.7 所示，可以看出是由反相比例运算电路扩展得到的。

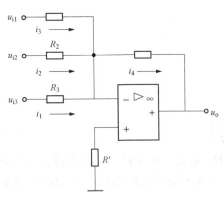

根据"虚断"，有 $i_1+i_2+i_3=i_4$；再因反相输入端"虚地"，即

$$\frac{u_{i1}}{R_1}+\frac{u_{i2}}{R_2}+\frac{u_{i3}}{R_3}=-\frac{u_o}{R_f}$$

因此，输出电压 u_o 与输入电压 u_{i1}、u_{i2}、u_{i3} 之间的关系为（或根据叠加定理直接得出）

$$u_o=-\left(\frac{R_f}{R_1}u_{i1}+\frac{R_f}{R_2}u_{i2}+\frac{R_f}{R_3}u_{i3}\right) \quad (6.7)$$

依照同样的原则可以将反相加法电路的输入端扩充到三个以上，电路分析方法不变。

图 6.7 反相输入加法电路

在这种反相加法电路中，改变与某一个输入信号相连的电阻（R_1 或 R_2 或 R_3）并不影响其他输入电压与输出电压的比例关系，因此调节方便。从同相端与反相端外接电阻必须平衡的条件出发，同相输入端电阻 R' 的阻值应为 $R'=R_1//R_2//R_3//R_f$。

2. 同相输入加法电路

同相输入加法电路是同相比例运算电路的扩展，仍以三个输入信号相加为例，运算电路如图 6.8 所示。根据同相比例电路的输入、输出关系，有

$$u_o=\left(1+\frac{R_f}{R_1}\right)u_+ \quad (6.8)$$

利用叠加定理，得

$$u_+=\frac{R_2'//R_3'//R'}{R_1'+(R_2'//R_3'//R')}u_{i1}+\frac{R_1'//R_3'//R'}{R_2'+(R_1'//R_3'//R')}u_{i2}+\frac{R_1'//R_2'//R'}{R_3'+(R_1'//(R_1'//R_2'//R'))}u_{i3}$$

整理得

$$u_+=\frac{R_+}{R_1'}u_{i1}+\frac{R_+}{R_2'}u_{i2}+\frac{R_+}{R_3'}u_{i3}$$

式中，$R_+=R_1'//R_2'//R_3'//R'$，为同相端与地之间向外看出的等效电阻。代入式（6.8）中得到输出电压为

$$u_o=\left(1+\frac{R_f}{R_1}\right)\left(\frac{R_+}{R_1'}u_{i1}+\frac{R_+}{R_2'}u_{i2}+\frac{R_+}{R_3'}u_{i3}\right) \quad (6.9)$$

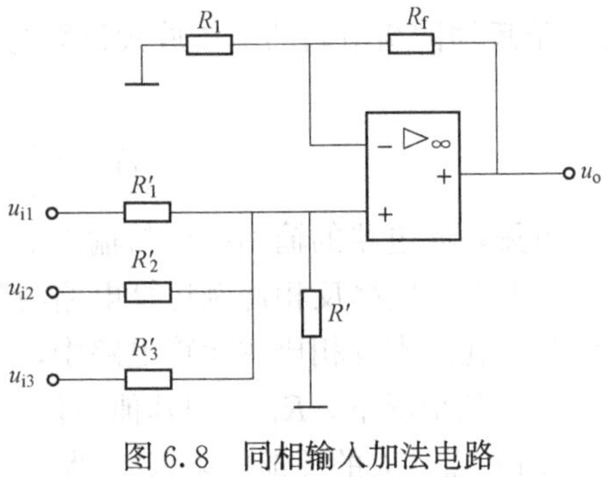

图 6.8 同相输入加法电路

令 $R_-=R_1//R_f=\frac{R_1R_f}{R_1+R_f}$，为反相端与地之间向外看出的等效电阻，则式（6.9）变为

$$u_o=\frac{R_+}{R_-}\left(\frac{R_f}{R_1}u_{i1}+\frac{R_f}{R_2}u_{i2}+\frac{R_f}{R_3}u_{i3}\right)$$

根据输入端外接电阻应该平衡的要求，有 $R_-=R_+$，即当 $R_1'//R_2'//R_3'//R'=R_1//R_f$ 时有

$$u_o=\frac{R_f}{R_1}u_{i1}+\frac{R_f}{R_2}u_{i2}+\frac{R_f}{R_3}u_{i3} \quad (6.10)$$

式（6.10）与反相输入加法电路式（6.7）形式上相似，只差一个负号。但式（6.10）是在

$R_-=R_+$ 的条件下得出的，而 R_+ 与各输入回路的电阻都有关系，因此当改变某一回路的电阻值时，其他各路电压的关系也将随之改变。所以在外接电阻的选配上，即要考虑各个运算比例系数的关系，又要使外接电阻平衡，计算和调节都比较麻烦，不如反相输入的加法电路方便。另外由于不存在"虚地"，运放的共模输入电压为 $u_c=u_+=u_-$，运放承受的共模输入电压比较高。在实际应用中，同相输入加法电路不如反相输入加法电路的应用广泛。

三、减法电路

要实现减法运算，可以有两种方案：一种是将输入信号其中的一个反相，然后再用加法电路相加，这种方案需要两级运算电路；另一种是应用差动输入运算电路直接相减。

1. 由两级运放组成的减法运算电路

图 6.9 所示为由两级运放组成的反相输入减法电路。第一级为反相比例运算电路，根据式（6.1）有

$$u_{o1}=-\frac{R_{f1}}{R_1}u_{i1}$$

第二级为反相输入加法电路，根据叠加定理，u_{o1} 对 u_o 的贡献为 $-\frac{R_{f2}}{R_2}u_{o1}$，$u_{i2}$ 对 u_o 的贡献为 $-\frac{R_{f2}}{R_3}u_{i2}$，将二者相加得到

$$u_o=-\left(\frac{R_{f2}}{R_2}u_{o1}+\frac{R_{f2}}{R_3}u_{i2}\right)$$

最后得到 u_o 与各输入电压间的关系为

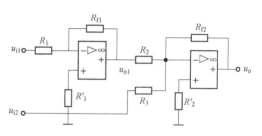

图 6.9　反相输入减法运算电路

$$u_o=\frac{R_{f1}R_{f2}}{R_1R_2}u_{i1}-\frac{R_{f2}}{R_3}u_{i2}$$

取 $R_{f1}=R_1$，进一步简化为

$$u_o=\frac{R_{f2}}{R_2}u_{i1}-\frac{R_{f2}}{R_3}u_{i2} \tag{6.11}$$

反相输入减法电路的特点是反相输入端为"虚地"，因此对运放的共模抑制比要求低，同时各电阻值的计算和调整方便，但输入电阻较低。另一种减法电路为同相输入减法电路如图 6.10 所示。

由图 6.10 可得

$$u_o=\left(1+\frac{R_2}{R_1}\right)\left(-\frac{R_4}{R_3}\right)u_{i1}+\left(1+\frac{R_4}{R_3}\right)u_{i2} \tag{6.12}$$

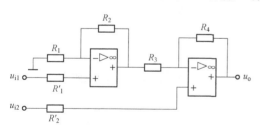

图 6.10　同相输入减法电路

因此，后级运放相当于差分输入比例运算电路。

将输入信号 u_{i1} 和 u_{i2} 分为差模部分 u_{id} 和共模部分 u_{ic}，即 $u_{id}=\frac{1}{2}(u_{i1}-u_{i2})$，$u_{ic}=\frac{1}{2}(u_{i1}+u_{i2})$，推导得到 $u_{i1}=u_{id}+u_{ic}$，$u_{i2}=-u_{id}+u_{ic}$，代入式（6.12）得

$$u_o=\left[\left(1+\frac{R_2}{R_1}\right)\left(-\frac{R_4}{R_3}\right)+\left(1+\frac{R_4}{R_3}\right)\right]u_{ic}+\left[\left(1+\frac{R_2}{R_1}\right)\left(-\frac{R_4}{R_3}\right)-\left(1+\frac{R_4}{R_3}\right)\right]u_{id}$$

为了抑制共模部分，必须使

$$\left(1+\frac{R_2}{R_1}\right)\left(-\frac{R_4}{R_3}\right)+\left(1+\frac{R_4}{R_3}\right)=0$$

即

$$\frac{R_2}{R_1}=\frac{R_3}{R_4}$$

取 $R_2=R_3$，$R_1=R_4$，代入式（6.12）得

$$u_o=\left(1+\frac{R_4}{R_3}\right)(u_{i2}-u_{i1}) \tag{6.13}$$

该电路两级均采用了同相比例运算电路，因此具有很高的输入电阻。此外，为了提高电路对共模信号的抑制能力，应严格选配电阻。

2. 利用差分输入的减法电路

利用差分输入的减法电路如图 6.11 所示，利用叠加定理可以很方便地求出输出与输入间的关系。

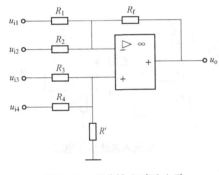

图 6.11 差分输入减法电路

令同相端输入信号为零，得

$$u_{o1}=-\left(\frac{R_f}{R_1}u_{i1}+\frac{R_f}{R_2}u_{i2}\right)$$

再令反相端输入信号为零，得

$$u_{o2}=\frac{R_+}{R_-}\left(\frac{R_f}{R_3}u_{i3}+\frac{R_f}{R_4}u_{i4}\right)$$

其中 $R_+=R_3 /\!/ R_4 /\!/ R'$，$R_-=R_1 /\!/ R_2 /\!/ R_f$

在外接电阻平衡 $R_+=R_-$ 的条件下有

$$u_o=u_{o1}+u_{o2}=\left(\frac{R_f}{R_3}u_{i3}+\frac{R_f}{R_4}u_{i4}-\frac{R_f}{R_1}u_{i1}-\frac{R_f}{R_2}u_{i2}\right)$$

$$\tag{6.14}$$

本电路由于是差分输入，故电路中没有虚地点，电路输入端存在共模电压，应选用共模抑制比较高的运放。

第二节　积分与微分运算电路

一、积分电路

积分电路如图 6.12 所示，图中用电容 C 替代了反相比例运算电路中的电阻 R_f。

根据"虚断"，$i_i=i_C$，而电容 C 的电流与电压的关系为 $i_C=C\dfrac{du_c}{dt}$，那么有

$$\frac{u_i}{R_1}=C\frac{du_C}{dt}=-C\frac{du_o}{dt}$$

即

$$u_o=-\frac{1}{RC}\int_{t_0}^{t}u_i dt+u_o\mid_{t=t_0} \tag{6.15}$$

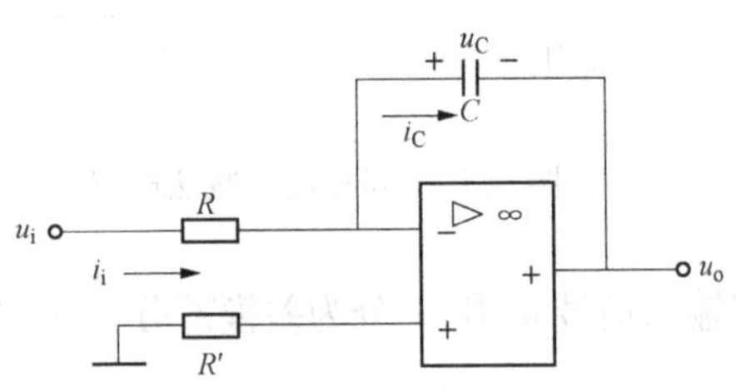

图 6.12　积分电路

式中：RC 称为**积分时间常数**，用符号 τ 表示，即 $\tau=RC$；$u_0(t_0)$ 为积分开始时电容上充的初始电压值。若积分开始前，电容上的初始电压为

零，即 $u_o(t_0)=0$，则

$$u_o = -\frac{1}{\tau}\int_0^t u_i \mathrm{d}t \tag{6.16}$$

积分电路的输出电压是输入电压的积分，除了进行积分运算外，很多时候还用于波形的变换。例如，输入信号为一个矩形波电压，如图 6.13 所示，根据式 (6.15)，有：

(1) 当 $t \leqslant t_0$ 时，$u_i=0$，故 $u_o=0$。

(2) 当 $t_0 < t \leqslant t_1$ 时，$u_i=U_i$ 恒定，$u_o = -\frac{1}{RC}\int u_i \mathrm{d}t = -\frac{U_i}{RC}(t-t_0)$，此时 u_o 将随时间而向负方向线性增长，增长的速率与输入电压的幅值 U_i 成正比，与积分时间常数 RC 成反比。

(3) 当 $t > t_1$ 时，$u_i=0$，u_o 理论上将保持 $t=t_0$ 时的输出电压值不变，如图 6.13 中实线所示。然而在实际电路中，由于电容 C 存在漏电等原因，u_o 并不能保持在 $t=t_0$ 时的输出电压值不变，而是将按图 6.13 中虚线下降。积分电容器 C 漏电是积分误差的主要原因之一。

积分电路是一种应用比较广泛的模拟信号运算电路。它可实现积分运算，是组成模拟计算机的基本单元，用以实现对微分方程的模拟。积分电路在控制和测量系统中也是常用的重要单元，利用其充放电过程可以实现延时、定时。积分电路可以应用在模—数转换电路中，将电压量转换为与之成正比例的时间量；也可以应用在波形变换电路中，以实现各种波形的产生及变换，以及对正弦输入信号进行移相。

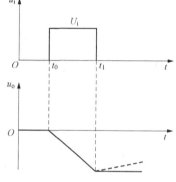

图 6.13　矩形波输入积分电路波形

二、微分电路

微分是积分的逆运算。将积分电路中 R 与 C 的位置互换，并选取比较小的时间常数 RC，即可组成基本微分电路，如图 6.14 所示。

根据"虚短"和"虚断"，$i_C=i_R$，则有

$$u_o = -i_R R = -i_C R = -RC\frac{\mathrm{d}u_C}{\mathrm{d}t} = -RC\frac{\mathrm{d}u_o}{\mathrm{d}t} \tag{6.17}$$

因此，输出电压是输入电压的微分。

微分电路可以实现波形变换，当输入阶跃信号时，输出信号变为尖脉冲，如图 6.15 所示。当输入信号是正弦波时，即 $u_i=U_m\sin\omega t$，则微分电路的输出电压为

$$u_o = -U_m\omega RC\cos\omega t$$

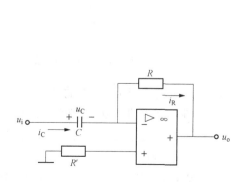

图 6.14　微分电路

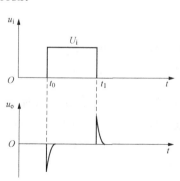

图 6.15　阶跃输入时的输出波形

u_o 成为负的余弦波，波形比 u_i 滞后 $90°$，此时微分电路也实现移相作用。同时，输出电压幅度将随频率的增加而增加。当输入信号频率升高时，电容的容抗减小，放大倍数增大，造成电路对信号中的高频噪声非常敏感，因而输出信号中的噪声成分严重增加，信噪比大大下降。实用的微分电路往往在输入回路中串接一个小阻值电阻，但这将影响微分运算的精准度。

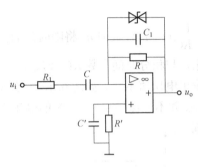

图 6.16　改进的微分电路

微分电路对输入信号将产生相位滞后，它和集成运放中原有的滞后环节共同作用，很容易使电路产生自激振荡，使电路的稳定性变差。

当输入信号发生突变时有可能超过运放允许的共模电压，致使运放"堵塞"，使电路不能正常工作。图 6.16 所示为改进的微分电路。图中，在输入回路中加一个小阻值电阻与电容串联，以限制输入电流；在反馈回路的电阻两端并联双向稳压管，以限制输出电压；在平衡电阻 R' 和反馈回路电阻 R 两端各并联一个小容量电容，起到相位补偿作用。

第三节　对数与指数运算电路

一、对数运算电路

为了实现对数运算，需要有呈现指数关系的器件。半导体 PN 结的电压与电流间存在指数关系，利用半导体二极管可实现对数运算，电路如图 6.17 所示。

二极管的伏安关系可近似为

$$i_D = I_S(e^{\frac{u_D}{U_T}} - 1) \qquad (6.17)$$

式中：I_S 为二极管的反向饱和电流；U_T 为温度的电压当量，在常温（300K）时，$U_T = 26mV$。当 $u_D \gg U_T$ 时，式（6.17）可近似为 $i_D \approx I_S e^{\frac{u_D}{U_T}}$ 或 $u_D \approx U_T \ln \frac{i_D}{I_S}$。

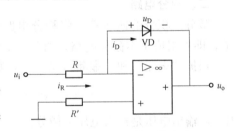

图 6.17　基本对数运算电路

根据"虚短"和"虚断"，$i_R = i_D$，有

$$u_o = -u_D \approx -U_T \ln \frac{i_D}{I_S} = -U_T \ln \frac{i_R}{I_S} = -U_T \ln \frac{u_i}{I_S R} \qquad (6.18)$$

即输出电压与输入电压的对数成正比。

由于二极管本身电流、电压间的关系并不具有严格的指数特性，故上述基本对数运算电路并不精确。特别是在小信号输入时，u_D 值较小，不能满足 $e^{\frac{u_D}{U_T}} \gg 1$ 的条件，因而误差较大。当通过二极管的电流较大时，二极管的伏安特性与指数曲线差别较大，故误差也较大。且式（6.17）中 U_T 和 I_S 都是温度的函数，所以运算精度受温度影响很大。另外输出电压的幅度较小，$|u_o|$ 值等于二极管的正向压降，而且输入信号只能是单方向的。

利用三极管接成二极管的形式接入电路中，可以在比较宽的电流范围内，获得较精确的对数关系，其电路如图 6.18 所示。

为了克服温度变化对 I_S 的影响，可利用两个参数相同的三极管组成对称的电路，在输出电路中相减，即可抵消 I_S 的影响，实现温度补偿；另外，还可采用热敏电阻补偿温度对 U_T 的影响。

二、指数运算电路

指数运算是对数运算的逆运算，因此只需将图 6.17 电路中的电阻 R 与二极管（或图 6.18 中的三极管）互换即可，电路如图 6.19 所示。

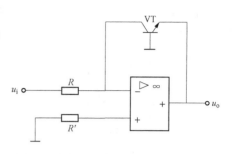

图 6.18　由三极管组成的对数运算电路

当 $u_i > 0$ 时，利用"虚短"和"虚断"

$$i_R = i_1 \approx I_S e^{\frac{u_{BE}}{U_T}} = I_S e^{\frac{u_i}{U_T}}$$

$$u_o = -i_R R = -R I_S e^{\frac{u_i}{U_T}}$$

输出电压正比于输入电压的指数。

与基本对数运算电路相同，基本指数运算电路同样具有输入信号范围较窄、误差大及受温度影响大等缺点，可以采用与对数电路类似的措施加以改进。

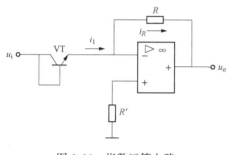

图 6.19　指数运算电路

第四节　乘法和除法运算电路

乘法和除法运算电路可以对两个输入模拟信号实现乘法和除法运算，一种实现方法是利用对数、加法或减法、指数等电路组合而成，另一种实现方法是采用单片集成模拟乘法器，目前应用较多的是后者乘法器。

一、乘法和除法电路

乘法电路的输出信号正比于两个输入信号的乘积，即

$$u_o = u_{i1} u_{i2}$$

等式两边同取对数得

$$\ln u_o = \ln(u_{i1} u_{i2}) = \ln u_{i1} + \ln u_{i2}$$

或

$$u_o = e^{\ln u_{i1} + \ln u_{i2}} \qquad (6.19)$$

因此，式（6.19）可以应用两个对数运算电路，一个加法运算电路和一个指数运算电路来实现。实现这种乘法电路的电路框图如图 6.20 所示。

同理，除法电路的输出信号是两个输入信号相除，即

$$u_o = \frac{u_{i1}}{u_{i2}}$$

等式两边同取对数得

$$\ln u_o = \ln \frac{u_{i1}}{u_{i2}} = \ln u_{i1} - \ln u_{i2}$$

或

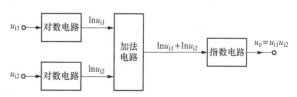

图 6.20　运算电路框图

$$u_o = e^{\ln u_{i1} - \ln u_{i2}} \qquad (6.20)$$

可以看出除法电路与乘法电路的差别仅仅是将加法电路变为减法电路。除法电路的电路框图如图 6.21 所示。

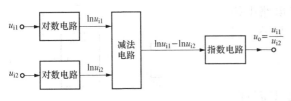

图 6.21　运算电路框图

二、模拟乘法器

1. 集成模拟乘法器

集成模拟乘法器是将乘法运算电路集成在一块单片集成电路中的一种模拟集成电路，应用十分广泛。模拟乘法器输出与输入的关系有两种，分别为

$$u_o = k u_x u_y, \qquad u_o = -k u_x u_y$$

其中，k 为正值。

图 6.22 是常用模拟乘法器的电路符号，图 6.22（a）表示同相乘法器，图 6.22（b）表示反相乘法器，图 6.22（c）为旧符号。

在模拟运算电路中，乘法电路常与集成运放联用。当电源电压为 ±15V 时，模拟乘法器的输入电压最大值一般为 ±10V，其输出最大值一般也为 ±10V，因此常取 $k=0.1$，使 $u_{om} = k u_{xm} u_{ym} = 10V$。在某些应用场合，$k$ 可取任意值。

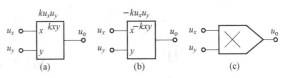

图 6.22　乘法器电路符号
(a) 新符号；(b) 新符号；(c) 旧符号

按输入电压允许的极性分类，模拟乘法器可分为三种：**四象限乘法器**，它的两个输入端电压极性可正可负，或者正负交替；**两象限乘法器**，它只允许两个输入电压之一极性可正可负，另一个输入是单极性的；**单象限乘法器**，两个输入电压都只能是单极性的。

实现乘法运算电路的方法很多，本节主要介绍变跨导式模拟乘法器。这种乘法器具有电路比较简单、容易集成以及工作频率比较高等优点，是一种性能优良的通用型乘法器，实际产品型号有 MC1495/1595、AD534、BG314 等。

变跨导式模拟乘法器是以恒流源式差动放大电路为基础，并采用变跨导的原理而构成的模拟乘法器。图 6.23 为恒流源式差动放大电路，忽略 R 后它的输出电压为

$$u_o = -\frac{\beta R_c}{r_{be}} u_x \tag{6.21}$$

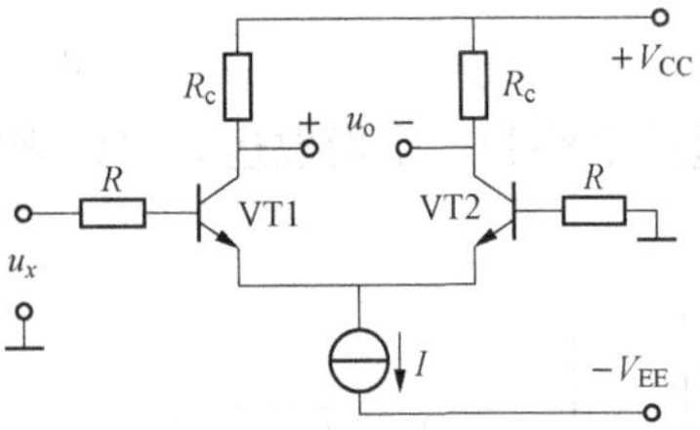

其中

$$r_{be} = r_{bb'} + (1+\beta)\frac{U_T}{I_{EQ}}$$

当静态发射极电流 I_{EQ} 较小，$(1+\beta)\dfrac{U_T}{I_{EQ}} \gg r_{bb'}$ 时，可将 $r_{bb'}$ 忽略。设电路参数对称，则每管的 I_{EQ} 等于恒流源电流的一半，即 $I_{EQ} = \dfrac{1}{2}I$，则 r_{be} 可表示为

$$r_{be} \approx 2(1+\beta)\frac{U_T}{I}$$

图 6.23　恒流源式差动放大电路

代入式（6.21）中，可得

$$u_o \approx -\frac{\beta R_c}{2(1+\beta)U_T} u_x I \approx -\frac{R_c}{2U_T} u_x I \tag{6.22}$$

式（6.22）表明，输出电压正比与输入电压 u_x 与恒流源电流 I 的乘积。

假设恒流源电流 I 受另一个输入电压 u_y 控制，则输出电压将正比于两个输入电压的乘积。如图 6.24 所示。当 $u_y \gg u_{be3}$ 时，恒流源电流为

$$I = \frac{u_y - u_{be3}}{R_e} \approx \frac{u_y}{R_e}$$

即 I 与 u_y 成正比。将 I 代入式（6.22），可得

$$u_o \approx -\frac{R_c}{2R_e U_T} u_x u_y \tag{6.23}$$

实现了乘法运算

在这种电路中，晶体管的跨导 $g_m \approx \dfrac{I_{EQ}}{U_T}$ 不是常数，而随输入电压 u_y 变化，所以称为变跨导式模拟乘法器。

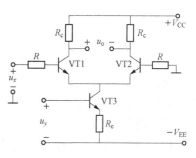

图 6.24 变跨导式乘法器原理电路

上述电路只是变跨导式模拟乘法器的原理性电路，电流 I 只能大于零，u_x 的极性可正可负，u_y 只能是正值，因此是一种两象限的模拟乘法器。它的缺点是 u_x、u_y 的取值范围太小。为了扩大输入信号的变化范围，可用输入信号经过变换后的形式加在差分对管的输入端。另外，为了组成四象限模拟乘法器，可使 u_y 的输入也采用差分输入形式，如双平衡式模拟乘法电路。进一步的分析可参阅有关文献。

2. 模拟乘法器的应用

利用模拟乘法器和运放相结合，再加上各种不同的外接电路，可组成平方、平方根、高次方和高次方根的运算电路。利用模拟乘法器还可组成各种函数发生电路。在通信电路中，模拟乘法器还可用于振幅调制、混频、倍频、同步检波、鉴相、鉴频、自动增益控制等电路中。模拟乘法器的应用十分广泛，下面是常用的一些应用电路。

（1）平方运算。将模拟乘法器的两个输入端接同一个输入信号，可构成平方运算电路，如图 6.25 所示。

输出电压与输入电压的关系为

$$u_o = ku_i^2 \tag{6.24}$$

同理，如果将几个乘法电路串连起来，就可组成高次方运算电路。图 6.26 所示为一个立方运算电路。

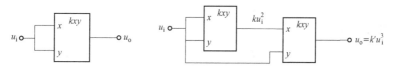

图 6.25 平方运算电路　　　图 6.26 立方运算电路

（2）平方根运算。用模拟乘法器组成的平方根电路如图 6.27 所示。

由图可得 $u_o' = ku_o^2$，根据"虚短"和"虚断"，有

$$\frac{u_i}{R} = -\frac{u_o'}{R} = -k\frac{u_o^2}{R}$$

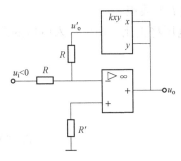

图 6.27　平方根运算电路

$$u_o = \sqrt{-\dfrac{u_i}{k}} \qquad (6.25)$$

由式（6.25）可以看出，u_o 是 $-u_i$ 的平方根。因此要求输入信号 u_i 必须为负值。如果输入信号 u_i 为正，则必须采用反相乘法器。否则电路为正反馈，不能正常工作。

（3）均方根运算电路。对于任意周期信号电压的有效值，即均方根值可以表示为

$$U_i = \sqrt{\overline{u_i^2(t)}} = \sqrt{\lim_{T \to \infty} \frac{1}{T} \int_0^T u_i^2(t)\,dt} \qquad (6.26)$$

式中：T 为取平均的时间间隔。

均方根运算电路可以用图 6.28 所示的框图来实现。由于平均值即是函数的直流分量，故框图中的平均值电路可以用一个集成运放组成的低通滤波器来实现。按上述原理构成的均方根运算电路可以测量任意波形的周期性电压信号，包括噪声电压的有效值。

图 6.28　均方根运算电路框图

（4）除法运算。用模拟乘法器组成的除法运算电路如图 6.29 所示，由图可得

$$u_o' = ku_y u_o$$

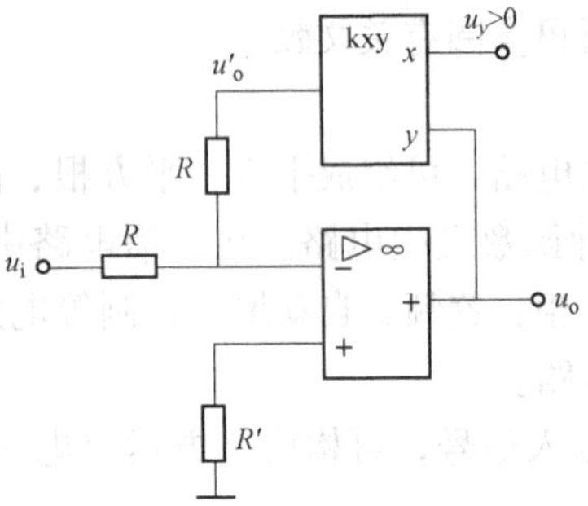

利用"虚短"和"虚断"条件可求得

$$\frac{u_i}{R} = -\frac{u_o'}{R} = -k\frac{u_y u_o}{R}$$

则

$$u_o = -\frac{u_x}{ku_y} \qquad (6.27)$$

即输出电压为两个输入电压相除。

在图 6.29 所示的电路中，为使电路能够稳定工作，必须使 u_o' 的极性与 u_x 的极性相反，否则电路成为正反馈，不能正常工作。为了保证 u_o' 与 u_x 反相，如果电路中使用的是同相乘法器，则 u_y 的极性必须为正。反之，若使用的是反相乘法器，则 u_y 的极性必须为负。但 u_y 的极性可正可负。因此这种电路是二象限乘法器。

图 6.29　除法运算电路

（5）倍频。如果将一个正弦波电压同时接到乘法器的两个输入端，即

$$u_x = u_y = U_m \sin\omega t$$

则乘法器的输出电压为

$$u_o = ku_x u_y = k(U_m \sin\omega t)^2 = \frac{1}{2}U_m^2(1 - \cos 2\omega t) \qquad (6.28)$$

输出电压中包含两部分：一部分是直流分量；另一部分是角频率为 2ω 的余弦电压。可在输出端接一个隔直流电路，如电容即可将直流电压隔离，则输出可得到二倍频的余弦波输出电压，实现了倍频。

（6）电压增益控制。若模拟乘法器的一个输入端接直流控制电压 U_C，另一个输入端接输入信号 u_i，则输出电压为

$$u_o = kU_C u_i$$

此时乘法器相当于一个电压增益为 $A_u = kU_C$ 的放大器，其电压增益 A_u 与控制电压 U_C 成正比，则电路的增益将随直流控制电压的大小而变化，因此是压控增益放大器。

（7）功率测量。将被测电路的电压信号与电流信号（转换为电压信号）分别接到乘法器的两个输入端，则其输出电压即反映了被测信号的功率。

第五节　有源滤波电路

一、滤波电路

1. 滤波电路的功能

在电子电路的输入信号中，一般包含很多频率分量，其中有需要的频率分立，也有不需要的，甚至是对电路的工作有害的频率分量（如高频干扰和噪声）。滤波电路的作用实质上就是"选频"，即容许某一频段的信号顺利通过，而使其余频段的信号尽可能地被抑制或削弱（即被过滤掉）。通常将能够通过滤波电路的信号频率范围叫滤波电路的"通带"（通频带）。在通带内，滤波电路的增益应保持常数。将滤波电路应加以抑制或削弱的信号频率范围叫"阻带"。在阻带内，滤波电路的增益应该为零或很小。

2. 滤波电路的一般分析方法

在滤波电路中，为了将有用的频率段分量分离出来，电路中一般情况下常包含输出量随频率变化的网络，通常它们是 R、C，L、C 元件的串联和并联组合。在分析这种电路时，一般通过"拉普拉式变换"，将电压和电流变换成"象函数" $U(s)$ 和 $I(s)$，而 R、C 等元件的阻抗被变换成"复阻抗"的形式。电阻 R 的复阻抗为 R，电容元件的复阻抗为 $Z_C(s) = \dfrac{1}{sC}$，电感的复阻抗为 $Z_L(s) = sL$。在求得运算电路的传递函数 $A_u(s) = \dfrac{U_o(s)}{U_i(s)}$ 后，应用"拉氏反变换"，就可求得表示输出量与输入量在时间域内的关系的微分方程式。对于实际的频率来说，即输入信号为周期性频率时，$s = j\omega$，用 $j\omega$ 替换 s 可得传递函数的频率特性

$$A(j\omega) = |A(j\omega)| e^{j\varphi(\omega)}$$

式中：$|A(j\omega)|$ 为传递函数的模，$\varphi(\omega)$ 为其相角，通常用幅频特性，即 $|A(j\omega)|$ 随频率的变化关系来表征一个滤波电路的特性。

3. 滤波电路的分类

根据滤波电路工作信号的频率范围，滤波电路可以分为四大类，分别为低通滤波电路、高通滤波电路、带通滤波电路和带阻滤波电路。

低通滤波电路的功能是通过从零至某一上限截止频率 f_H 的低频信号，而对超过 f_H 的所有频率分量全部加以抑制。其带宽 $BW = f_H$。理想的低通滤波电路的幅频特性如图 6.30（a）所示。

高通滤波电路与低通滤波电路的特性相反，高通滤波电路是对某一下限截止频率 f_L 以上的信号频率分量可以通过，f_L 以下的频率分量抑制。幅频特性如图 6.30（b）所示。理论上，高通滤波电路的通频带范围可以到 ∞。实际上由于受器件及电路等的限制，其通频带也是有限的。

带通滤波电路的通带范围是下限频率 f_L 至上限频率 f_H，其余部分为阻带。幅频特性如

图 6.30（c）所示。带宽 $BW=f_H-f_L$，通带中点的频率 f_0 称为"中心频率"。

带阻滤波电路与带通滤波电路相反，其阻带范围为下限频率 f_L 至上限频率 f_H，其余部分为通带。幅频特性如图 6.30（d）所示。带阻滤波电路阻带中点的频率 f_0 为"中心频率"。

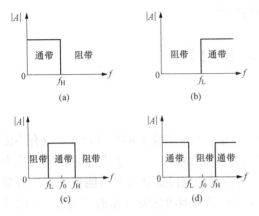

图 6.30 滤波电路的理想幅频特性

（a）低通；（b）高通；（c）带通；（d）带阻

二、有源滤波电路

利用集成运放开环增益高、输入电阻高、输出电阻低等优点，由集成运放与 R、C 元件构成的无源滤波网络组合在一起，即可构成有源滤波电路。它克服了无源滤波网络放大倍数低、带负载能力差以及负载电阻影响通带截止频率等缺点，具有不用电感、体积小、质量轻等优点。但是，集成运放的带宽有限，所以目前有源滤波电路的工作频率约 1MHz 左右，这是它的不足之处。

1. 一阶有源滤波电路

将一级 RC 低通电路的输出端再加上一个运放组成的同相放大器，利用同相放大器输入电阻高，输出端低的特点，可以隔离负载电阻对 RC 电路的影响，增强了带负载能力，也可以有放大作用。即构成了一个简单的一阶有源低通滤波电路，如图 6.31 所示。由图可得

$$U_o(s)=U_+(s)\left(1+\frac{R_f}{R_1}\right) \tag{6.29}$$

而

$$U_+(s)=\frac{\dfrac{1}{sC}}{R+\dfrac{1}{sC}}U_i(s)=\frac{1}{1+sRC}U_i(s) \tag{6.30}$$

由式（6.29）和式（6.30）可得

$$A_u(s)=\frac{U_o(s)}{U_i(s)}=\frac{1}{1+sRC}\left(1+\frac{R_f}{R_1}\right)=\frac{A_{up}}{1+\dfrac{s}{\omega_0}} \tag{6.31}$$

式中：A_{up} 为同相放大器的电压增益，$A_{up}=1+\dfrac{R_f}{R_1}$；$\omega_0$ 是低通电路的上限截止角频率，$\omega_0=\dfrac{1}{RC}$。

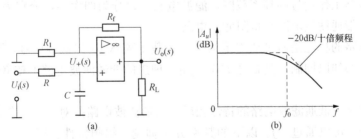

图 6.31 一阶低通有源滤波电路

（a）电路图；（b）对数频率特性

上述有源低通滤波电路的传递函数的分母为 s 的一次幂，故称为一阶滤波电路。对于实

际的频率，将式（6.31）中 s 替换为 $j\omega$，即可得电路的频率特性

$$A_u(j\omega) = \frac{A_{up}}{1+j\dfrac{\omega}{\omega_0}} = \frac{A_{up}}{1+j\dfrac{f}{f_0}} \tag{6.32}$$

图 6.25（b）为此低通滤波电路的幅频特性。将上述有源滤波电路的 R 与 C 互换位置，即可得到一阶高通有源滤波电路。这里不再赘述。

由图 6.25（b）可以看出，一阶滤波电路的滤波特性与理想的滤波电路特性相比，差距很大。在理想情况下，希望 $f > f_0$ 时，电压放大倍数立即降到零，但一阶滤波电路的对数幅频特性只是以 $-20\text{dB}/$十倍频程的缓慢速度下降。

为了使滤波特性更接近于理想情况，可采用高阶滤波电路。二阶可达 $-40\text{dB}/$十倍频程的下降速度，三阶可达 $-60\text{dB}/$十倍频程的下降速度，这样可使滤波电路的特性更接近于理想情况。

2. 二阶有源滤波电路

（1）二阶压控电压源有源低通滤波电路。在一阶低通滤波电路的基础上，再引入一级无源 RC 低通滤波电路，就构成了简单的二阶低通滤波电路，如图 6.32（a）所示。这种电路的缺点是在 $f = f_0$ 附近，幅频特性实际的值与理想特性值之差甚至比一阶滤波电路的还大。为了提高 $f = f_0$ 处的幅频特性的值，可将电容 C_1 的接地点改接到运放的输出端，组成二阶压控电压源低通滤波电路，如图 6.32（b）所示。

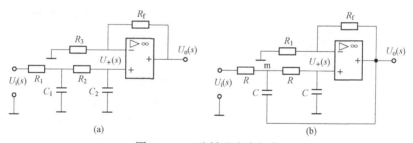

图 6.32　二阶低通滤波电路

（a）简单二阶低通滤波电路；（b）二阶压控电压源低通滤波电路

对于图 6.32（b）中电路，根据"虚短"和"虚断"的特点可得

$$U_+ = U_- = \frac{R_1}{R_1+R_f}U_o = \frac{U_o}{A_{up}} \tag{6.33}$$

式中

$$A_{up} = \frac{R_1+R_f}{R_f} = 1+\frac{R_f}{R_1}$$

设两级 RC 电路的电阻、电容值相等，并设两个电阻 R 之间一点的电位为 U_m，对于电路可列出方程式

$$\frac{U_i(s)-U_m(s)}{R} = \frac{U_m(s)-U_o(s)}{\dfrac{1}{sC}} + \frac{U_m(s)-U_+(s)}{R} \tag{6.34}$$

$$U_+(s) = U_m(s)\frac{\dfrac{1}{sC}}{R+\dfrac{1}{sC}} = U_m(s)\frac{1}{1+sRC} \tag{6.35}$$

联立式（6.33）～式（6.35）可解得

$$A_u(s) = \frac{U_o(s)}{U_i(s)} = \frac{A_{up}}{1 + (3 - A_{up})sRC + s^2 RC + s^2 (RC)^2} \quad (6.36)$$

由于式（6.36）中 $A_u(s)$ 分母含有 s^2，所以这种滤波电路是二阶的。

对于实际的频率，将式（6.36）中 s 替换为 $j\omega$，同时令 $\omega_0 = \dfrac{1}{RC}$，$Q = \dfrac{1}{3 - A_{up}}$ 则

$$\dot{A}_u = \frac{A_{up}}{1 - \left(\dfrac{\omega}{\omega_0}\right)^2 + j\dfrac{1}{Q}\dfrac{\omega}{\omega_0}} = \frac{A_{up}}{1 - \left(\dfrac{f}{f_0}\right)^2 + j\dfrac{1}{Q}\dfrac{f}{f_0}} \quad (6.37)$$

由式（6.37）可知，当 $f = 0$ 时，$A_u = A_{up} = 1 + \dfrac{R_f}{R_1}$，可见二阶低通滤波电路的通带电压放大倍数和截止频率与一阶低通滤波电路相同。

不同 Q 值时，二阶低通滤波电路的幅频特性如图 6.33 所示。由图可见在 f_0 附近幅频增益随 Q 值变化较大，Q 值越大增益越大。Q 的定义类似于谐振回路中的品质因数，故称为"等效品质因数"，而将 $1/Q$ 称为阻尼系数。由图 6.33 可看出，当 $Q = 1$ 时的特性曲线最好，可以获得较好的滤波效果。

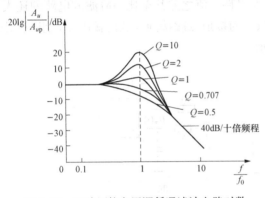

图 6.33　二阶压控电压源低通滤波电路对数
幅频特性

需要注意的是，当 $A_{up} = 3$ 时，Q 趋于无穷大，表示电路将产生自激振荡。为了避免产生振荡，选择电路元件参数时应使 $R_f < 2R_1$。

若要进一步改善滤波特性，可将多个二阶滤波电路串接起来，构成更高阶的滤波电路。

（2）二阶压控电压源有源高通滤波电路。如果将低通滤波电路中起滤波作用的电阻和电容的位置互换，即可组成相应的高通滤波电路，如图 6.34 所示。利用与二阶低通滤波电路类似的分析方法，不难得出其电压放大倍数为

$$\dot{A}_u = \frac{A_{up}}{1 - \left(\dfrac{\omega_0}{\omega}\right)^2 - j\dfrac{1}{Q}\dfrac{\omega_0}{\omega}} = \frac{A_{up}}{1 - \left(\dfrac{f}{f_0}\right)^2 - j\dfrac{1}{Q}\dfrac{f}{f_0}} \quad (6.38)$$

通过对比可看出，高通滤波电路与低通滤波电路的对数幅频特性互为"镜像"关系，如图 6.34（b）所示。

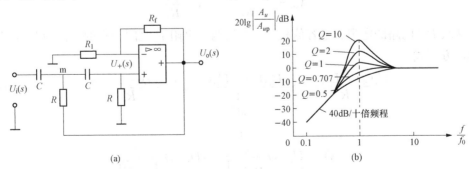

(a)   (b)

图 6.34　二阶高通滤波电路

（a）电路图；（b）对数幅频特性

（3）带通滤波电路。若将低通滤波电路和高通滤波电路串联起来，使得低通滤波电路的上限截止频率 f_2 高于高通滤波电路的下限截止频率 f_1，则其通频带为上述两个滤波电路的重叠部分，即可获得带通滤波电路，如图 6.35 所示。

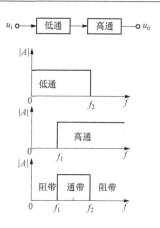

根据以上原理组成的带通滤波电路的典型电路如图 6.36 所示。由图可看出输入端的电阻 R 与电容 C 组成低通电路，另一个电容 C 和电阻 R_2 组成高通电路，二者串联接到运放的同相输入端，其余部分与前述二阶电路相同。

为方便计算，设 $R_2 = 2R$，$R_3 = R$，应用与前面所述二阶低通电路相同的分析法可求得上述带通滤波电路传递函数为

$$A_u(s) = \frac{U_o(s)}{U_i(s)} = \frac{A_{up}sRC}{1 + (3 - A_{up})sRC + s^2(RC)^2} \quad (6.39)$$

图 6.35　带通滤波电路原理示意图

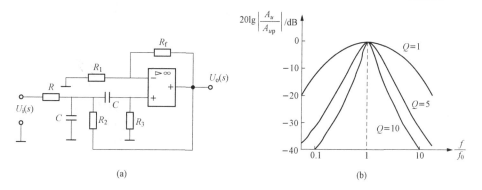

图 6.36　带通滤波电路

(a) 电路图；(b) 对数幅频特性

对于实际的频率，将式（6.39）中的 s 用 $j\omega$ 替代，同时令 $\omega_0 = \dfrac{1}{RC}$，$Q = \dfrac{1}{3 - A_{up}}$，则其电压放大倍数为

$$\dot{A}_u = \frac{\dfrac{A_{up}}{3 - A_{up}}}{1 + jQ\left(\dfrac{\omega}{\omega_0} - \dfrac{\omega_0}{\omega}\right)} = \frac{A_{u0}}{1 + jQ\left(\dfrac{f}{f_0} - \dfrac{f_0}{f}\right)} \quad (6.40)$$

式中，$A_{u0} = \dfrac{A_{up}}{3 - A_{up}}$，其对数幅频响特性如图 6.38 所示。由图可见，Q 值越大，通带越窄。

此外，将 $|\dot{A}_u| = \dfrac{A_{u0}}{\sqrt{2}}$ 时的值代入式（6.40）中可求得其上下限截止频率，从而计算出带通滤波电路的带宽为

$$BW = f_2 - f_1 = (3 - A_{up})f_0 = \left(2 - \frac{R_f}{R_1}\right)f_0 \quad (6.41)$$

由式（6.41）可知，改变 R_f 或 R_1 的阻值可以调节通带宽度，但中心频率 f_0 不变。同时为了避免产生自激振荡，选电阻时应保证 $R_f < 2R_1$。

（4）带阻滤波电路。带阻滤波电路的作用与带通滤波电路的作用相反，即在规定的频带

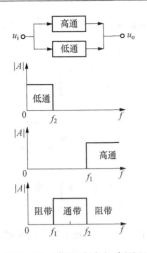

图 6.37　带阻滤波电路原理
示意图

内信号被阻断，而在此频带外，信号可以顺利通过。将低通滤波电路与高通滤波电路并联在一起，可以形成带阻滤波电路，如图 6.37 所示。

常用的带阻滤波电路如图 6.38（a）所示。输入信号经过一个由 RC 元件组成的双 T 形选频网络，然后接至运放的同相输入端。双 T 形网络是由 T 形低通滤波电路与 T 形高通滤波电路并联而组成。

当双 T 形网络电阻和电容的取值为高通 T 形网络的电容同为 C，电阻为 $R/2$；低通 T 形网络的电阻同为 R，电容为 $2C$ 时，通过与前面相同的分析得到带阻滤波电路的传递函数为

$$A_u(s) = \frac{U_o(s)}{U_i(s)} = \frac{A_{up}[1 + (sRC)^2]}{1 + 2(2 - A_{up})sRC + (sRC)^2} \quad (6.42)$$

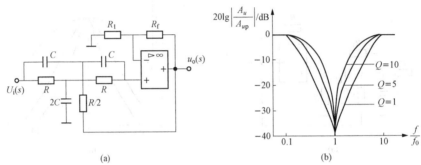

图 6.38　带阻滤波电路
(a) 电路图；(b) 对数幅频特性

对于实际的频率，将式（6.42）中的 s 用 $j\omega$ 替代，同时令 $\omega_0 = \dfrac{1}{RC}$，则其电压放大倍数为

$$\dot{A}_u = \frac{1 - \left(\dfrac{f}{f_0}\right)^2 A_{up}}{1 - \left(\dfrac{f}{f_0}\right)^2 + j2 \times (2 - A_{up})\dfrac{f}{f_0}} = \frac{A_{up}}{1 + j\dfrac{1}{Q}\dfrac{ff_0}{f_0^2 - f^2}} \quad (6.43)$$

式中

$$f_0 = \frac{1}{2\pi RC}, \quad A_{up} = 1 + \frac{R_f}{R_1}, \quad Q = \frac{1}{2(2 - A_{up})}$$

根据式（6.43）可画出不同 Q 值时带阻滤波电路的对数幅频特性如图 6.38（b）所示。由图可见 A_{up} 越接近 2，则 Q 值越大，阻带宽度越窄，即选频特性越好。

第六节　反相加法电路的 Proteus 仿真

本节以三输入反相加法电路为例进行集成运算放大器线性应用的仿真，在 Proteus 软件中画出电路图如图 6.39 所示。图中，R_1、R_2、R_3 均为 5kΩ，R_f 为 10kΩ，为保证运放第一级差分放大的对称性，同相输入端电阻 R_4 的阻值应为

$$R_4 = R_1 \mathbin{/\mkern-5mu/} R_2 \mathbin{/\mkern-5mu/} R_3 \mathbin{/\mkern-5mu/} R_f$$

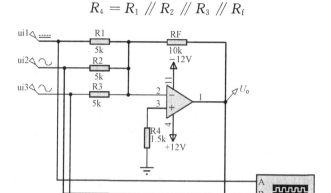

图 6.39 反相加法电路

经计算，R_4 为 $1.5\mathrm{k}\Omega$。根据虚短、虚断原理，放大电路的输入、输出满足式（6.7），有

$$u_{\mathrm{o}} = -\left(\frac{R_f}{R_1}u_{i1} + \frac{R_f}{R_2}u_{i2} + \frac{R_f}{R_3}u_{i3}\right) = -2(u_{i1} + u_{i2} + u_{i3})$$

为了验证加法电路的正确性，令 u_{i1} 输入电压为 1V 的直流信号，u_{i2} 输入有效值为 1V、频率为 10kHz 的交流信号，u_{i3} 输入有效值为 2V、频率为 20kHz 的交流信号，将各输入和输出分别接在示波器 A、B、C、D 四个通道上，观察示波器输出。

仿真并生成示波器的波形如图 6.40 所示。图中，与竖线相交的四个信号自上而下分别为交流输入 u_{i3}、直流输入 u_{i1}、交流输入 u_{i2} 和电路的输出 u_{o}。可以看出，输出 u_{o} 的直流偏置为 $-2\mathrm{V}$，波形与计算结果相符。

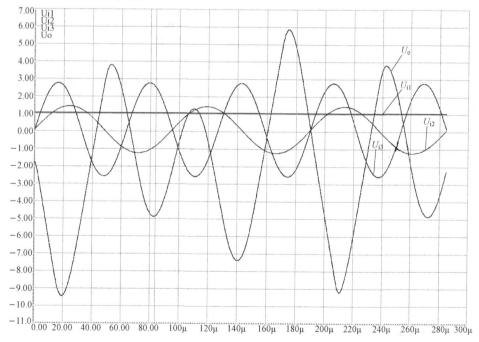

图 6.40 示波器观察到的输入、输出波形

本章小结

本章主要介绍由集成运放组成的各种模拟信号的运算电路。模拟信号的运算是集成运算放大器的线性应用。

(1) 在集成运放的线性应用中，为保证电路工作在线性工作区，运算电路在电路结构上通常都引入了深度的负反馈。在分析电路时，始终将"虚短"和"虚断"作为基本出发点。

(2) 比例运算电路是最基本的运算电路，其他运算电路都是在比例运算电路的基础上扩展、演变得到的。反相比例运算电路的输出电压与输入电压间的关系为 $u_o = -\dfrac{R_f}{R_1}u_i$；同相比例运算电路的输出电压与输入电压间的关系为 $u_o = \left(1 + \dfrac{R_f}{R_1}\right)u_i$。

在求和电路中，反相输入求和电路使用方便，应用广泛。同相输入和差分输入方式电路参数的调整比较繁琐，实际应用较少。

(3) 积分与微分互为逆运算，这两种电路是反相比例电路的扩展，分别将反馈回路和输入回路的电阻换为电容，利用了电容电流与电压之间的微分关系。积分电路广泛应用于波形的产生及变换、延时和定时、自动控制和测量系统、模拟计算系统，等等。

(4) 对数和指数电路同样是将反相比例电路扩展，分别将反馈回路和输入回路的电阻换为具有指数关系的器件构成的。具有指数关系的器件主要是利用半导体 PN 结正向导通时电流与电压间存在着指数关系。

(5) 乘法和除法电路可以由对数和指数电路组成，也可以由变跨导式模拟乘法电路构成。乘法器可以组成模拟运算电路、频率变换电路、压控增益电路等，广泛应用于电子测量、无线电通信等方面。

习 题

6.1 在图 6.41 所示的 T 形反馈网络电路中，已知 $R_1 = 100\text{k}\Omega$，$R_2 = R_3 = 30\text{k}\Omega$，$R_4 = 1\text{k}\Omega$，$u_i = 0.5\text{V}$。试完成：

(1) 求输出电压 u_o；

(2) 如果反馈回路中改接单一的电阻 R_f，同时要保持电压放大倍数不变，R_f 应为多大？

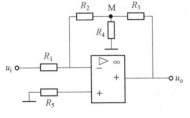

图 6.41 题 6.1 图

6.2 试设计一个比例运算放大电路，实现以下运算关系

$$A_u = \frac{u_o}{u_i} = 0.1$$

画出电路原理图，并估算个电阻的阻值。所用电阻的阻值应在 $20 \sim 200\text{k}\Omega$ 的范围内。

6.3 图 6.42 所示电路是由理想集成运放组成的运算电路。试完成：

(1) 求电路的输出电压与输入电压之间的关系。

（2）为减小失调，图中的 R_{P1} 和 R_{P2} 应如何取值？

6.4 试证明图 6.43 中，$u_o = \left(1 + \dfrac{R_1}{R_2}\right)(u_{i2} - u_{i1})$。

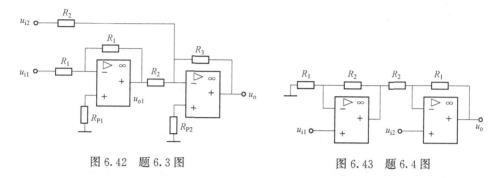

图 6.42 题 6.3 图　　　　　　图 6.43 题 6.4 图

6.5 试用集成运放组成满足下述要求的模拟运算电路。

（1）利用一个运放组成满足 $u_o = -(3u_{i1} + 0.5u_{i2})$ 的反相加法运算电路。当输入信号为 2V 时，其最大输入电流不超过 0.1mA。

（2）利用一个运放及阻值不小于 10kΩ 的若干电阻，组成 $u_o = 2u_{i1} + u_{i2} + 3u_{i3}$ 运算的电路。

（3）利用两个运放分别组成 $u_o = 2u_{i1} - 4u_{i2}$ 的减法运算电路和 $u_o = 2u_{i1} + 4u_{i2}$ 的加法运算电路。

6.6 图 6.44 所示电路是由理想集成运放组成的运算电路，试证明输出电压 u_o 与输入电压 u_i 的关系为 $u_o = -\dfrac{R_2}{R_1} u_i$。

6.7 由理想集成运放组成的可提高反相比例运算电路输入电阻的电路如图 6.45 所示。试完成：

（1）求电路输出电压与输入电压的关系式。

（2）证明电路中如 $R = R_1$ 时，输入电阻 $R_i = \infty$。

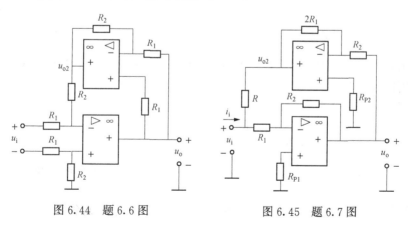

图 6.44 题 6.6 图　　　　　　图 6.45 题 6.7 图

6.8 图 6.46 所示电路是一个放大倍数可以进行线性调节的运算电路。试说明各运放的功能，并推导出 $A_u = \dfrac{u_o}{u_{i1} - u_{i2}}$ 的表达式。

6.9　同相放大电路的通用调零电路如图 6.47 所示。试求电路的调零（$u_o = 0$）范围。

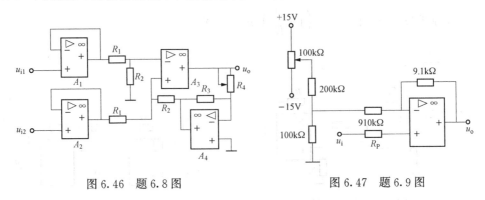

图 6.46　题 6.8 图　　　　　　　　图 6.47　题 6.9 图

6.10　反相加法电路如图题 6.48（a）所示，u_{i1} 和 u_{i2} 的波形如图 6.48（b）所示。试完成：

（1）求输出电压与输入电压的关系式。

（2）若电阻 $R_1 = R_2 = R_f = R$，画出输出电压 u_o 的波形，并在图上标明相应电压的数值。

（3）若电阻 $R_1 = R_f = R$，$R_2 = 2R$，重复回答问题。

6.11　积分电路如图题 6.49（a）所示，输入信号如图 6.49（b）所示。设电容 C 上初始电压为零，试完成：

（1）设运放的最大输出电压为 $\pm 24\text{V}$，画出 u_o 的波形。

（2）设运放的最大输出电压为 $\pm 12\text{V}$，画出 u_o 的波形。

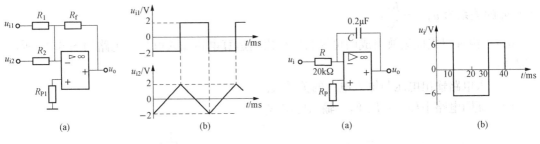

图 6.48　题 6.10 图　　　　　　　　图 6.49　题 6.11 图

6.12　试思考：在下列情况下，应采用哪一种滤波电路（低通、高通、带通、带阻）？

（1）有用信号频率为 6kHz。

（2）有用信号频率低于 400Hz。

（3）要求抑制 50Hz 交流电源的干扰。

（4）要求抑制 3kHz 以下的信号。

6.13　有一低通网络，设其上限截止频率为 f_H，另有一高通网络，设其下限截止频率为 f_L。试完成：

（1）两网络如何连接才能得到宽频带滤波电路？f_L 和 f_H 的关系如何？

（2）两网络如何连接才能得到带阻滤波电路？f_L 和 f_H 的关系又如何？

第七章 集成运算放大器的非线性应用

在运放的非线性应用中，运放通常工作在非线性区，其稳态输出值只有两个值：运放可能的最大输出值与最小输出值，这两值与运放所加的电源电压以及外加的限幅电路有关。并且，两个输入端之间的差值在运放容许的范围内可以是任意的，"虚短"条件不再有效，但由于运放的输入电阻仍然很大，仍然满足"虚断"的特性。

集成运放组成的非线性应用电路，可以构成各种类型的比较器，是模拟电路与数字电路的接口电路。本章主要讨论集成运放构成的各种非线性应用电路。

第一节 电压比较器

电压比较器是一类常用的模拟信号处理电路。它将一个模拟量输入电压与一个参考电压进行比较。由于运放的放大作用，比较器的输出只能是两种状态，称为高电平和低电平，可以看作数字量的 1 或 0，因此比较器是模拟电路与数字电路的接口电路。电压比较器在测量、控制以及波形发生等方面有着广泛的应用。

运放组成的比较器的输出只有两种状态，从运放的工作状态看，运放工作在非线性区，输出只有两种状态。从电路结构看，一般运放处于开环状态，有时为了提高在状态转换时的速度，在电路中引入正反馈。

根据比较器的传输特性分类，常用的比较器有过零比较器、单限比较器、双限比较器以及迟滞比较器等。

一、过零比较器

图 7.1 （a）所示过零比较器电路中，集成运放处于开环工作状态，具有非常高的开环电压增益。根据集成运放的开环特征，有：

当 $u_+ > u_-$ 时，u_o 输出 $+U_{opp}$；

当 $u_+ = u_-$ 时，u_o 输出 0；

当 $u_+ < u_-$ 时，u_o 输出 $-U_{opp}$。

其中，U_{opp} 是运放的最大输出电压。由于电路的 u_+ 端直接接到地，可以得出电路的电压传输特性如图 7.1 （b）所示。当输入电压 u_i 略小于零时，输出电压 u_o 立刻跳变为 $+U_{opp}$；而当输入电压 u_i 略大于零时，输出电压 u_o 立刻跳变为 $-U_{opp}$。

当比较器的输出电压由一种状态跳变为另一种状态时，相应的输入电压通常称为**阈值电压或门限电压**，记作 U_T。上述比较器的门限电压等于零，故称为过零比较器。

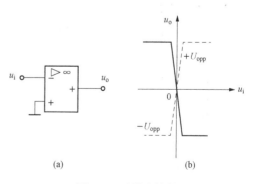

图 7.1 过零比较器

（a）电路图；（b）传输特性

　　上述比较器也可以采用反相输入方式，也可以采用同相输入方式。采用同相输入方式时，其电压传输特性如图 7.1（b）中虚线所示。

　　简单比较器的输出电压值为运放的最大输出电压值 $\pm U_{opp}$，通常该值并不是后级电路需要的值，例如，在模数转换电路中要求与后级 TTL 数字电路的逻辑电平兼容，因此常常将比较器的输出电压采取限幅措施。图 7.2 所示为一种常用的含稳压管限幅的过零比较器。由一个电阻 R 与一个双向稳压管（两个稳压管反向串接）构成，其中电阻 R 为限流电阻。不难看出当 $U_{opp} > U_S$ 时，输出电压应为稳压管的击穿电压 $\pm U_S$。此时过零比较器的电压传输特性如图 7.2（b）所示。

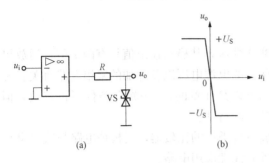

图 7.2　含稳压管限幅的过零比较器
（a）电路图；（b）传输特性

　　将稳压管接在输出端与反相输入端之间，如图 7.3 所示，也可以构成限幅过零比较器。

　　假设运放的最大输出电压 $|\pm U_o|$ 大于稳压管的反向击穿电压 U_S。当 $u_i < 0$ 时，若不接稳压管，则 u_o 将等于 $+U_{opp}$。接入稳压管后，稳压管将被反向击穿，导通电阻 R_S 的阻值很低，相当于引入了深度负反馈，此时电路相当于反相比例运算电路，且电压放大倍数 $A_V = -\dfrac{R_S}{R}$ 很小，运放同相端为地，反相端为"虚地"，则输出电压即为稳压管的反向击穿电压 U_S。当输入电压 $u_i < 0$ 时，同理，可得输出电压为 $-U_S$。电路将输出电压限幅在 $\pm U_S$。电压传输特性仍如图 7.2（b）所示。

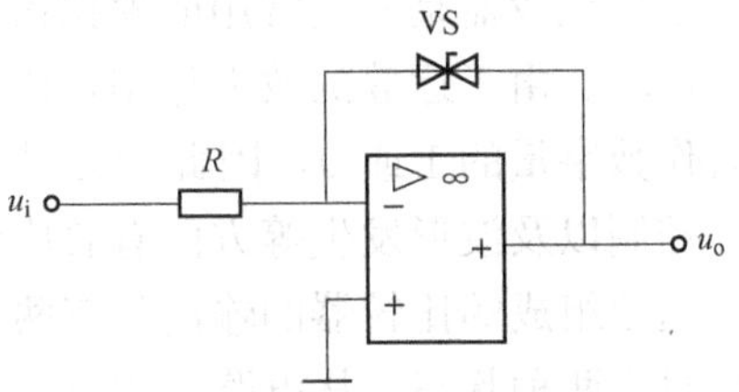

图 7.3　稳压管接在输出端与反相输入端的限幅过零比较器

　　需要指出的是，图 7.2 所示电路与图 7.3 所示电路的不同点是：图 7.2 所示电路中运放是处于开环状态，运放工作在非线性区；而图 7.3 所示电路中的运放，由于稳压管击穿后引入一个深度负反馈，因此本质上运放是工作在线性工作区。但图 7.3 所示电路由于运放的输出值仅为 $\pm U_S$，并不随 u_i 而改变（当 $u_i > 0$ 或 $u_i < 0$ 时），与非线性应用的情况相符，故将此类电路并入运放的非线性应用中研究。

二、单限比较器

　　单限比较器仅有一个阈值电压，在输入信号逐渐增大或减小的过程中，输出电压在输入信号等于该阈值电压时发生跳变。单限比较器可用于检测输入的模拟信号是否达到某一给定电平。将过零比较器输入的接地端换成参考电压 U_{REF} 可以得到图 7.4 所示的单限比较器。显然，当输入电压 $u_i < U_{REF}$ 时，$u_o = +U_S$；当 $u_i > U_{REF}$ 时，$u_o = -U_S$，阈值电压为 U_{REF}。

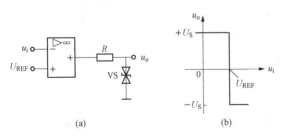

图 7.4　含稳压管限幅的单限比较器
（a）电路；（b）电压传输特性

　　类似地，将稳压管接在输出端与反相

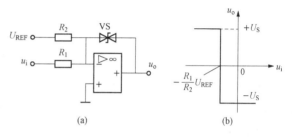

输入端之间，可以组成如图 7.5 所示的单限比较器。电路中，输入电压 u_i 与参考电压 U_{REF} 接到运放的反相输入端，运放的同相输入端接地。由图可知，输出电压跳变的临界条件是 $u_- = u_+$。在满足上述条件时，有

$$-\frac{U_{REF}}{R_2} = \frac{u_i}{R_1}$$

因此它的阈值电压为

$$u_i = -\frac{R_1}{R_2} U_{REF} = U_T \qquad (7.1)$$

当 $u_i < U_T$ 时，u_- 为负，$u_+ > u_-$，u_o 为高电平，$u_o = -U_S$。当 $u_i > U_T$ 时，u_- 为正，$u_+ < u_-$，u_o 为低电平，$u_o = -U_S$。由此可画出此单限比较器的传输特性如图 7.5（b）所示。

【例 7.1】 电路如图 7.6（a）所示，当输入信号 u_i 为如图 7.6（c）所示的正弦波信号时，试画出图中 u_o、u'_o 及 u_L 的波形。

解： 电路由三部分组成：前级为由运放组成的反相输入的过零比较器；中间级是由 RC 组成的微分电路；后级是由二极管 VD 和负载电阻 R_L 组成的限幅电路。当输入信号为图 7.6（c）所示的正

图 7.5 稳压管接在输出端与反相端的单限比较器

(a) 电路图；(b) 电压传输特性

弦波信号时，由于比较器的阈值为零，因此，输入信号每过一次零，比较器的输出端将产生一次跳变。运放输出波形为如图 7.6（d）所示的具有正负极性的方波，其正、负方向幅值即为运放的饱和输出值 $\pm U_{opp}$，与运放电源电压有关。

若使方波电压经由 RC 微分电路输出（RC 微分电路的时间常数 $RC \ll \dfrac{T}{2}$，T 为输入正弦信号周期），则其输出电压 u'_o 为一系列正、负相间的尖脉冲，如图 7.6（e）所示。

若输出的正负尖脉冲，又经二极管 VD 接到负载电阻 R_L 上，则因二极管的单向导电作用，负载上的电压 u_L 仅剩为正向的尖脉冲，如图 7.6（f）所示。二极管将负向脉冲削去，故称为**削波**或**限幅**。

如果将 u_L 再通过一个脉冲计数器，则在单位时间内计得的脉冲个数，即为输入正弦波的频率。某些数字式频率计即是利用这一原理制成的。

三、双限比较器

双限比较器是另一类常用的比

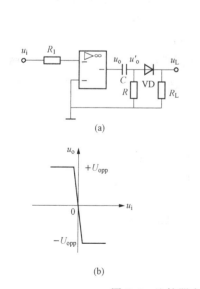

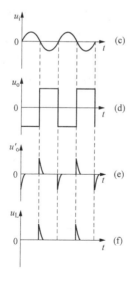

图 7.6 比较器应用电路

(a) 电路图；(b) 电压传输特性；(c) u_i；(d) u_o；

(e) u'_o；(f) u_L 的波形

较器。它有两个阈值电压，当输入信号处于两个阈值电压之间时，输出是一种状态，当输入信号大于或小于两个阈值电压时，输出是另一种状态。

双限比较器的一种电路如图 7.7（a）所示。由图可看出，电路是由一个反相输入比较器和一个同相输入比较器（两个单限比较器）组合而成。

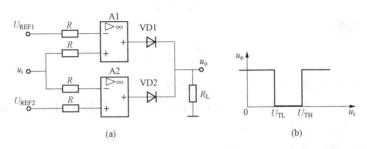

图 7.7　双限比较器

(a) 电路图；(b) 传输特性

设两个参考电压为 $U_{REF1} > U_{REF2}$。当 u_i 低于 U_{REF2} 时，运放 A1 输出低电平，A2 输出高电平，于是二极管 VD1 截止，VD2 导通，则输出电压 u_o 为高电平。当 u_i 高于 U_{REF1} 时，运放 A1 输出高电平，A2 输出低电平，则 VD1 导通，VD2 截止，则输出电压 u_o 为高电平。只有当 u_i 高于 U_{REF2} 且低于 U_{REF1} 时，运放 A1、A2 均输出低电平，二极管 VD1、VD2 均截止，则输出电压 u_o 为低电平。因此，这种比较器有两个门限：上阈值电压 U_{TH} 和下阈值电压 U_{TL}。图 7.7 所示电路中，$U_{TH} = U_{REF1}$，$U_{TL} = U_{REF2}$，其电压传输特性如图 7.7（b）所示，形状像一个窗口，因而也称双限比较器为窗口比较器。

四、迟滞比较器（施密特触发器）

单限比较器具有电路简单、灵敏度高等优点，但是抗干扰的能力较差。如果输入信号受到干扰或噪声的影响，在阈值电压上下波动时，那么输出电压可能发生多次跳变。如在控制系统中发生这种情况，则可能产生误动作，将对执行机构产生不利影响。

采用具有滞回传输特性的迟滞比较器可以有效提高电路的抗干扰能力，电路如图 7.8 所示。输入电压 u_i 经电阻 R_1 加在反相输入端，参考电压 U_{REF} 经电阻 R_2 接在同相输入端，输出端通过电阻 R_f 引回同相输入端。电阻 R 和双向稳压管 VS 起限幅作用，将输出电压的幅度限制在 $\pm U_S$。电路分析如下：

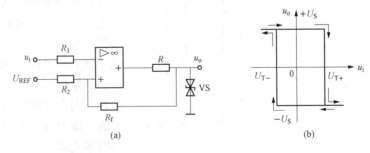

图 7.8　迟滞比较器

(a) 电路；(b) 电压传输特性

比较器的输出电压发生跳变的临界条件是 $u_+ = u_-$。其中，$u_- = u_i$，u_+ 由参考电压 U_{REF} 及输出电压 u_o 共同决定，而此时 u_o 可能是 $+U_S$，也可能是 $-U_S$。下面分情况讨论这两种情况：

假设输出电压的初态为 $u_o = +U_S$，应用叠加原理可得

$$u_+ = \frac{R_f}{R_2 + R_f} U_{REF} + \frac{R_2}{R_2 + R_f} u_o = \frac{R_f}{R_2 + R_f} U_{REF} + \frac{R_2}{R_2 + R_f} U_S \tag{7.2}$$

$u_- < u_+$ 时，$u_o = +U_S$。当 u_i 从小逐渐增大到 $u_i = u_- = u_+$ 时，u_o 将从 $+U_S$ 跳变到 $-U_S$。此时的输入电压值即为阈值电压用 U_{T+} 表示，由式（7.2）可知

$$U_{T+} = \frac{R_f}{R_2 + R_f} U_{REF} + \frac{R_2}{R_2 + R_f} U_S \tag{7.3}$$

$u_- > u_+$ 时，$u_o = -U_S$。当 u_i 从大逐渐减小到 $u_i = u_- = u_+$ 时，u_o 将从 $-U_S$ 跳变到 $+U_S$。此时的输入电压值即为另一阈值电压用 U_{T-} 表示，则

$$U_{T-} = \frac{R_f}{R_2 + R_f} U_{REF} - \frac{R_2}{R_2 + R_f} U_S \tag{7.4}$$

由以上分析可得出迟滞比较器与单限比较器的不同点在于上述迟滞比较器有两个阈值电压，当输入信号从小逐渐增大时，阈值电压为 U_{T+}。当输入信号从大逐渐减小时，阈值电压为 U_{T-}。

上述两个阈值电压之差称为门限宽度或回差，用符号 ΔU_T 表示，由式（7.3）和式（7.4）可求得

$$\Delta U_T = U_{T+} - U_{T-} = \frac{2R_2}{R_2 + R_f} U_Z \tag{7.5}$$

由式（7.5）可知，门限宽度 ΔU_T 的值仅取决于 U_Z、R_2 以及 R_f，与参考电压 U_{REF} 无关。改变 U_{REF} 的大小可以同时调节两个阈值电压 U_{T+} 和 U_{T-} 的大小，但二者之差 ΔU_T 不变。也就是说，当 U_{REF} 改变时，迟滞比较器的传输特性将平行移动，但滞回曲线的宽度将保持不变。

图 7.7（a）所示的电路中，电阻 R_f 从输出端接回到同相输入端，根据瞬时极性法不难得出电路引入了正反馈。该反馈除了产生起滞回作用的两个阈值电压外，另外一个作用是显著地减小了跳变过程的时间。其工作原理为：例如 u_i 从小增大到大于阈值电平时，运放的 $u_- - u_+ > 0$，运放进入线性放大区，则输出电压 u_o 下降，由于 R_f 的作用，u_+ 将下降，从而使得 $u_- - u_+$ 进一步增大，u_o 进一步下降。这一过程将大大加快 u_o 的下降速度，使 u_o 更快的降到 $-U_S$，从而加快了跳变速度。

图 7.7（a）所示的电路是反相输入方式的迟滞比较器。若将输入电压 u_i 与参考电压 U_{REF} 的位置互换，即可得到同相输入迟滞比较器。

【例 7.2】　在图 7.9（a）所示的迟滞比较器中，假设参考电压 $U_{REF} = 3V$，稳压管的双向稳压值为 $\pm 6V$，电路其他参数如图所示。

（1）试估算其两个阈值电压 U_{T+} 和 U_{T-} 以及门限宽度 ΔU_T，并画出电路的传输特性；

（2）如果输入信号 u_i 的波形如图 7.9（b）所示，试画出输出电压 u_o 的波形。

解　（1）由跳变的临界条件 $u_+ = u_-$，u_+ 应用叠加原理可得方程

$$U_{REF} = u_- = u_+ = \frac{R_f}{R_2 + R_f} u_i \pm \frac{R_2}{R_2 + R_f} U_S$$

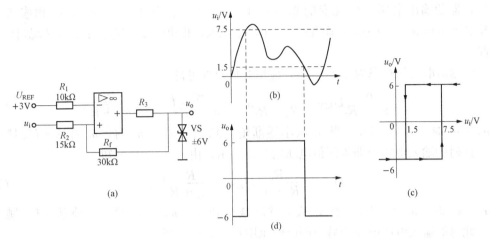

图 7.9　[例 7.2] 图
(a) 电路；(b) u_i；(c) u_o；(d) 电压传输特性

得
$$u_i = \frac{R_2 + R_f}{R_f} U_{REF} \mp \frac{R_2}{R_f} U_S$$

则两个阈值电压为

$$U_{T+} = \frac{R_2 + R_f}{R_f} U_{REF} + \frac{R_2}{R_f} U_S = \frac{15 + 30}{30} \times 3 + \frac{15}{30} \times 6 = 7.5(V)$$

$$U_{T-} = \frac{R_2 + R_f}{R_f} U_{REF} - \frac{R_2}{R_f} U_S = \frac{15 + 30}{30} \times 3 - \frac{15}{30} \times 6 = 1.5(V)$$

由式（7.5）可得

$$\Delta U_T = U_{T+} - U_{T-} = \frac{2R_2}{R_f} U_S = 6(V)$$

电压传输特性如图 7.9（c）所示。

（2）输出波形如图 7.9（d）所示。

五、集成电压比较器

以上介绍的电压比较器可由集成运算放大器组成，也可以由专用的集成电压比较器组成。由于应用的场合不同，专用的集成比较器与集成运算放大器相比较在性能指标方面的侧重点不尽相同，内部电路也有差别，具体体现在两个方面。首先，由于通用集成运算放大器主要根据线性放大的要求进行设计，工作速度相对较慢，而专用的集成电压比较器是将缩短响应时间、提高工作速度作为设计的主要目标之一，以便尽可能获得高速翻转，因此频带较宽，无需相位补偿。其次，由通用集成运算放大器构成的比较器，其输出电压一般为 $\pm U_{opp}$，并不能与大多数的后级数字电路所要求的电平相匹配，为了适应数字电路的逻辑电平，常常需要另外增加限幅措施。而专用的电压比较器的输出为了与 TTL 等数字电路的电平相兼容，通常将限幅电路或电平转移电路集成在电路内部，或采用输出集电极开路（OC）方式、发射极开路（OE）方式。其他性能方面基本上与集成运算放大器相差不大，有些对电压比较器来说相对次要的指标，甚至比集成运算放大器还低。

需要注意的是：集成电压比较器的响应速度一般比集成运算放大器快，但是它的输入级的偏置电流比运放大，输入失调电压也比集成运算放大器大（一般超过 1mV），而它的差模电压增益和共模抑制比却不太高。因此，在响应速度低、精确度要求高的场合，应选用精密集成运算放大器构成电压比较器。

集成电压比较器种类很多。按一个集成器件中所含比较器的数目可分为单电压比较器、双电压比较器、四电压比较器；按信号传输速度可分为中速比较器、高速比较器和超高速比较器，按比较器的其他有关指标又分为精密电压比较器、高灵敏电压比较器、低功耗电压比较器、低失调电压比较器以及高阻抗电压比较器等。表 7.1 列出了几种常用的集成电压比较器的主要参数。

表 7.1　　　　　　　　　常用集成电压比较器主要参数

型号	工作电源（V）	正电源电流（mA）	负电源电流（mA）	响应时间（ns）	输出方式	类型
AD790（单）	+5 或±15	10	5	45	TTL/CMOS	通用
LM119（双）	+5 或±15	8	3	80	集电极开路发射极浮动	通用
LM193（双）	2～36 或±1～±18	2.5		300	集电极开路	通用
MC1414（双）	+12 和−6	18	14	40	TTL、带选通	通用
MXA900（四）	+5 或±5	25	20	15	TTL	高速
AD9696（单）	+5 或±5	32	4	7	互补 TTL	高速
TA8504（单）	−5		37	2.6	互补 ECL	高速
TCL374（四）	2～18	0.75		650	漏极开路	低功耗

第二节　非正弦波发生电路

常用的非正弦波包括矩形波、三角波、锯齿波等，本节主要介绍以电压比较器为主要基本环节构成的这些波形的信号发生电路。其中，以矩形波发生电路为基本电路，在矩形波发生电路的基础上，加上积分环节，就可以构成三角波或锯齿波发生电路。

一、矩形波发生电路

1. 电路组成

矩形波只有低电平和高电平两种状态，因此电压比较器是它的重要组成部分；并且两种状态需要自动地相互转换，所以电路中必须引入反馈；同时输出状态应按一定的时间间隔（周期）交替变化，电路中需要有延迟环节来确定每种状态维持的时间。因此，采用迟滞比较器和 RC 充放电回路可以组成矩形波发生电路，如图 7.10 所示。其中，集成运放与电阻 R_1、R_2 组成迟滞比较器，电阻 R 和电容 C 构成充放电回路，稳压管 VS 和电阻 R_3 的作用是钳位，将迟滞比较器的输出电压限制在稳压管的稳定电压值 $\pm U_Z$。迟滞比较器的两种不同的输出电平使 RC 电路进行充电或放电，于是电容上的电压随时间将升高或降低，而电容上的电压又作为迟滞比较器的输入电压，随着时间的延迟，电容上的电压达到迟滞比较器的比较电压时，控制其输出端状

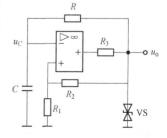

图 7.10　矩形波发生电路

态发生跳变，从而使 RC 电路由充电过程变为放电过程或相反。如此循环，在迟滞比较器的输出端即可得到一个高低电平周期性交替的矩形波。

　　2. 工作原理

　　当电路接通电源时，运放两输入端的电压是 $u_+ > u_-$ 还是 $u_+ < u_-$，完全是随机的。如果开始为 $u_+ > u_-$，由于运放开环增益很大，又具有正反馈，因此输出电压 u_o 将迅速上升为 $+U_S$。反之，若开始 $u_+ < u_-$，则 u_o 将迅速下降为 $-U_S$。假设 $t=0$ 时电容 C 上的电压 $u_C=0$，比较器输出电压为高电平，即 $u_o(0) = +U_S$。则集成运放同相输入端的电压为输出电压在电阻 R_1、R_2 上的分压，即

$$u_+ = \frac{R_1}{R_1 + R_2} U_S$$

此时输出电压 $+U_S$ 将通过电阻 R 向电容 C 充电，使电容两端的电压升高，而此电容上的电压接到集成运放的反相输入端，即 $u_- = u_C$。当电容上的电压上升到 $u_- = u_+$ 时，迟滞比较器的输出端将发生跳变，由高电平跳变为低电平，使 $u_o = -U_S$，于是集成运放同相输入端的电压也立即变为

$$u_+ = -\frac{R_1}{R_1 + R_2} U_S$$

输出电压变为低电平后，电容 C 将通过 R 放电，使 u_C 逐渐降低。当电容上电压下降到 $u_- = u_+$ 时，迟滞比较器再次发生跳变，由低电平跳变为高电平，即 $u_o = +U_S$。之后重复上述过程，于是输出端产生了正负交替的矩形波。

　　电容 C 两端的电压 u_C 以及迟滞比较器的输出电压 u_o 的波形如图 7.11 所示。

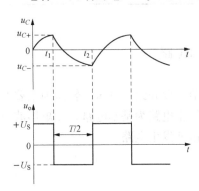

图 7.11　矩形波发生电路的波形

　　3. 振荡周期

　　由图 7.11 可知，电容在放电过程中，电容两端的电压 u_C 从 $u_{C+} = \dfrac{R_1}{R_1 + R_2} U_S$ 下降至 $u_{C-} = -\dfrac{R_1}{R_1 + R_2} U_S$ 所需的时间等于矩形波周期的一半，即在图中 $t_2 - t_1 = \dfrac{T}{2}$。

　　而电容充放电时，u_C 的变化规律为

$$u_C(t) = u_C(\infty) + [u_C(0) - u_C(\infty)] \mathrm{e}^{-\frac{t}{\tau}} \quad (7.6)$$

或

$$t = \tau \ln \frac{u_C(\infty) - u_C(0)}{u_C(\infty) - u_C(t)} \quad (7.7)$$

式中：$u_C(0)$ 是选定的时间起始点（如 t_1）时，电容 C 上电压的初始值；$u_C(\infty)$ 是充放电结束时电容 C 上电压的终了值；τ 是充放电回路的时常数。

　　在本电路中，设起始点为 t_1，则

$$u_C(0) = u_{C+} = \frac{R_1}{R_1 + R_2} U_S$$

$$u_C(\infty) = -U_S$$

$$\tau = RC$$

由图 7.11 可知，当 $t = T/2$ 时，$u_{C+}(t) = u_{C-} = -\dfrac{R_1}{R_1 + R_2} U_S$。代入式 (7.7) 得

$$\frac{T}{2} = RC\ln\frac{-U_s - \dfrac{R_1}{R_1 + R_2}U_s}{-U_s + \dfrac{R_1}{R_1 + R_2}U_s} = RC\ln\left(1 + \frac{2R_1}{R_2}\right)$$

则
$$T = 2RC\ln\left(1 + \frac{2R_1}{R_2}\right) \tag{7.8}$$

由式（7.8）可知，改变充放电回路的时间常数 RC 以及迟滞比较器的电阻 R_1、R_2 即可调节矩形波的振荡周期，但振荡周期与稳压管的电压 U_s 无关。U_s 的大小决定了矩形波的幅度。

4. 占空比可调的矩形波发生电路

前述电路中输出电压 u_o 的波形是正负半周对称的矩形波，即 u_o 等于高电平和低电平的时间各为 $T/2$，这种矩形波的占空比等于 50%，通常称这种矩形波为方波。如果希望矩形波的占空比能够根据需要进行调节。则可以通过改变前述电路中充电和放电的时间常数来实现，电路如图 7.12（a）所示。

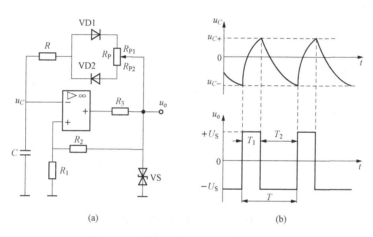

图 7.12　占空比可调的矩形波发生电路
(a) 电路图；(b) 波形图

图 7.12（a）与图 7.10 相比，只是在 RC 充放电回路中增加了二极管 VD1、VD2 和电位器 R_P。由于二极管的单向导电作用，两电路的差别，只在于电容 C 的充、放电回路不同。充电回路为 $u_o \to R_{P2} \to VD2 \to R \to C \to$ 地，放电回路为地 $\to C \to R \to VD1 \to R_{P1} \to u_o$，也就是说充放电回路的时间常数不同。因此，得到 u_C 和 u_o 的波形如图 7.12（b）所示，图中电阻 $R_{P2} < R_{P1}$，充电时间短于放电时间，$T_1 < T_2$。

当忽略二极管 VD1、VD2 的导通电阻时，利用类似的分析方法，可求得电容充电和放电的时间分别为

$$T_1 = (R + R_{P2})C\ln\left(1 + \frac{2R_1}{R_2}\right) \tag{7.9}$$

$$T_2 = (R + R_{P1})C\ln\left(1 + \frac{2R_1}{R_2}\right) \tag{7.10}$$

输出波形的振荡周期为

$$T = T_1 + T_2 = (2R + R_P)C\ln\left(1 + \frac{2R_1}{R_2}\right) \tag{7.11}$$

矩形波的占空比为

$$D = \frac{T_1}{T} = \frac{R + R_{P2}}{2R + R_P} \tag{7.12}$$

改变电路中电位器滑动端的位置即可调节矩形波的占空比，而总的振荡周期不变。

二、三角波发生电路

三角波发生电路一般可用矩形波发生电路后加一级积分电路，将矩形波积分后即可得到三角波。

1. 电路组成

图 7.13（a）所示为一个三角波发生电路。图中集成运放 A1 组成迟滞比较器，A2 组成积分电路。迟滞比较器输出端矩形波加在积分电路的反相输入端，而积分电路输出的三角波又接到迟滞比较器的同相输入端，控制迟滞比较器输出端的状态发生跳变，从而在 A2 的输出端得到周期性的三角波。

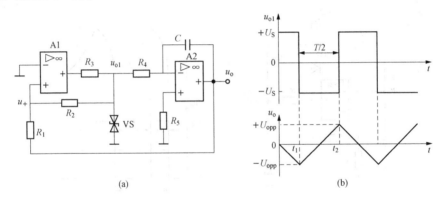

图 7.13　三角波发生电路

(a) 电路图；(b) 波形图

2. 工作原理

假设 $t=0$ 时迟滞比较器输出端为高电平，即 $u_{o1}=+U_Z$，而且假设积分电容上的初始电压为零。由于 A1 同相输入端的电压 u_+ 同时与 u_{o1} 和 u_o 有关，根据叠加原理，可得

$$u_+ = \frac{R_1}{R_1 + R_2}u_{o1} + \frac{R_2}{R_1 + R_2}u_o \tag{7.13}$$

此时 u_+ 为高电平。但当 $u_{o1}=+U_S$ 时，积分电路的输出电压 u_o 将随时间向负方向线性增长，u_+ 随之减小，当 u_+ 减小至 $u_+=u_-=0$ 时，迟滞比较器输出端将发生跳变，使 $u_{o1}=-U_S$，同时 u_+ 将跳变为一个负值。此后，积分电路的输出电压将随着时间向正方向线性增长，u_+ 也随之增大，当 u_+ 增大至 $u_+=u_-=0$ 时，迟滞比较器再次发生跳变，使 $u_{o1}=+U_S$，同时 u_- 也跳变为正值。以后重复上述过程，于是从迟滞比较器的输出端可得到一个矩形波，而在积分电路的输出端可得到一个三角波，波形如图 7.13（b）所示。

3. 输出幅度和振荡周期

由图 7.13（b）可见，当 u_{o1} 发生跳变时，三角波输出 u_o 达到最大值 U_{opp}。而 u_{o1} 发生跳变的条件是 $u_+=u_-=0$，将条件 $u_{o1}=-U_S$，$u_+=0$ 代入式（7.13）中，可得

$$0 = \frac{R_1}{R_1 + R_2}u_{o1} + \frac{R_2}{R_1 + R_2}U_{opp}$$

由此可求得三角波输出幅度为

$$U_{opp} = \frac{R_1}{R_2}U_S \tag{7.14}$$

由图 7.13（b）可知，当积分电路对输入电压$-U_S$进行积分时，在$t_1 \sim t_2$ 时间内，输出电压将从$-U_{opp}$上升到$+U_{opp}$，而$t_2 - t_1 = \dfrac{T}{2}$，则可以列出如下表达式

$$-\frac{1}{R_4 C}\int_0^{\frac{T}{2}}(-U_S)\mathrm{d}t = 2U_{opp}$$

积分得

$$\frac{U_S}{R_4 C}\frac{T}{2} = 2U_{opp}$$

所以三角波的振荡周期为

$$T = \frac{4R_4 C U_{opp}}{U_Z} = \frac{4R_1 R_4 C}{R_2} \tag{7.15}$$

　　由式（7.14）和式（7.15）可知，三角波的输出幅度与迟滞比较器中电阻值之比R_1/R_2以及迟滞比较器得输出电压U_S成正比；而三角波的振荡周期不仅与迟滞比较器的电阻值之比R_1/R_2成正比，而且还与积分电路的时间常数$R_4 C$成正比。在实际中调整三角波的输出幅度与振荡周期时，应该先调整电阻R_1和R_2使输出达到规定值，然后再调整R_4和C使振荡周期满足要求。

三、锯齿波发生电路

　　在三角波发生电路中如果将积分电路中积分电容的充电和放电时间常数分离，则充电时间与放电时间将不再相同，若使充电时间常数与放电时间常数相差悬殊，则可在积分电路的输出端得到锯齿波信号。

　　1. 电路组成

　　在图 7.13（a）所示三角波发生电路得基础上，用二极管 VD1、VD2 和电位器R_P 代替原来的积分电阻，利用二极管的单向导电性，即可将充电回路与放电回路分离，构成锯齿波发生电路，如图 7.14（a）所示。

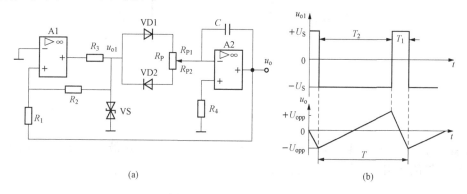

（a）　　　　　　　　　　　　　　　　　（b）

图 7.14　锯齿波发生电路

（a）电路图；（b）波形图

　　假设调节电位器 R_P 动端的位置，使 $R_{P1} \ll R_{P2}$，则电容充电的时间常数将比放电的时间常数小很多，于是充电过程很快，而放电过程很慢，输出即可得到锯齿波。电路的输出波形如图 7.14（b）所示。图中，$T_1 \ll T_2$。

　　2. 输出幅度和振荡周期

　　根据与前面类似的分析方法，可求得锯齿波的输出幅度为

$$U_{opp} = \frac{R_1}{R_2} U_S \tag{7.16}$$

当忽略二极管 VD1、VD2 的导通电阻时，电容充电和放电的时间 T_1、T_2 以及锯齿波的振荡周期 T 分别为

$$T_1 = \frac{2R_1 R_{P1} C}{R_2} \tag{7.17}$$

$$T_2 = \frac{2R_1 R_{P2} C}{R_2} \tag{7.18}$$

$$T = T_1 + T_2 = \frac{2R_1 R_P C}{R_2} \tag{7.19}$$

第三节　迟滞比较器的 Proteus 仿真

　　在 Proteus 中将［例 7.2］中的迟滞比较器进行电路连接，如图 7.15 所示。其中，双向稳压管由两个单向稳压管 1N4735A 构成，稳压值为 $\pm 6.2V$，R_2 取 15kΩ，R_f 取 30kΩ，反向输入端的参考电平 $U_{REF} = 3V$，根据［例 7.2］中的计算，两个阈值电压为

$$U_{T+} = \frac{R_2 + R_f}{R_f} U_{REF} + \frac{R_2}{R_f} U_S = \frac{15 + 30}{30} \times 3 + \frac{15}{30} \times 6 = 7.5(V)$$

$$U_{T-} = \frac{R_2 + R_f}{R_f} U_{REF} - \frac{R_2}{R_f} U_S = \frac{15 + 30}{30} \times 3 - \frac{15}{30} \times 6 = 1.5(V)$$

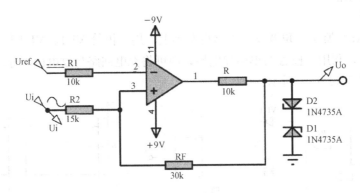

图 7.15　迟滞比较器

给输入端 U_i 输入频率为 1kHz，幅度为 10V 的正弦波信号，输出波形如图 7.16 所示。可以看出，输出与预期相符，与输入比稍有延时。

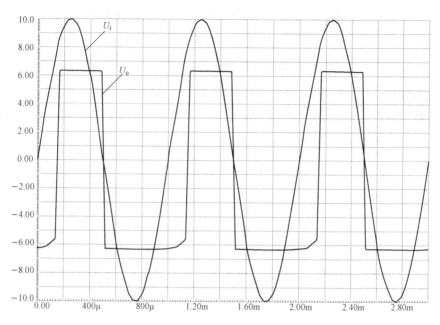

图 7.16　u_i-u_o 波形图

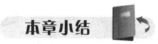

本章介绍集成运放的非线性应用，包括比较器电路和非正弦波发生电路。

1. 电压比较器

（1）电压比较器的输入信号是连续变化的模拟量，输出信号则只有高电平或低电平两种状态，因此可以认为电压比较器是模拟电路和数字电路的"接口"电路。

电压比较器中的集成运放常常工作在非线性区，运放一般处于开环工作状态，有时还引入正反馈。

（2）常用的电压比较器有过零比较器、单限比较器、迟滞比较器及双限比较器等。过零比较器的阈值电压等于零。单限比较器只有一个阈值电压。迟滞比较器具有滞回形状的传输特性，两个阈值电压之间的差值称为门限宽度或回差。双限比较器具有两个阈值电压，传输特性呈窗孔状，故又称窗孔比较器。

（3）上述各种类型的电压比较器可由通用集成运放组成，也可由专用的集成电压比较器组成。与集成运放相比较，集成电压比较器由于是专用化的电压比较器，在集成电路内部针对比较器的特点进行了优化，如响应时间短、输出可与 TTL 等数字电路的逻辑电平直接兼容、无需外接限幅电路等，因此更适合组成各种比较器电路。当然集成比较器本质上也是属于集成运放，故在满足电路指标的前提下，也可以当集成运放应用。

2. 非正弦波发生电路

常见的非正弦波发生电路有矩形波发生电路、三角波发生电路和锯齿波发生电路等。

（1）矩形波发生电路可以由迟滞比较器和 RC 充放电回路组成。利用比较器输出的高电平或低电平使 RC 回路充电或放电，又将电容上的电压作比较器的输入，控制其输出端状态发生跳变，从而产生一定周期的矩形波输出电压。矩形波的振荡周期与 RC 充放电回路的时常数 T 成正比，也与迟滞比较器的参数有关，电路的振荡周期的表达式为

$$T = 2RC\ln\left(1 + \frac{2R_1}{R_2}\right)$$

当使电容充电和放电的时间常数不同时，即可得到占空比可调的矩形波信号。

（2）将矩形波进行积分即可得到三角波，故三角波发生电路可由迟滞比较器和积分电路组成。三角波发生电路的输出幅度为

$$U_{opp} = \frac{R_1}{R_2}U_S$$

振荡周期为

$$T = \frac{4R_1R_4C}{R_2}$$

（3）将三角波发生电路中的积分电容的充电和放电的时间常数设为不同，且相差悬殊，则输出端即可得到锯齿波信号。锯齿波的输出幅度与三角波相同，锯齿波发生电路的最大周期为

$$T = T_1 + T_2 = \frac{2R_1R_PC}{R_2}$$

习　题

7.1　试思考："在比较电路中，集成运放必然处于非线性工作状态"，这种说法正确吗？

7.2　电路如图 7.17 所示。图中集成运放的最大输出电压是 $\pm 13V$，输入信号为 $u_i = 5\sin\omega t$ 的低频信号。试画出理想情况下，$U_{REF} = +2.5V$、$0V$、$-2.5V$ 时输出电压的波形。

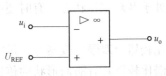

图 7.17　题 7.2 图

7.3　在图 7.18（a）所示的单限比较电路中，设集成运放为理想运放，参考电压 $U_{REF} = -3V$，稳压管的反向击穿电压 $U_S = \pm 6V$，电阻 $R_1 = 20k\Omega$，$R_2 = 30k\Omega$。试完成：

（1）求比较电路的阈值电压，并画出电路的电压传输特性。

（2）输入电压 u_i 的波形如图题 7.18（b）所示，画出比较电路输出电压 u_o 的波形。

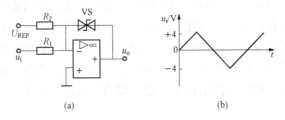

(a)　　　　　　　　　　(b)

图 7.18　题 7.3 图

7.4　比较电路如图 7.19 所示，设集成运放为理想运放，参考电压 $U_{REF} = 3V$，稳压管

的反向击穿电压 $U_S=6V$，电阻 $R_1=10R=10k\Omega$，$R_2=20k\Omega$，二极管 VD 的正向压降可忽略不计。试求比较电路的阈值，并画出其电压传输特性。

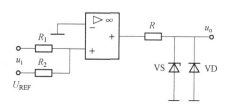

图 7.19　题 7.4 图

7.5　电路如图 7.20（a）所示，试完成：

（1）试画出其电压传输特性，并求门限宽度。

（2）输入信号如图 7.20（b）所示，试画出电路的输出电压 u_o 的波形。

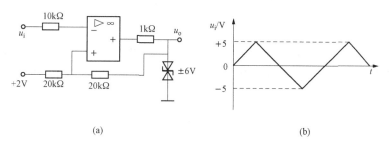

图 7.20　题 7.5 图

7.6　电路如图 7.21 所示。已知稳压管 VS1 的反向击穿电压 $U_S=3.5V$，稳压管 VS2 的反向击穿电压 $U_S=7.4V$，稳压管的正向导通电压 $U_D=0.6V$。试完成：

（1）画出电路的电压传输特性。

（2）输入信号电压 u_i 如图 7.21（b）所示，画出输出电压 u_o 的波形。

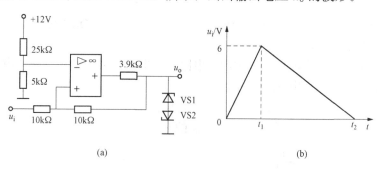

图 7.21　题 7.6 图

7.7　电路如图 7.22 所示。已知稳压管的反向击穿电压 $U_S=6V$，正向导通电压 $U_D=0.7V$。试完成：

（1）画出电路的电压传输特性。

（2）在输入信号 $u_i=4\sin\omega t$（V）时，画出输出电压 u_o 的波形。

7.8　比较电路如图 7.23 所示，u_i 是幅度为 8V 的正弦波。设 VD1、VD2 是理想二极管，运放的最大输出电压为 ±12V，稳压管 VS 的反向击穿电压 $U_S=6V$，正向导通电压 $U_D=0.7V$。试完成：

（1）画出电路的电压传输特性；

（2）画出输出电压 u_o 的波形。

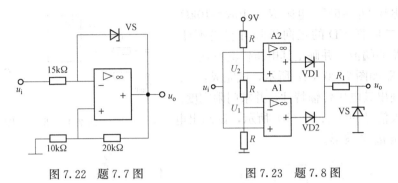

图 7.22　题 7.7 图　　　　　图 7.23　题 7.8 图

7.9　在图 7.24（a）所示电路中，设图中运放均为理想运放，电容器上初始电压为零。输入电压如图 7.24（b）所示试画出相应的 u_{o1} 和 u_o 的波形，并在图上注明电压的幅值。

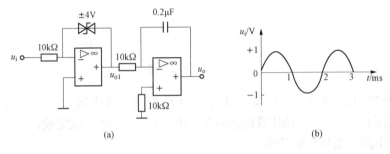

(a)　　　　　　　　　　(b)

图 7.24　题 7.9 图

7.10　电路如图 7.25 所示，设图中运放均为理想运放，运放最大输出电压幅度为 ±12V，电容器上初始电压为零。试完成：

（1）各集成运放分别组成何种基本应用电路？指出其中有"虚短"或"虚地"的电路。

（2）求出 u_{o1} 和 u_{o2} 并写出 u_{o3} 的表达式。

（3）设初始状态时，$u_o=12$V，画出 $u_{o1}\sim u_o$ 的波形。

（4）计算输出电压由 12V 变为 -12V 所需的时间。

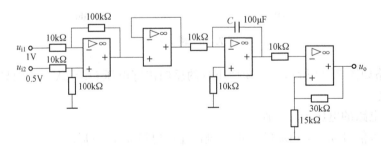

图 7.25　题 7.10 图

7.11　矩形波发生电路如图 7.26 所示，假设集成运放与二极管均为理想。试完成：

（1）画出输出电压 u_o 和电容 C 上电压 u_C 的波形。

（2）估算输出电压的振荡周期。

（3）分别估算输出电压和电容 C 上电压的峰值 U_{om} 和 U_{Cm}。

7.12　电路如图 7.27 所示，设图中运放均为理想运放，运放最大输出电压幅度为 ±12V，电容器上初始电压为零。试分别画出 $U_R=0$，$U_R=3V$，$U_R=-3V$ 时 u_{o1} 和 u_o 的波形。

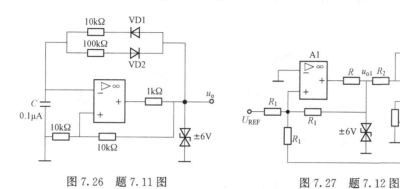

图 7.26　题 7.11 图　　　　　图 7.27　题 7.12 图

第八章 正弦波振荡电路

正弦波振荡电路能产生一定频率和幅值的正弦波信号，可在各种电路或系统中作为信号源使用。作为信号源，正弦波振荡电路无外加输入信号，通过正反馈产生自激振荡并通过选频网络将电源提供的直流能量转换成正弦波能量。本章首先讨论产生自激振荡的条件、正弦波振荡电路的组成和分类、正弦波振荡电路分析方法，然后介绍几种典型的 RC 正弦波振荡电路、LC 正弦波振荡电路和石英晶体振荡电路的工作原理和特点。

第一节 正弦波振荡电路的一般问题

一、产生自激振荡的条件

正弦波振荡电路本身是一个正反馈电路，利用正反馈产生自激振荡，因此借助反馈的概念，类比负反馈画出正反馈的框图如图 8.1 所示。

设想在放大电路已有输出的情况下，输出信号 $\dot{X}_o$ 通过反馈网络以反馈信号 $\dot{X}_f$ 反送回放大电路的输入端，得到 $\dot{X}_d = \dot{X}_i + \dot{X}_f$，之后如果反馈信号 $\dot{X}_f$ 能完全代替原来的净输入信号 $\dot{X}_d$，则可实现无外加输入（$\dot{X}_i = 0$）而输出 $\dot{X}_o$，即产生自激振荡，维持输出信号所需的 $\dot{X}_d$ 完全由反馈信号 $\dot{X}_f$ 提供，无需外加输入信号 $\dot{X}_i$。因此有

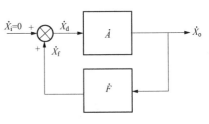

图 8.1 正反馈框图

$$\dot{X}_o = \dot{A}\dot{X}_d$$
$$\dot{X}_f = \dot{F}\dot{X}_o = \dot{A}\dot{F}\dot{X}_d$$
$$\dot{X}_f = \dot{X}_d$$

联立得出

$$\dot{A}\dot{F} = 1 \tag{8.1}$$

构成维持等幅自激振荡的平衡条件。它包含幅值平衡条件

$$|\dot{A}\dot{F}| = 1 \tag{8.2}$$

与相位平衡条件

$$\varphi_{AF} = \varphi_A + \varphi_F = \pm 2n\pi, \qquad n = 整数 \tag{8.3}$$

幅值平衡条件是指自激振荡已经建立，并且振荡的振幅已经进入稳定状态时的幅值条件。此时回路增益的模为1，即反馈信号幅值 $|\dot{X}_f|$ 与净输入信号幅值 $|\dot{X}_d|$ 相等。

相位平衡条件是指反馈信号要与净输入信号同相。式（8.3）中，φ_A 表示输出信号 $\dot{X}_o$ 与放大电路净输入信号 $\dot{X}_d$ 之间的相位差（即放大电路的相移），一般 $\dot{X}_o$ 与 $\dot{X}_d$ 或为同相（$\varphi_A =$

0°）或为反相（$\varphi_A = -180°$）；φ_F 表示反馈信号 $\dot{X}_f$ 与输出信号 $\dot{X}_o$ 之间的相位差（即反馈网络的相移）。式（8.3）表明，产生自激振荡的相位平衡条件是放大电路的相移与反馈网络的相移之和等于 $2n\pi$，即 $\dot{X}_f$ 与 $\dot{X}_d$ 同相。

如果一个振荡电路仅满足相位平衡条件和幅值平衡条件，虽然可以使已经建立并进入稳态的振荡持续下去，却不会使振荡从无到有地建立起来。若要建立振荡，称为"起振"，在电路满足相位平衡条件 $\varphi_{AF} = \varphi_A + \varphi_F = \pm 2n\pi$ 即正反馈条件时，必须使反馈信号 $|\dot{X}_f|$ 大于净输入信号 $|\dot{X}_d|$，即起振条件为

$$|\dot{A}\dot{F}| > 1$$

当接通电源后，由于电路内部噪声和放大电路中直流电位的扰动等，可以等效为给放大电路输入了微弱的信号 $\dot{X}_d$，而此信号包含了极其丰富的频率分量。因为 $|\dot{A}\dot{F}| > 1$，即 $|\dot{X}_f| > \dot{X}_d$，使等效的输入信号每沿回路绕行一周都会比前一周增大一些，随着 $\dot{X}_d$ 不断增大，输出 $\dot{X}_o$ 也逐渐由小变大，振荡便建立起来了。在振荡建立的过程中，随着振幅的增大，由于电路中非线性元件的限制，总会使回路增益由 $|\dot{A}\dot{F}| > 1$ 过渡到 $|\dot{A}\dot{F}| = 1$，此时电路处于稳幅振荡状态，电路输出的幅值达到稳定。

二、正弦波振荡电路的组成和分类

为了保证振荡的频率的单一性，要求回路增益具有选频特性，即仅对某一频率的信号才满足起振和维持自激振荡的条件，对其他频率的信号不满足。通常由"选频网络"来实现这一特性，对不同频率分量呈现不同的特性。随着起振过程的进行，电路中的信号幅度越来越大，为了使振荡的幅度能够自动稳定而不产生非线性失真，必要时可以在电路中设置稳幅环节。因此，反馈型正弦波振荡电路包含放大电路、正反馈网络、选频网络和稳幅环节四部分。其中放大电路、正反馈网络是电路的基本组成，可把选频网络设置在放大电路中使 $\dot{A}$ 具有选频特性，也可将选频网络设置在正反馈网络中使 $\dot{F}$ 具有选频特性。在很多正弦波振荡电路中反馈网络与选频网络共用同一个网络。稳幅环节的稳幅作用可以利用放大电路自身的非线性元件（如三极管等）来实现，也可以利用外加的非线性元件来实现。

反馈型正弦波振荡电路的选频网络若由电阻和电容元件组成，则称之为 RC 正弦波振荡电路；若由电感和电容元件组成，则构成 LC 正弦波振荡电路；若由石英晶体组成，则为石英晶体振荡电路。RC 振荡电路一般用来产生数赫兹到数百千赫兹的低频信号，LC 振荡电路则主要用来产生数百千赫兹以上的高频信号。

三、正弦波振荡电路分析方法

一般可以采用以下步骤来分析振荡电路的工作原理。

1. 判断能否产生正弦波振荡

（1）检查电路是否具备正弦波振荡的组成部分，即是否具有放大电路、正反馈网络、选频网络和稳幅环节等。

（2）检查放大电路的静态工作点是否能保证放大电路正常工作。

（3）判断电路是否满足自激振荡条件。首先，检查是否满足相位平衡条件，至于幅值条件一般比较容易满足。若满足相位平衡条件，不满足幅值条件，在测试调整时可以改变放大电路的放大倍数 $|\dot{A}|$ 或反馈系数 $|\dot{F}|$ 使电路满足 $|\dot{A}\dot{F}| > 1$ 的幅值条件。

通常采用瞬时极性法来判断电路是否满足相位平衡条件。具体做法是：假设断开反馈信号至放大电路的输入端点，在放大电路的断开端点处加一假想的输入信号 $\dot{U}_i$（信号频率等于选频电路的谐振频率），经放大电路和反馈网络，得反馈信号 $\dot{U}_f$，根据放大电路和反馈网络的相频特性，分析 $\dot{U}_f$ 和 $\dot{U}_i$ 的相位关系，如果 $\dot{U}_f$ 与 $\dot{U}_i$ 同相，说明 $\varphi_{AF}=\varphi_A+\varphi_F=\pm 2n\pi$，则电路满足产生振荡的相位平衡条件。

2. 估算振荡频率和起振条件

振荡频率由相位平衡条件所决定，而起振条件可由幅值条件 $|\dot{A}\dot{F}|>1$ 的关系求得。一般主要估算振荡频率，而起振条件可通过测试调整来满足。

第二节　RC 正弦波振荡电路

RC 正弦波振荡电路根据选频网络的结构的不同，可分为 RC 串并联网络振荡电路、RC 移相式振荡电路、RC 双 T 型网络振荡电路等，本书将介绍 RC 串并联网络振荡电路和 RC 移相式振荡电路。

一、RC 串并联网络振荡电路

RC 串并联网络振荡电路是最常见的一种 RC 振荡电路，主要特点是采用 RC 串并联网络作为选频网络和反馈网络。因此，必须先了解 RC 串并联网络的频率特性，再研究振荡电路工作原理。

1. RC 串并联网络的选频特性

RC 串并联网络由图 8.2（a）所示，由电阻 R_1 与电容 C_1 的串联组合和电阻 R_2 与电容 C_2 的并联组合相串联而组成。R_1 与 C_1 的串联阻抗 Z_1 为

$$Z_1 = R_1 + \frac{1}{j\omega C_1}$$

R_2 与 C_2 的并联阻抗 Z_2 为

$$Z_2 = R_2 \mathbin{/\!/} (1/j\omega C_2)$$

先定性讨论 RC 串并联网络的频率特性。假设输入一个幅值恒定的正弦波信号 $\dot{U}$，观察 $R_2 C_2$ 并联支路两端电压 $\dot{U}_f$ 随正弦波频率的变化情况。当输入频率比较低时，电容容抗较大，$1/\omega C_1 \gg R_1$，$1/\omega C_2 \gg R_2$，此时可忽略 R_1 和 $1/\omega C_2$，则 $Z_1=\dfrac{1}{j\omega C_1}$，$Z_2=R_2$，可得图 8.1（a）的低频等效电路，如图 8.2（b）所示。信号频率越低，则 $j\omega C_1$ 越大，$\dot{U}_f$ 的幅值越小，且 $\dot{U}_f$ 超前于 $\dot{U}$ 的相位角 φ_F 也就越大。当 ω 趋近于零时，$|\dot{U}_f|$ 趋近于零，φ_F 接近于 $90°$。

当输入频率比较高时，电容的容抗较小，$1/\omega C_1 \ll R_1$，$1/\omega C_2 \ll R_2$，此时可忽略 $1/\omega C_1$ 和 R_2，得到图 8.2（c）所示的高频等效电路。ω 越高，$1/\omega C_2$ 越小，$|\dot{U}_f|$ 越小，$\dot{U}_f$ 滞后于 $\dot{U}$ 的相位角 φ_F 越大，当 ω 趋近于无穷大时，$|\dot{U}_f|$ 趋近于零，φ_F 接近 $-90°$。

因此可以推测，随着 $\dot{U}$ 的频率从低到高变化，在某一中间值频率时，$|\dot{U}_f|$ 达到最大值；相位角 φ_F 从超前到滞后的过程中，在某一频率时必然有 $\varphi_F=0$，即 $\dot{U}_f$ 与 $\dot{U}$ 同相位。

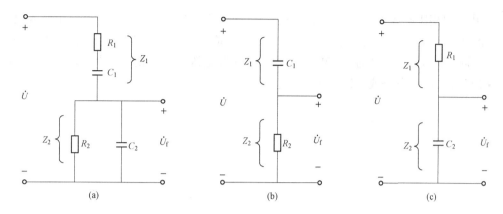

图 8.2 RC 串并联网络

(a) 电路图；(b) 低频等效电路；(c) 高频等效电路

定量计算 $\dot{U}_f$ 与 $\dot{U}$ 的关系，即 RC 串并联网络的电压传输系数（即反馈系数）

$$F_u = \frac{\dot{U}_f}{\dot{U}} = \frac{Z_2}{Z_1 + Z_2} = \frac{\dfrac{R_2}{1 + jR_2C_2}}{R_1 + \dfrac{1}{j\omega C_1} + \dfrac{R_2}{1 + j\omega R_2 C_2}}$$

$$= \frac{1}{1 + \dfrac{R_1}{R_2} + \dfrac{C_2}{C_1} + j\left(\omega R_1 C_2 - \dfrac{1}{\omega R_2 C_1}\right)} \tag{8.4}$$

通常取 $R_1 = R_2 = R$，$C_1 = C_2 = C$，此时如令 $\omega_0 = \dfrac{1}{RC}$，则式（8.4）可简化为

$$\dot{F}_u = \frac{1}{3 + j\left(\dfrac{\omega}{\omega_0} - \dfrac{\omega_0}{\omega}\right)} \tag{8.5}$$

幅频特性为

$$|\dot{F}_u| = \frac{1}{\sqrt{3^2 + \left(\dfrac{\omega}{\omega_0} - \dfrac{\omega_0}{\omega}\right)^2}} \tag{8.6}$$

相频特性为

$$\varphi_F = -\arctan\left(\frac{\dfrac{\omega}{\omega_0} - \dfrac{\omega_0}{\omega}}{3}\right) \tag{8.7}$$

由式（8.6）和式（8.7）可知，当 $\omega = \omega_0 = \dfrac{1}{RC}$ 时，$\dot{F}_u$ 达到最大幅值 $\left|\dot{F}_u\right|_{\max} = \dfrac{1}{3}$，且 $\dot{F}_u$ 的相位角为零，即 $\varphi_F = 0$。这说明当 $f = f_0 = \dfrac{1}{2\pi RC}$ 时，$\dot{U}_f$ 的幅值达到最大，等于 $\dot{U}$ 幅值的 $1/3$，且 $\dot{U}_f$ 与 $\dot{U}$ 同相位。画出 RC 串并联网络的幅频特性与相频特性如图 8.3 所示。

2. RC 串并联网络正弦波振荡电路

（1）电路组成。RC 串并联网络正弦波振荡电路的原理图如图 8.4 所示。该电路中 RC 串并联网络既是反馈网络 $\dot{F}$ 也是选频网络，集成运放组成的同相比例放大电路作为放大电

路 $\dot{A}$，其中同相比例放大电路中由电阻 R_f、R_1 构成负反馈网络，在放大电路中引入负反馈是为了将放大倍数控制在合适的数值上。Z_1、Z_2 和负反馈网络中的 R_f、R_1 正好组成一个四臂电桥，而放大电路的输入端口和输出端口分别接在电桥的两个相对顶点上，所以这种电路又叫做 RC 桥式振荡电路或文氏电桥振荡电路。

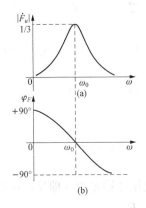

图 8.3 RC 串并联网络的频率特性

（a）幅频特性；（b）相频特性

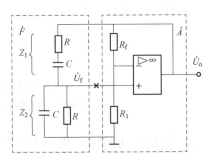

图 8.4 RC 桥式振荡电路

（2）自激振荡的条件。

1）产生振荡的相位平衡条件。将反馈网络 $\dot{F}$ 反馈至放大电路的输入端点（图中"×"号位置）假设断开，在断点处假设加一输入电压 $\dot{U}_i$ 至放大电路 $\dot{A}$ 的输入端，$\dot{U}_i$ 经同相放大电路到输出 $\dot{U}_o$，则 $\dot{U}_o$ 与 $\dot{U}_i$ 同相，即 $\varphi_A = 0°$；又根据 RC 串并联网络的频率选择性，仅在某一频率 $f = f_0$ 时，$\varphi_F = 0°$，即 $\dot{U}_f$ 与 $\dot{U}_o$ 同相，因此 $\dot{U}_f$ 与假想的输入信号 $\dot{U}_i$ 在频率 f_0 处同相，电路满足产生振荡的相位平衡条件。因为此时，$\varphi_A = 0°$，$\varphi_F = 0°$，则 $\varphi_{AF} = \varphi_A + \varphi_F = 0°$。这样，放大电路和由 RC 串并联网络组成的反馈网络恰好形成正反馈系统，满足相位平衡条件。

2）产生振荡的幅值条件。当 $f = f_0$ 时，$|\dot{F}_u| = \dfrac{1}{3}$，为了满足振荡的幅值条件，必须使 $|\dot{A}_u \dot{F}_u| > 1$，由此得起振条件 $|\dot{A}_u| > 3$，同相比例放大电路电压放大倍数为

$$\dot{A}_u = 1 + \frac{R_f}{R_1}$$

所以要求 $R_f > 2R_1$。

3）振荡的稳幅。维持等幅振荡的条件为 $R_f = 2R_1$，所以 R_f 和 R_1 的取值既要使电路既能起振，又不失真。若 R_f 过大，虽起振容易，但过大的输入信号将使放大管进入非线性区，输出波形畸变，若 R_f 偏小，虽不失真，但起振困难。最好在电路起振阶段，应满足 $R_f > 2R_1$，而当振幅增大到一定程度后转变成 $R_f = 2R_1$。为此，可以选用非线性元件（如热敏电阻）代替 R_f 或 R_1 实现自动稳幅。例如，图 8.5 中的 R_f 选用负温度系数的热敏电阻，阻值会随温度的升高而减小。当输出电压 $|\dot{U}_o|$ 增大时，R_f 上的功耗增大，其温度上升而使阻值减小，使 $|\dot{A}_u| = 1 + \dfrac{R_f}{R_1}$ 减小，从而使输出电压 $|\dot{U}_o|$ 下降，结果抑制了输出幅度的增长。反

之，若 $|\dot{U}_o|$ 减小，R_f 上的功耗也减小，其温度降低而使阻值增大，使 $|\dot{A}_u| = 1 + \dfrac{R_f}{R_1}$ 增大，从而使 $|\dot{U}_o|$ 增加，结果阻止了输出幅度减小，可使输出电压幅值基本稳定且波形失真小，实现了自动稳幅的效果。

同理，也可采用具有正温度系数的热敏电阻取代 R_1 达到自动稳幅的目的。或者如图 8.6 所示，在 R_3 两端并联二极管 VD1、VD2，也可以稳定振荡电路的幅度。

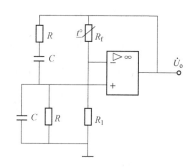 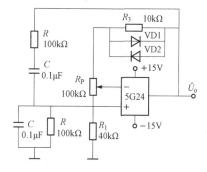

图 8.5　采用热敏电阻的 RC 桥式振荡电路　　　图 8.6　实用的桥式振荡电路

（3）振荡频率。因电路仅在 $f = f_0$ 时才满足产生振荡的相位平衡条件，所以 f_0 就是 RC 串并联网络振荡电路的振荡频率

$$f_0 = \frac{1}{2\pi RC} \tag{8.8}$$

改变 R、C 的值，就可调节振荡频率，通常以调节电容为频率粗调，调节 R 为频率细调。RC 串并联网络振荡电路的振荡频率范围为几赫兹至几百千赫兹。

需要特别指出：由式（8.8）所计算的振荡频率只是估算值，由于放大电路 R_o、R_i 的存在，电路的实际振荡频率与计算值之间有偏差，R_o 越小、R_i 越大产生的偏差越小，因此希望放大电路输入电阻尽可能大，输出电阻尽可能小，使 RC 串并联网络输出端趋于空载，输入信号接近理想电压源。在放大电路中由电阻 R_f、R_1 构成负反馈网络，引入电压串联负反馈，恰恰能起到此作用。

二、RC 移相式振荡电路

RC 移相式振荡电路由一个反相输入比例电路和三节 RC 移相电路组成，电路原理图如图 8.7（a）所示。

反相输入比例电路的相移 $\varphi_A = -180°$，三节 RC 移相网络构成振荡电路的反馈网络以及选频网络。一节 RC 移相网络可以移相 $0 \sim 90°$，则三节 RC 移相网络总的相移可达 $0 \sim 270°$，因此总会有一个频率 f_0，使反馈网络的 $\varphi_F = 180°$，此时 $\varphi_{AF} = \varphi_A + \varphi_F = 0$，满足产生振荡的相位平衡条件，只要适当调节电阻 R_f

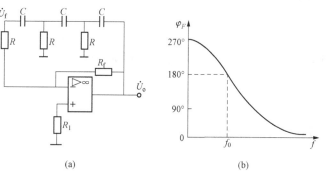

图 8.7　RC 移相式振荡电路
（a）电路图；（b）三节 RC 移相网络相频特性

使 $|\dot{A}_u|$ 适当，就可同时满足产生振荡的幅值平衡条件和起振条件，产生正弦波振荡。

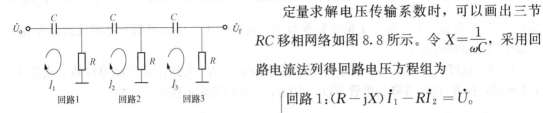

定量求解电压传输系数时，可以画出三节 RC 移相网络如图 8.8 所示。令 $X=\dfrac{1}{\omega C}$，采用回路电流法列得回路电压方程组为

图 8.8　三节 RC 移相网络示意图

$$\begin{cases} \text{回路 }1：(R-\mathrm{j}X)\dot{I}_1-R\dot{I}_2=\dot{U}_{\mathrm{o}} \\ \text{回路 }2：-R\dot{I}_1+(R-\mathrm{j}X)\dot{I}_2-R\dot{I}_3=0 \\ \text{回路 }3：-R\dot{I}_2+(R-\mathrm{j}X)\dot{I}_3=0 \end{cases}$$

并且 $\dot{U}_{\mathrm{f}}=R\dot{I}_3$，因此解方程组的思路是将 $\dot{I}_1$、$\dot{I}_2$ 用 $\dot{I}_3$ 表示。由回路 3 方程式得到 $\dot{I}_2=\dfrac{2R-\mathrm{j}X}{R}\dot{I}_3$，代入回路 1 方程式得 $\dot{I}_1=\dfrac{\dot{U}_{\mathrm{o}}+R\dot{I}_2}{R-\mathrm{j}X}=\dfrac{\dot{U}_{\mathrm{o}}+(2R-\mathrm{j}X)\dot{I}_3}{R-\mathrm{j}X}$，将 $\dot{I}_1$、$\dot{I}_2$ 代入回路 2 方程式得

$$-R\frac{\dot{U}_{\mathrm{o}}+(2R-\mathrm{j}X)\dot{I}_3}{R-\mathrm{j}X}+(R-\mathrm{j}X)\frac{2R-\mathrm{j}X}{R}\dot{I}_3-R\dot{I}_3=0$$

化简得

$$\dot{U}_{\mathrm{o}}=R\dot{I}_3\left(1-6\frac{\mathrm{j}X}{R}-5\frac{X^2}{R^2}+\mathrm{j}\frac{X^3}{R^3}\right)=\dot{U}_{\mathrm{f}}\left(1-6\frac{\mathrm{j}X}{R}-5\frac{X^2}{R^2}+\mathrm{j}\frac{X^3}{R^3}\right)$$

最终得出反馈系数为

$$\dot{F}_u=\frac{\dot{U}_{\mathrm{f}}}{\dot{U}_{\mathrm{o}}}=\frac{1}{1-5\left(\dfrac{1}{\omega RC}\right)^2-\mathrm{j}\left[\dfrac{6}{\omega RC}-\left(\dfrac{1}{\omega RC}\right)^3\right]} \tag{8.9}$$

振荡时，$\dot{F}_u$ 为实数，式（8.9）分母中虚部为零，得

$$\frac{6}{\omega_0 RC}-\left(\frac{1}{\omega_0 RC}\right)^3=0$$

计算得

$$\omega_0=\frac{1}{\sqrt{6}RC} \tag{8.10}$$

振荡频率

$$f_0=\frac{1}{2\pi\sqrt{6}RC} \tag{8.11}$$

当 $\omega=\omega_0$ 时，由式（8.9）可求出振荡时的反馈系数

$$\dot{F}_u=\frac{1}{1-5\left(\dfrac{1}{\omega_0 RC}\right)^2}=-\frac{1}{29}$$

即反馈系数的幅值为

$$|\dot{F}_u|=\frac{1}{29}$$

反馈系数的相位为

$$\varphi_F=180°$$

若要满足幅值平衡条件，必须使 $|\dot{A}_u\dot{F}_u|=1$，由反相输入比例电路，可得

$$\dot{A}_u = -\frac{R_{\rm f}}{R_1}$$

由幅值平衡条件

$$|\dot{A}_u\dot{F}_u| = \frac{R_{\rm f}}{29R_1} = 1$$

得

$$R_{\rm f} = 29R_1$$

即 RC 移相式振荡电路的幅值平衡条件。

而起振条件为

$$R_{\rm f} > 29R_1$$

由式（8.8）还可以得到

$$\varphi_F = \arctan \frac{\dfrac{6}{\omega RC} - \left(\dfrac{1}{\omega RC}\right)^3}{1 - 5\left(\dfrac{1}{\omega RC}\right)^2} \tag{8.12}$$

画出 φ_F 的曲线如图 8.7（b）所示，可知该 RC 移相网络是超前移相网络。同理，也可采用三节 RC 滞后移相网络来组成 RC 移相式振荡电路。

RC 移相式振荡电路结构简单，但选频作用较差，振荡频率不易调节，一般用于振荡频率固定且稳定性要求不高的场合，其输出频率范围几赫到几十千赫。

第三节 LC 正弦波振荡电路

LC 正弦波振荡电路采用 LC 谐振电路作为选频网络，选频特性优于 RC 串并联电路，也能实现更高的振荡频率，主要用来产生兆赫兹以上的高频正弦波信号。根据其电路结构的差异，有变压器反馈式、电感反馈式和电容反馈式及其改进型等多种电路形式。首先讨论 LC 并联谐振回路的主要特性，然后介绍各种常见的 LC 正弦波振荡电路。

一、LC 并联谐振回路特性

LC 并联回路如图 8.9 所示，其中 R 表示回路中和回路所带负载的等效总损耗电阻。回路的等效阻抗为

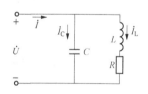

图 8.9 LC 并联谐振回路

$$Z = \frac{\dot{U}}{\dot{I}} = \frac{\dfrac{1}{{\rm j}\omega C}(R + {\rm j}\omega L)}{\dfrac{1}{{\rm j}\omega C} + R + {\rm j}\omega L} \tag{8.13}$$

由于通常有 $R \ll \omega L$，则式（8.13）分子中忽略 R，可得

$$Z \approx \frac{\dfrac{L}{C}}{R + {\rm j}\left(\omega L - \dfrac{1}{\omega C}\right)} \tag{8.14}$$

当回路发生谐振时，$\dot{U}$ 与 $\dot{I}$ 同相，Z 为一实数，则式（8.14）虚部为零，得到谐振时的角频率

$$\omega = \omega_0 = \frac{1}{\sqrt{LC}} \tag{8.15}$$

即 LC 回路并联谐振频率

$$f = f_0 = \frac{1}{2\pi\sqrt{LC}} \tag{8.16}$$

谐振时，回路的等效阻抗达到最大，并且为纯电阻性质

$$Z_{f=f_0} = Z_0 = \frac{L}{RC} \tag{8.17}$$

通常令

$$Q = \frac{1}{R}\sqrt{\frac{L}{C}} = \frac{\omega_0 L}{R} = \frac{1}{\omega_0 CR} \tag{8.18}$$

Q 称为谐振回路的品质因数，用来衡量回路损耗的大小。在 L、C 为定值的情况下，回路损耗 R 越小，则 Q 值越大，一般 Q 值约为几十到几百。代入式（8.17）可得

$$Z_0 = \frac{L}{RC} = \frac{Q}{\omega_0 C} = Q\omega_0 L \tag{8.19}$$

Q 值越大，谐振时回路的阻抗 Z_0 也越大。在电压 $\dot{U}$ 一定的情况下，电流 $|\dot{I}|$ 将达到最小值 $|\dot{I}| = |\dot{I}_0| = \dfrac{|\dot{U}|}{Z_0}$，此时各并联支路的电流分别为

$$\dot{I}_C = \frac{\dot{I}Z_0}{Z_{0C}} = \dot{I}\,\frac{\dfrac{Q}{\omega_0 C}}{\dfrac{1}{j\omega_0 C}} = jQ\dot{I}$$

$$\dot{I}_L = \frac{\dot{I}Z_0}{Z_{0L}} \approx \dot{I}\,\frac{Q\omega_0 L}{j\omega_0 L} = -jQ\dot{I}$$

由此可知谐振时，电容、电感中 $\dot{I}_C$ 和 $\dot{I}_L$ 大小相等、相位相反，且其模值是电流 $|\dot{I}|$ 的 Q 倍。这意味着在谐振时，只需模值较小的激励电流 $\dot{I}$ 便可在并联谐振回路内产生很大的谐振电流，所以并联谐振又称为电流谐振。将式（8.14）进行变换

$$Z \approx \frac{\dfrac{L}{C}}{R + j\left(\omega L - \dfrac{1}{\omega C}\right)} = \frac{\dfrac{L}{RC}}{1 + j\dfrac{\omega L}{R}\left(1 - \dfrac{1}{\omega^2 LC}\right)} = \frac{Z_0}{1 + j\dfrac{\omega L}{R}\left(1 - \dfrac{\omega_0^2}{\omega^2}\right)}$$

在仅讨论 ω_0 附近的网络特性时，$\dfrac{\omega L}{R} \approx \dfrac{\omega_0 L}{R} = Q$，可得

$$Z \approx \frac{Z_0}{1 + jQ\left(1 - \dfrac{\omega_0^2}{\omega^2}\right)} \tag{8.20}$$

阻抗的模为

$$|Z| \approx \frac{Z_0}{\sqrt{1 + Q^2\left(1 - \dfrac{\omega_0^2}{\omega^2}\right)}} \tag{8.21}$$

阻抗角为

$$\varphi_Z \approx -\arctan\left[Q\left(1-\frac{\omega_0^2}{\omega^2}\right)\right] \tag{8.22}$$

图 8.10 比较了不同 Q 值的 LC 并联谐振回路幅频特性与相频特性，由图可知：

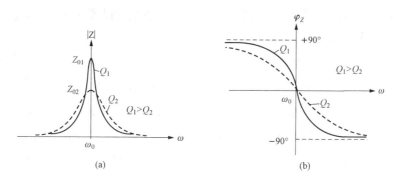

图 8.10　LC 并联回路的频率特性

（a）幅频特性；（b）相频特性

（1）$\omega=\omega_0$ 时，产生并联谐振，回路等效阻抗达最大值 $Z_0=L/RC$；ω 越偏离 ω_0，$|Z|$ 值越小，取值为 $+90^\circ\sim 90^\circ$。

（2）谐振时 $\varphi_Z=0$，电路中 $\dot U$ 与 $\dot I$ 同相，等效阻抗为纯电阻性；当 $\omega>\omega_0$ 时，$\varphi_Z<0$，等效阻抗为容性，$\dot U$ 滞后于 $\dot I$；当 $\omega<\omega_0$ 时，等效阻抗为感性，$\varphi_Z>0$，$\dot U$ 超前于 $\dot I$。

（3）回路的 Q 值越大，曲线越陡，相角变化也越快，在 ω_0 附近 $|Z|$ 值和 φ_Z 值变化更急剧，选频特性越好；同时，谐振时的阻抗值 $|Z_0|$ 也越大。

二、变压器反馈式振荡电路

LC 并联谐振回路谐振时表现为较大的纯阻，而一旦偏离了谐振频率，就会出现剧烈的相角变化，等效阻抗也迅速减小。如果将其作为三极管的集电极负载应用于放大电路中，就可以使放大电路只对与谐振频率相同的输入信号具有很强的放大能力，对于谐振频率之外的信号，则放大倍数迅速下降，并产生较大的附加相移。这种放大电路被称为选频放大电路。或者将 LC 并联谐振回路应用于反馈网络中，使反馈网络具有选频特性。这两种方法都可以使电路在构成正反馈的同时具有很好的选频特性。

变压器反馈式 LC 振荡电路的原理电路如图 8.11 所示。采用 LC 选频网络代替了共发射极放大电路中的集电极负载，使原来的放大电路具备了选频特性。在谐振频率 f_0 下，LC 并联谐振回路呈现纯电阻特性，电路输出电压与输入电压反相，而在谐振频率之外，放大器的相移或者超前，或者滞后，均将偏离 -180°。因此，若使反馈网络移相 180°，电路仅在谐振频率处满足相位平衡条件，产生频率为 f_0 的正弦振荡。反馈网络由变压器二次绕组 N2 组成，其上的感应电压即为反馈电压，反馈网络的相移依靠 N1、N2 两绕组间的同名端决定。C_1 为耦合电容，C_e 为旁路电容。由绕组 N3 向负载提供正弦波信号。

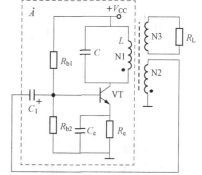

图 8.11　变压器反馈式 LC 振荡电路

　　振荡电路的基础是电路的静态工作点要使三极管工作在放大状态，分析如图 8.12（a）所示的直流通路可知，合理选取 R_{b1}、R_{b2}、R_e 取值可使放大电路工作在放大区。交流通路如图 8.12（b），三极管 VT 的集电极和发射极并联在 LC 谐振回路两端，为避免三极管因信号振幅过大，进入饱和区，引起 Q 值下降电路停振，静态工作点通常设置的较低，靠近截止区。

　　下面分析自激振荡的相位条件。

　　假设断开基极［图 8.12（b）中 a 点］，加入一个瞬时极性为 ⊕ 的 $\dot{U}_i$，其频率为 LC 回路的谐振频率，此时放大管的集电极的等效负载为一纯阻，则集电极电压 $\dot{U}_c$ 与 $\dot{U}_i$ 反相，得到集电极电压 $\dot{U}_c$ 的瞬时极性为 ⊖（$\varphi_A = -180°$），变压器绕组各同名端的极性应相同，所以经变压器绕组 N2 得到的反馈电压 $\dot{U}_f$ 瞬时极性为 ⊕（$\varphi_F = 180°$），即 $\dot{U}_f$ 与 $\dot{U}_i$ 同相，即电路满足振荡的相位平衡条件（$\varphi_A + \varphi_F = \pm 2n\pi$），注意交流通路中，变压器的一、二次绕组是异极性端接地。

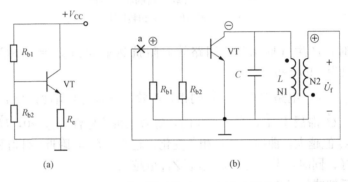

图 8.12　变压器反馈式 LC 振荡电路的
（a）直流通路；（b）交流通路

　　因为以 LC 并联谐振回路为负载的电路放大倍数很大，比较容易满足幅值条件。如果不能起振，只需调整 N2 与 N1 的耦合程度或变比即可。

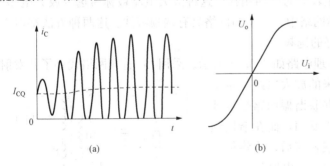

图 8.13　LC 正弦波振荡电路的起振与稳定
（a）集电极电流波形；（b）放大器的电压传输特性曲线

　　振幅的稳定是利用放大管特性曲线的非线性来实现的，随着起振时振幅逐渐增大，三极管的工作点将有一段时间进入截止区。使得集电极电流波形不再连续，变成电流脉冲，如图 8.13（a）所示，振荡管的集电极电流平均值会有所增大，使得振荡管的 U_{BEQ} 减小，促进振荡管进一步靠近截止区。i_c 波形产生这种失真后，出现了高次谐波，其中基波成分在出现失真后便逐渐趋于一个定值，导致放大倍数减小（基波输出电压随输入变化的趋势变缓），如图 8.13（b）所示。由于 LC 并联谐振回路具有很好的选频能力，通过变压器绕组 N3 送到负载的电压波形一般失真不大。

　　由于 LC 并联谐振回路接在三极管的集电极，所以也常称为集电极调谐式振荡电路。振

荡电路仅在 LC 并联谐振回路的谐振频率上,电路才满足振荡的相位平衡条件,因而**振荡频率**就是 LC 并联谐振回路的谐振频率

$$f_0 = \frac{1}{2\pi \sqrt{LC}} \tag{8.18}$$

三、电感反馈式振荡电路

变压器反馈式振荡电路需准确设置变压器的同名端,振荡电路才能正常工作。它采用了具有抽头的电感与电容组成 LC 并联谐振回路,可以直接构成电感反馈式振荡电路,如图 8.14 (a) 所示;交流通路如图 8.14 (b) 所示。其中,反馈网络由电感 L_2 组成,反馈电压取自电感 L_2。由于电感 L_1 和 L_2 引出的三个端点与放大管 VT 的三个电极分别相连,该电路也常被称为电感三点式 LC 正弦波振荡电路。

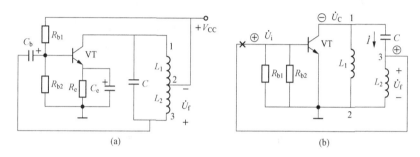

图 8.14 电感反馈式振荡电路
(a) 电路图;(b) 交流通路

为判断电路是否满足相位平衡条件,仍假设断开反馈电感 L_2 到三极管基极的连线 [图 8.14 (b) 中"×"处],并在输入端加一正弦波电压 $\dot{U}_i$,其对地极性为 ⊕,频率为 LC 并联谐振回路的谐振频率。此时 LC 并联谐振回路为纯阻特性,放大电路为共射组态,因此集电极电压 $\dot{U}_c$ 与 $\dot{U}_i$ 反相,得到 $\dot{U}_c$ 瞬时极性为 ⊖(即 $\varphi_A = -180°$);在谐振频率 f_0 处 $|X_C| \gg |X_{L2}|$,L_2C 串联支路的电抗 X 呈容性,在 $\dot{U}_c$ 作用下,L_2C 串联支路电流 $\dot{I}$ 超前 $\dot{U}_c$ 90°,$\dot{I}$ 在 L_2 上产生的压降即反馈电压 $\dot{U}_f$ 超前 $\dot{I}$ 90°,所以 $\dot{U}_f$ 超前 $\dot{U}_c$ 180°($\dot{U}_f$ 与 $\dot{U}_c$ 反相),得 $\dot{U}_f$ 为 ⊕(即 $\varphi_F = 180°$);结果,$\dot{U}_f$ 与 $\dot{U}_i$ 同相,即 $\varphi_A + \varphi_F = 2n\pi$,满足相位平衡条件。

改变 L_1 与 L_2 的匝数比 $\left(\text{一般取} \frac{L_2}{L_1} = \frac{1}{8} \sim \frac{1}{4}\right)$,可使振荡器满足幅度条件。电路的**振荡频率**,即 L_1、L_2、C 组成的回路谐振频率

$$f_0 = \frac{1}{2\pi \sqrt{LC}} = \frac{1}{2\pi \sqrt{(L_1 + L_2 + 2M)C}} \tag{8.19}$$

式中:L 为回路的总电感;M 为 L_1 与 L_2 之间的互感系数。

电感反馈式振荡电路中的放大电路也可以采用共基组态的电路,并且共基放大电路高频频率特性更好,如果需要更高的振荡频率,一般采用共基组态的放大电路,分析方法类似,在此不再赘述。

电感反馈式 LC 振荡电路的特点是:L_1 与 L_2 之间耦合较紧,容易起振;LC 并联谐振回路中的电容采用可变电容可方便调节振荡频率,调节频率范围较宽,可用来产生几十兆赫

兹以下的正弦信号；反馈电压取自电感 L_2，因电感对高次谐波的阻抗较大，使反馈电压 $\dot{U}_f$ 中高次谐波分量较多，使输出波形中含有较大的高次谐波，因而输出波形较差。

四、电容反馈式 LC 振荡电路

若把电感反馈式振荡电路中 LC 并联谐振回路中的 L_1、L_2 改换成电容 C_1、C_2，电容 C 换成电感 L，就可得到电容反馈式 LC 振荡电路，如图 8.15 所示。其中，电容支路 C_1、C_2 有三个端点分别与放大管 VT 的三个电极相连，故该电路也称为电容三点式振荡电路；放大电路采用共射组态，交流通路如图 8.15（b）所示。

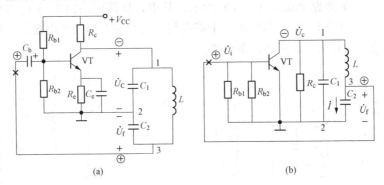

图 8.15　电容式反馈 LC 振荡电路（共射组态）

(a) 电路图；(b) 交流通路

相位平衡条件：假设断开放大电路输入端，并输入频率为 LC 并联谐振回路谐振频率的正弦波电压 $\dot{U}_i\oplus$，则集电极电压 $\dot{U}_c\ominus$（$\dot{U}_c$ 与 $\dot{U}_i$ 反相），即 $\varphi_A=-180°$；在谐振频率 f_0 处 $|X_L|\gg|X_{C2}|$，LC_2 串联支路的电抗 X 呈感性，在 $\dot{U}_c$ 作用下，LC_2 串联支路电流 $\dot{I}$ 滞后 $\dot{U}_c$ 90°，$\dot{I}$ 在 C_2 上产生的压降即反馈电压 $\dot{U}_f$ 滞后 $\dot{I}$ 90°，所以 $\dot{U}_f$ 滞后 $\dot{U}_c$ 180°（$\dot{U}_f$ 与 $\dot{U}_c$ 反相），得 $\dot{U}_f\oplus$，即 $\varphi_F=-180°$；结果，$\dot{U}_f$ 与 $\dot{U}_i$ 同相，满足相位平衡条件（即 $\varphi_A+\varphi_F=2n\pi$）。同理放大电路也可以采用共基极组态。

起振的幅值条件，只要保证管子的 β 值在几十倍以上，适当选取 C_1/C_2 的值，即可正常工作，通常选取 $C_1/C_2\leqslant1$。

电路的振荡频率等于 LC 并联谐振回路的谐振频率

$$f_0=\frac{1}{2\pi\sqrt{LC}}=\frac{1}{2\pi\sqrt{L\dfrac{C_1C_2}{C_1+C_2}}} \tag{8.20}$$

式中：C 为 LC 并联谐振回路总的电容量。

电容反馈式 LC 振荡电路的特点是：反馈电压取自电容 C_2，因电容对高次谐波的阻抗小则反馈电压中谐波分量小，使得输出波形较好；电容 C_1、C_2 的容量可以选得较小，可使电路的振荡频率较高，一般可达 100MHz 以上；但调节振荡频率较困难。

电感反馈式和电容反馈式振荡电路统称为三点式正弦波振荡电路，LC 选频网络与放大管三个电极之间的连接特点是：与放大管的发射极相连的两个元件电抗同性质，基极和集电极之间所连元件电抗性质与前两者相反。这也是判断电路是否能够产生正弦波振荡的方法。

第四节 石英晶体振荡电路

正弦波振荡电路工作时，不但要求输出幅度稳定，而且要求其振荡频率稳定。而实际上由于受到外部和内部的许多因素的影响，振荡频率会发生变化。造成振荡频率不稳定的因素主要有选频网络元件参数随温度和时间而变化，晶体管参数变化和负载变动等。所以振荡频率的稳定程度，是振荡电路的一项重要的质量指标。LC 振荡电路中，LC 并联谐振回路的品质因数 Q 对频率的稳定有较大的影响，Q 值越大，频率的稳定度越高。在要求频率稳定度更高的场合，常采用石英晶体振荡电路。石英晶性能稳定，等效 Q 值极高，能使振荡电路的频率稳定度达到 10^{-9} 甚至 10^{-11} 数量级。而普通的 LC 并联谐振回路 Q 值只有数百，频率稳定度很难突破 10^{-5} 量级。

一、石英晶体谐振器的基本特性和等效电路

石英晶体是一种各向异性的晶体，其化学成分是二氧化硅（SiO_2），具有稳定的物理化学性质。将石英晶体按一定方位角切割成薄片，称为晶片，在晶片的两个对应表面用喷涂工艺涂上银层形成一对极板，且在每个极板上焊接一根引线，装在支架上密封后就成为石英晶体谐振器，简称石英晶体，电路符号如图 8.16（a）所示。石英晶体具有压电效应：在石英晶体的两个极板上加一个电场，晶片会产生机械变形；相反，如果对晶体施加机械力使其变形，又会在极板上产生相应的电荷。在石英晶体的两个极板上加上交变电压，晶片便会产生机械变形振动，伴随着机械振动又会产生交变电场。通常机械变形振动的振幅非常微小，伴随的交变电场也较弱。但当外加交变电压的频率与晶片的固有频率（取决于晶片形状和几何尺寸）相等时，机械振动的幅度将急剧增加，伴随的交变电场强度也增大。此时晶片发生机械谐振，称为压电谐振。压电谐振现象与 LC 回路的谐振现象非常相似，可以用电参数来等效，如图 8.16（b）所示。

用静电电容 C_0 模拟等效晶片两金属极板间的静电电容，C_0 的值与晶片的几何尺寸和电极面积有关，一般约为几皮法到几十皮法。用电感 L 模拟晶片机械振动的惯性，L 的范围在 $10^{-3} \sim 10^2$ H 左右。用电容 C 模拟晶片的弹性，通常为 $10^{-2} \sim 10^{-1}$ pF。电感、电容的值与晶体的切割方式及晶片和电极的尺寸、形状等有关。晶片振动时的摩擦损耗用电阻 R 来模拟等效，R 的值约为 100Ω。晶片的等效电感 L 很大，等效电容 C 很小，等效电阻 R 也小，所以回路的品质因数 Q 很大，可高达 $10^4 \sim 10^6$；晶片的固有频率仅与晶片的自身的形状、几何尺寸有关，所以很稳定，并且可以非常精确。忽略等效电阻 R，可得等效电路的电抗为

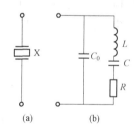

图 8.16 石英晶体谐振器
(a) 电路符号；(b) 等效电路

$$X = \frac{-\dfrac{1}{\omega C_0}\left(\omega L - \dfrac{1}{\omega C}\right)}{-\dfrac{1}{\omega C_0} + \left(\omega L - \dfrac{1}{\omega C}\right)} = \frac{\omega^2 LC - 1}{\omega(C + C_0 - \omega^2 LC_0 C)} \tag{8.21}$$

其频率特性如图 8.17 所示。

（1）当 $X=0$ 时，式（8.19）的分子 $\omega^2 LC - 1 = 0$，对应的角频率 ω_s 是 LC 支路的串联谐振角频率

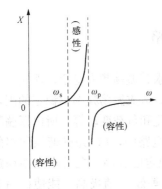

图 8.17　石英晶体的电抗频率特性

$$\omega_{\mathrm{s}} = \frac{1}{\sqrt{LC}} \tag{8.22}$$

石英晶体串联谐振频率 f_{s} 为

$$f_{\mathrm{s}} = \frac{\omega_{\mathrm{s}}}{2\pi} = \frac{1}{2\pi\sqrt{LC}} \tag{8.23}$$

（2）当 $X\to\infty$，由式（8.21）的分母为零，相应的角频率 ω_{p} 是谐振回路的并联谐振角频率

$$\omega_{\mathrm{p}} = \frac{1}{\sqrt{L\left(\dfrac{CC_0}{C+C_0}\right)}} = \frac{1}{\sqrt{LC}}\sqrt{1+\frac{C}{C_0}} = \omega_{\mathrm{s}}\sqrt{1+\frac{C}{C_0}} \tag{8.24}$$

石英晶体的并联谐振频率 f_{p} 为

$$f_{\mathrm{p}} = \frac{1}{2\pi\sqrt{L\dfrac{CC_0}{C+C_0}}} = f_{\mathrm{s}}\sqrt{1+\frac{C}{C_0}} \tag{8.25}$$

由于 $C\ll C_0$，所以 ω_{s} 和 ω_{p} 非常接近。

（3）当 $\omega<\omega_{\mathrm{s}}$，$\omega>\omega_{\mathrm{p}}$ 时，电抗 X 为容性，当 $\omega_{\mathrm{s}}<\omega<\omega_{\mathrm{p}}$ 时，X 呈感性。

二、石英晶体振荡电路

石英晶体振荡电路分为并联型和串联型晶体振荡电路类型。

1. 并联型石英晶体振荡电路

根据石英晶体等效电路的电抗频率特性可知在 ω_{s} 与 ω_{p} 之间，石英晶体的等效电抗呈感性，也就是说在这个频率区间，石英晶体可以取代电容反馈式振荡电路中的电感，这样就构成了并联型石英晶体振荡电路，如图 8.18 所示。将石英晶体视作高 Q 值的电感后，分析方法与电容反馈式振荡电路完全相同。

电路的振荡频率即是并联谐振回路的谐振频率

$$f_0 = \frac{1}{2\pi\sqrt{LC''}} \tag{8.26}$$

其中，C'' 为回路的总电容，满足

$$\frac{1}{C''} = \frac{1}{C'+C_0} + \frac{1}{C}$$

C' 是与晶体有关联的外部电容，即 $C' = \dfrac{1}{\dfrac{1}{C_1}+\dfrac{1}{C_2}+\dfrac{1}{C_{\mathrm{T}}}}$。由

于通常有 $C_{\mathrm{T}}\ll C_1$，$C_{\mathrm{T}}\ll C_2$，所以 $C'\approx C_{\mathrm{T}}$，则

$$C'' = \frac{C(C_{\mathrm{T}}+C_0)}{C+C_{\mathrm{T}}+C_0}$$

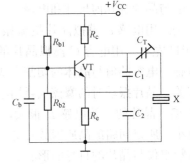

图 8.18　并联型石英晶体
振荡电路（共基组态）

代入式（8.26）得振荡频率为

$$f_0 = \frac{1}{2\pi\sqrt{L\dfrac{C(C_{\mathrm{T}}+C_0)}{C+C_{\mathrm{T}}+C_0}}} = f_{\mathrm{s}}\sqrt{1+\frac{C}{C_0+C_{\mathrm{T}}}} \tag{8.27}$$

事实上，通常 $C \ll C_0 + C_T$，所以在回路中起决定性作用的是电容 C，振荡频率近似为 f_s，仅由石英晶体的固有频率来决定，因此振荡频率的稳定度很高。电路中的外接微调电容 C_T 用来微调晶体的振荡频率使之达到要求的频率。

2. 串联型石英晶体振荡电路

将石英晶体作为正反馈电路的反馈元件可构成的串联型石英晶体振荡电路，如图 8.19 所示。电路中反馈网络由石英晶体、电阻 R 和 R_{e1} 组成，放大电路属两级直接耦合放大电路。其中，第一级放大电路是共基极电路，第二级是射极输出器，所以两级放大输出与输入是同相关系。反馈网络中石英晶体具有频率选择作用，在其串联谐振频率 f_s 处，它相当于一个阻值很小的纯电阻（可近似视作短路），此时正反馈最强，且反馈网络的相移为零，电路满足

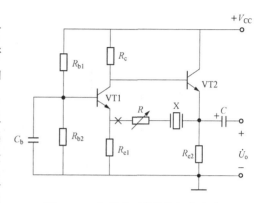

图 8.19　串联型石英晶体振荡电路

自激振荡的相位条件。对偏离 f_s 的其他频率，石英晶体呈现的阻抗增大且相移不为零，因此不满足自激振荡的相位条件。由此可知石英晶体同时也是选频网络。调节 R 的大小可改变正反馈的强弱，使电路满足自激振荡的幅值条件，输出良好的正弦波。

第五节　电容三点式振荡电路的 Proteus 仿真

本节以电容三点式振荡电路为例进行仿真。在 Proteus 软件中连成共基组态的振荡电路，如图 8.20 所示。其中，R_1、R_2、R_3、R_4、确定三极管的静态工作点；L_1、C_2、C_3、C_4 组成 LC 并联谐振回路，C_4 为频率微调电容，电容值远远小于 C_2、C_3，示波器观测谐振网络输出端的电压。根据电容三点式振荡电路的原理，电路的振荡频率约为

$$f_0 = \frac{1}{2\pi \sqrt{L_1 C_4}}$$

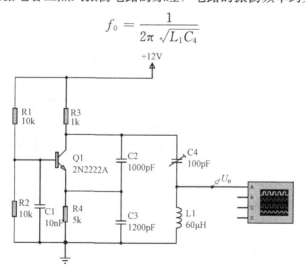

图 8.20　改进型电容三点式振荡器

假设需要产生 2MHz 的正弦波，调节 C_4 约在 100pF，$L_1=60\mu H$，满足振荡频率，取 $C_2=1000pF$，$C_3=1200pF$，远远大于 C_4 的值，并且满足 $C_2/C_3\leqslant 1$ 的幅度起振条件。仿真得到起振时和电路稳定后的输出波形如图 8.21 所示。

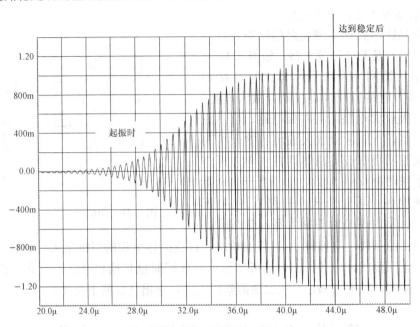

图 8.21　振荡电路的输出波形

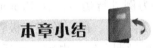

本章介绍正反馈机制的正弦波振荡电路。

（1）正弦波振荡电路的四个组成部分：放大电路、正反馈网络、选频网络和稳幅环节。

（2）电路引入正反馈产生自激振荡的条件是 $\dot{A}\dot{F}=1$，包括幅值平衡条件 $|\dot{A}\dot{F}|=1$ 和相位平衡条件 $\varphi_A+\varphi_F=2n\pi$（$n$ 为整数）。

（3）按结构的不同，正弦波振荡电路主要有 RC 型和 LC 型两大类。石英晶体振荡电路是 LC 型的一种特殊形式，因石英晶体具有高 Q 值，其振荡频率稳定度很高。

（4）RC 正弦波振荡电路的振荡频率较低，一般为几赫兹至几百千赫。常采用 RC 桥式振荡电路，理想情况下其振荡频率 $f_0=\dfrac{1}{2\pi RC}$。

（5）LC 正弦波振荡电路可产生很高频率的正弦波，振荡频率可达百兆赫量级。常用的 LC 正弦波振荡电路有变压器反馈式、电感反馈式、电容反馈式三种。其振荡频率由 LC 并联谐振回路的参量决定，其通式为 $f_0=\dfrac{1}{2\pi RC}$，其中，L 表示回路总电感，C 表示回路总电容。当要求正弦波振荡电路具有很高的频率稳定度时采用石英晶体振荡电路，其振荡频率取决于石英晶体的固有频率，频率稳定度可达 $10^{-6}\sim 10^{-8}$ 数量级。

（6）判断电路能否产生正弦波振荡的一般步骤如下：

1）检查电路是否包括放大、反馈、选频等组成部分。

2）放大电路是否有正常的直流通路，即电路是否有合适的静态工作点。

3）用瞬时极性法或其他方法判断是否满足相位平衡条件。

4）必要时，检查幅值条件。

8.1　根据相位平衡条件分别判断图 8.22 中各电路是否可能产生自激振荡，说明理由。如果可能振荡，说明电路属于哪种类型的正弦波振荡电路。

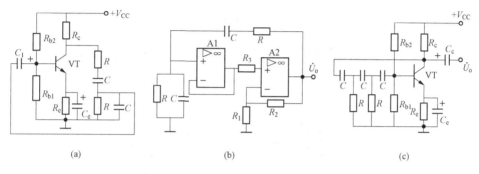

图 8.22　题 8.1 图

8.2　已知 RC 桥式正弦波振荡电路如图 8.23 所示，试回答下列问题：

（1）电路中有几路反馈？反馈的极性和类型是什么？

（2）说明电路满足相位平衡条件的理由。

（3）电路的起振条件是什么？

8.3　电路如图 8.24 所示，按图接线，电路不能产生正弦波振荡。试分析原因，找出图中的错误并改正，画出修改之后的电路图。若改正之后电路能振荡则振荡频率是多少？为了实现自动稳幅，电路中哪个电阻可采用热敏电阻，其温度系数应为正还是负？

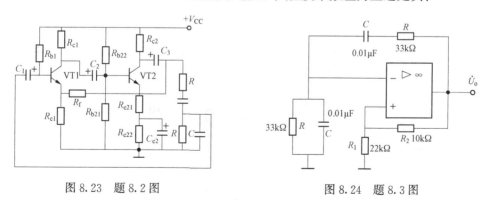

图 8.23　题 8.2 图　　　　　　　图 8.24　题 8.3 图

8.4　判断图 8.25 所示的各电路是否满足自激振荡的相位条件，简要说明。若不满足，如何改动可满足？

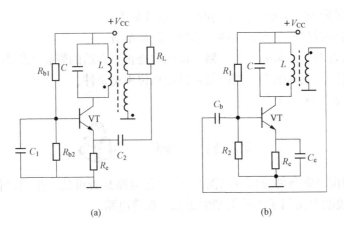

图 8.25　题 8.4 图

8.5　根据相位平衡条件分别判断图 8.26 中各电路是否可能产生自激振荡，并说明理由。

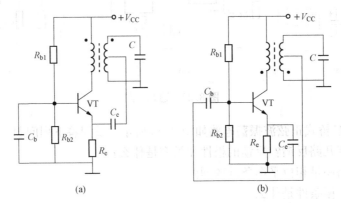

图 8.26　题 8.5 图

8.6　已知电路如图 8.27 所示，试画出各电路的交流通路并判断电路是否可能产生正弦波振荡。

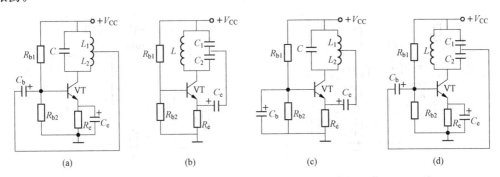

图 8.27　题 8.6 图

8.7　试分析图 8.28 所示各电路是否能产生正弦波振荡，并阐明理由。若不能，试修改电路使其能产生振荡。

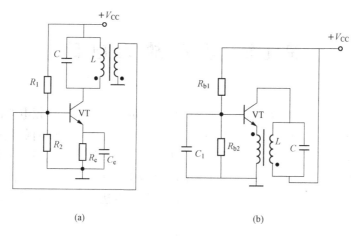

(a)   (b)

图 8.28 题 8.7 图

8.8 改进型电容三点式振荡电路如图 8.29 所示。试完成：

（1）画出其交流通路（C_e 足够大），在图中标出反馈电压取自哪个元件。

（2）用瞬时极性法在图中标明有关位置电压极性，说明电路满足相位平衡条件。

（3）振荡频率 f_0 与哪些参量有关？写出其表达式。

8.9 电感三点式振荡电路如图 8.30 所示。试完成：

（1）画出其交流通路（C_b、C_e、C_c 足够大），在图中标出反馈电压取自哪个元件。

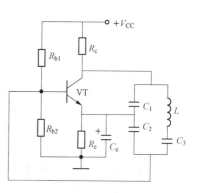

图 8.29 题 8.8 图

（2）用瞬时极性法在图中标明有关位置电压极性，说明电路满足相位平衡条件。

（3）振荡频率 f_0 与哪些参量有关？写出其表达式。

8.10 石英晶体振荡电路如图 8.31 所示，试画出其交流通路，根据相位平衡条件判断电路是否能产生正弦波振荡，若能指出石英晶体在电路中的作用，说明电路的类型。

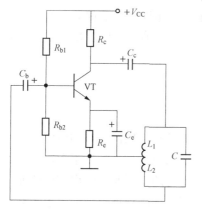

图 8.30 题 8.9 图

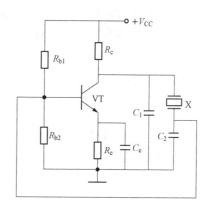

图 8.31 题 8.10 图

第九章　功率放大电路

实用电路的最后一级往往要输出一定的功率驱动负载，例如，音频电路的末级要驱动扬声器，自动控制电路要驱动继电器、伺服电机等执行机构，等等。能向负载提供足够信号功率的放大电路称为功率放大电路，简称功放。功放电路与其他放大电路的主要区别在于，它不是单纯追求输出高电压或高电流，而是在电源电压确定的情况下，输出尽可能大的功率，以及电路的效率是否高。因此，功放电路的组成和分析方法、元器件的选择，都与小信号放大电路有着明显的区别。

本章首先阐明功率放大电路的特点以及性能指标，然后介绍甲类、乙类功放电路的基本原理，以及 OCT 和 OTL 互补对称功率放大电路，最后介绍集成功率放大器。

第一节　功率放大电路的特点

与第二章小信号电压放大电路不同，功率放大电路侧重研究电路功率方面的特性。功率是电压和电流的乘积，因此要求功率放大电路不仅输出足够大的电压，而且要输出足够大的电流，才能获得足够大的输出功率。

对功率放大电路的要求主要有以下几方面：

（1）电路要能够根据负载要求，提供所需的有足够大的输出功率。电路所能提供的最大输出功率是指在正弦波输入信号下，输出波形不超过规定的非线性失真指标时，放大电路最大输出电压和最大输出电流有效值的乘积，用 P_{om} 表示

$$P_{\mathrm{om}} = U_{\mathrm{o}} I_{\mathrm{o}} \tag{9.1}$$

式中：U_{o} 为最大输出电压有效值；I_{o} 为最大输出电流有效值。

（2）电路应具有较高的效率。放大电路输出给负载的功率是由直流电源提供的。在输出功率较大的情况下，效率问题显得尤为突出。若功率放大电路的效率不高，不仅浪费能源，更主要的是消耗在电路内部的电能将转换为热能，使电路元、器件的温度升高，降低了电路的可靠性。为了将此热能散发出去，不仅要求元、器件有足够的容量，而且要有庞大的散热设备，很不经济。

放大电路的效率定义为

$$\eta = \frac{P_{\mathrm{o}}}{P_{\mathrm{v}}} \times 100\% \tag{9.2}$$

式中：P_{o} 为放大电路向负载输出的功率；P_{v} 为直流电源 V_{CC} 提供的功率。

（3）尽量减少非线性失真。由于在功率放大电路中，三极管处于大信号工作状态所以由晶体管特性的非线性而引起的非线性失真是不可避免的。因此，输出波形的非线性失真比小信号放大电路要严重得多。在实际的功率放大电路中，应根据负载的要求来规定允许的失真度范围。

由于功率放大电路中的三极管通常工作在大信号状态，因此在分析电路时，微变等效电

路法不再适用，而常常采用图解法和最大值的估算法来分析放大电路的静态和动态工作情况。

第二节　功率放大电路的参数指标分析

功率放大电路根据其功率放大管放大正弦波信号时的导通角的不同，可以分为甲（A）、乙（B）、丙（C）、丁（D）、戊（E）等多种类型。甲类功率放大电路中功率放大三极管的导通角 $\theta=360°$，即整个信号周期内三极管都导通。乙类功率放大电路中功率放大三极管的导通角 $\theta=180°$，即三极管只在信号的半周内导通，另半周三极管截止。在低频放大电路中，主要讨论甲类和乙类功率放大电路。

一、单管甲类功率放大电路

射极输出器的特点是，虽然电压放大倍数约为1，但有电流和功率放大能力，同时其输出电阻低，带负载能力比较强，因此，在输出功率要求较小时，可以考虑作为基本的功率放大电路。图9.1（a）所示一个简单的射极输出甲类功率放大电路，图中采用单电源供电，负载电阻 R_L 直接接在三极管的发射极。

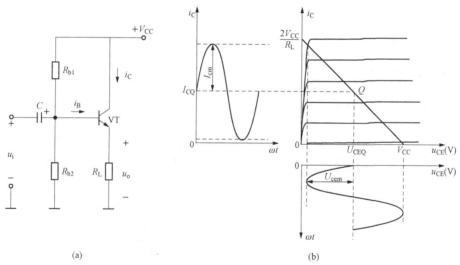

图 9.1　单管甲类功放电路

（a）电路图；（b）图解分析

图9.1（b）为图9.1（a）的图解分析图，当电路的静态工作点 Q 位于负载线的中点时，电路将获得最大的输出电流和输出电压，此时电路可以获得最大的输出功率，则电源提供的功率为

$$P_V = \frac{1}{2\pi}\int_0^{2\pi} V_{CC}(i_C + i_B)\mathrm{d}(\omega t) \approx \frac{1}{2\pi}\int_0^{2\pi} V_{CC} i_C \mathrm{d}(\omega t)$$

$$= \frac{1}{2\pi}\int_0^{2\pi} V_{CC}(I_{CQ} + I_{cm}\sin\omega t)\mathrm{d}(\omega t) = I_{CQ}V_{CC} \qquad (i_B \ll i_C,\text{忽略}\, i_B) \qquad (9.3)$$

由图9.1（b）可得电路的最大信号输出功率为

$$P_{om} = \frac{I_{cm}}{\sqrt{2}}\frac{U_{om}}{\sqrt{2}} = \frac{I_{cm}}{\sqrt{2}}\frac{U_{cem}}{\sqrt{2}} = \frac{I_{CQ}}{2}\frac{1}{2}(V_{CC} - U_{CES}) \approx \frac{1}{4}I_{CQ}V_{CC} \qquad (9.4)$$

式中：U_{CES}为三极管的饱和压降。

放大电路的效率为

$$\eta = \frac{P_{om}}{P_V} = \frac{\frac{1}{4}I_{CQ}V_{CC}}{I_{CQ}V_{CC}} = \frac{1}{4} = 25\% \tag{9.5}$$

可见单管甲类功率放大电路的效率是比较低的。因此，单管甲类功率放大电路没有太大的实用价值，只是在一些输出功率不大的简单电路中偶尔应用。

需要注意的是图 9.1（a）所示电路并不是实际应用的电路，因为图中负载电阻 R_L 直接接在了发射极上，将流过大的直流电流 I_{CQ}，导致消耗很大的直流功率。负载电阻 R_L 上消耗的总功率为

$$\begin{aligned}
P_o &= \frac{1}{2\pi}\int_0^{2\pi} i_C u_o \,\mathrm{d}(\omega t) = \frac{1}{2\pi}\int_0^{2\pi}\left[I_{CQ} + I_{cm}\sin(\omega t)\right]\left[\frac{V_{CC}}{2} + U_{cm}\sin(\omega t)\right]\mathrm{d}(\omega t) \\
&= \frac{1}{2}I_{CQ}V_{CC} + \frac{1}{2\pi}\int_0^{2\pi} I_{CQ}U_{cm}\sin^2\omega t\,\mathrm{d}(\omega t) \\
&= \frac{1}{2}I_{CQ}V_{CC} + \frac{1}{2\pi}\int_0^{2\pi} I_{CQ}\frac{V_{CC}}{2}\sin^2\omega t\,\mathrm{d}(\omega t) \\
&= \frac{1}{2}I_{CQ}V_{CC} + \frac{1}{4}I_{CQ}V_{CC}
\end{aligned}$$

式中，第一项为负载上消耗的静态功率，无论有无输入信号其功率不变。第二项为信号引起的输出功率，最大值为 $\frac{1}{4}I_{CQ}V_{CC}$。

二、乙类互补对称功率放大电路

1. 乙类互补对称电路

由于甲类功率放大电路的效率太低，所以目前应用的功率放大电路大多为乙类功率放大电路，图 9.2 所示为乙类互补对称功率放大电路的原理图。其工作原理在第四章中已经简单叙述过，下面利用图解法分析其功率指标。

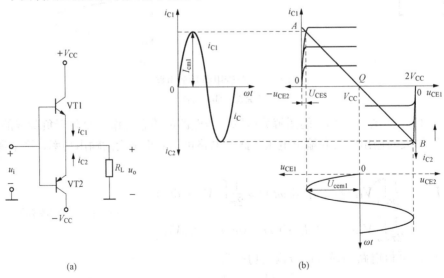

图 9.2　乙类互补对称功率放大电路

（a）电路图；（b）图解分析

　　为了更加直观地显示两个三极管的工作情况，画出 VT1 和 VT2 的合成输出特性曲线如图 9.2 (b) 所示。其中 VT2 为 PNP 型三极管，故横坐标为 $-u_{CE2}$。静态时，两个三极管的集电极电流均为零，两管的集电极电压分别为 $u_{CE1}=V_{CC}$，$u_{CE2}=-V_{CC}$，故两管的静态工作点如图中 Q 点所示。图中负载线的斜率决定于负载电阻 R_L 的阻值。在输入电压 u_i 的正半周，VT1 导通，工作点沿直线 QA 向上运动，VT1 的集电极最大电流为 I_{cm1}。负半周，VT2 导通，工作点沿直线 QB 向下运动，VT2 的集电极最大电流为 I_{cm2}。

　　设三极管 VT1、VT2 的特性曲线对称，则 $I_{cm1}=I_{cm2}=I_{cm}$，$U_{cem1}=|U_{cem2}|=U_{cem}$。当输入信号的幅度足够大（射极输出器没有电压放大作用，其电压放大倍数约为 1，故一般功率放大电路在输出级前要加一级共射放大电路，使输出级获得足够的电压，所加的电路称为**推动级**）时，三极管集电极电压的最大值为

$$U_{cem} = V_{CC} - U_{CES}$$

式中：U_{CES} 为三极管的饱和管压降。

　　则电路的最大输出功率为

$$P_{om} = \frac{1}{2}U_{cem}I_{cm} = \frac{U_{cem}^2}{2R_L} = \frac{1}{2}\frac{(V_{CC}-U_{CES})^2}{R_L}$$

如果满足条件 $U_{CES} \ll V_{CC}$，将 U_{CES} 忽略后近似为

$$P_{om} \approx \frac{V_{CC}^2}{2R_L} \tag{9.5}$$

直流电源 V_{CC} 提供的功率 P_V 等于 V_{CC} 于半个周期内三极管集电极电流平均值的乘积为

$$P_V = V_{CC} \times \frac{1}{\pi}\int_0^\pi I_{cm}\sin\omega t \, \mathrm{d}(\omega t) = \frac{2V_{CC}(V_{CC}-U_{CES})}{\pi R_L} \approx \frac{2V_{CC}^2}{\pi R_L} \tag{9.6}$$

最大输出功率 P_{om} 与电源消耗的功率之比即为放大电路输出最大功率时的效率。当忽略饱和管压降 U_{CES} 时，乙类互补对称功率放大电路的效率为

$$\eta = \frac{P_{om}}{P_V} \approx \frac{\dfrac{V_{CC}^2}{2R_L}}{\dfrac{2V_{CC}^2}{\pi R_L}} = \frac{\pi}{4} = 78.5\% \tag{9.7}$$

若考虑三极管的饱和管压降，该功率放大电路实际上能够达到的效率将低于此值。

　　在功率放大电路中，直流电源的发出功率除了向负载提供输出功率外，还有一部分将转变为三极管的集电极功耗，使管子的温度升高。因此，需要估算功率放大电路中三极管的最大功耗，作为选择功率管的一个重要依据。

　　在乙类互补对称电路中，当输入电压等于零时，三极管 VT1、VT2 均不导电，所以管子的静态功耗等于零，如图 9.2 (b) 中的 Q 点所示。当输入电压使放大电路输出最大功率 P_{om} 时（对应图中 A 点），此时虽然三极管的集电极电流达到最大值，但是，因为集电极电压很小，其值等于三极管饱和管压降 U_{CES}，故三极管的功耗并不大。可见，最大管耗应该是集电极电流等于零至 I_{cm} 间的某一个中间值。下面分析最大不失真输出功率与最大管耗之间的关系。

　　在图 9.2 (a) 中，设 $u_o = U_{om}\sin\omega t$，则 VT1 的管耗为

$$P_{T1} = \frac{1}{2\pi}\int_0^{2\pi} i_C u_{CE}\,\mathrm{d}(\omega t) = \frac{1}{2\pi}\int_0^\pi (V_{CC}-u_o)\frac{u_o}{R_L}\mathrm{d}(\omega t)$$

$$= \frac{1}{2\pi}\int_0^\pi (V_{CC}-U_{om}\sin\omega t)\frac{U_{om}\sin\omega t}{R_L}\mathrm{d}(\omega t)$$

$$= \frac{1}{R_L}\left(\frac{V_{CC}U_{om}}{\pi} - \frac{U_{om}^2}{4}\right)$$

可见，三极管的管耗 P_{T1}，是输出电压 U_{om} 的函数。无信号时，$P_{T1}=0$；信号最大时（$U_{om}\approx V_{CC}$），$P_{T1}=\frac{1}{R_L}\left(\frac{V_{CC}^2}{\pi} - \frac{V_{CC}^2}{4}\right)=\frac{V_{CC}^2}{\pi}-\frac{V_{CC}^2}{4}=\frac{V_{CC}^2}{R_L}\frac{4-\pi}{4\pi}$。将 P_{T1} 对 U_{om} 求导，可得

$$\frac{\mathrm{d}P_{T1}}{\mathrm{d}U_{om}} = \frac{1}{R_L}\left(\frac{V_{CC}}{\pi} - \frac{U_{om}}{2}\right) \tag{9.8}$$

令式（9.8）等于零，可得

$$U_{om} = \frac{2V_{CC}}{\pi}$$

也就是说，当输出电压的幅值 $U_{om}=\frac{2}{\pi}V_{CC}=0.6V_{CC}$ 时管耗最大，其值为

$$P_{T1max} = \frac{1}{R_L}\left[\frac{\frac{2}{\pi}V_{CC}^2}{\pi} - \frac{\left(\frac{2}{\pi}V_{CC}\right)^2}{4}\right] = \frac{1}{\pi^2}\frac{V_{CC}^2}{R_L} \tag{9.9}$$

将式（9.9）与式（9.5）相比较可以得，一个管子的最大管耗与理想情况下最大输出功率的关系为

$$P_{T1max} = \frac{1}{\pi^2}\frac{V_{CC}^2}{R_L} = \frac{2}{\pi^2}P_{om} \approx 0.2P_{om} \tag{9.10}$$

式（9.10）说明，一个管子的最大管耗是最大输出功率 P_{om} 的 0.2 倍，乙类互补对称电路的主要优点是效率高，静态时的功耗等于零。当加上交流信号时，理想情况下放大电路的效率可达 78.5%。这种电路的主要缺点是波形失真比较严重。由于在输入电压 u_i 的幅度小于三极管输入特性曲线上的死区电压时，三极管 VT1、VT2 均不能导电，故电流和电压波形都将出现明显的交越失真。为了克服这个缺点，可以考虑采用甲乙类互补对称电路。

2. 甲乙类互补对称电路

为了克服交越失真，实际的互补对称电路都采用甲乙类互补对称电路，给两个功率三极管设置不大的静态偏置电流，使三极管处于微导通状态。图 9.3 所示一个甲乙类互补对称功放电路，其中包含 VD1、VD2 和 R 的支路用于给两个三极管加上不大的静态偏置。在工程上静态偏置应设置的使电路工作在甲乙类接近乙类的状态，这样既解决了交越失真问题，又可减小损耗，提高效率。

甲乙类互补对称电路的分析计算和乙类基本相同。

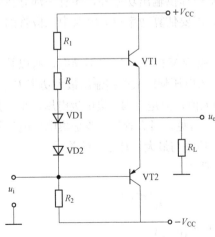

图 9.3 甲乙类互补对称电路

【例 9.1】 在图 9.3 甲乙类功率放大电路中，电源电压 $\pm V_{CC}=\pm 24V$，负载电阻 $R_L=8\Omega$，且三极管的饱和管压降 $U_{CES}=3V$。试完成：

（1）求电路的最大不失真输出功率 P_{om}、效率 η 以及单管管耗 P_{T1}。

（2）若功率晶体管的极限参数为 $P_{cm}=10W$，$I_{cm}=5A$，$U_{(BR)CEO}=100V$，计算晶体管是否可以安全工作。

解 （1）最大输出功率为

$$P_{om} = \frac{1}{2} \frac{(V_{CC} - U_{CES})^2}{R_L} \approx 28(\text{W})$$

效率为

$$\eta = \frac{\pi}{4} \frac{V_{CC} - U_{CES}}{V_{CC}} = 68.7\%$$

最大输出功率时的管耗为

$$P_{T1} = \frac{1}{R_L} \left(\frac{V_{CC} U_{om}}{\pi} - \frac{U_{om}^2}{4} \right) \approx 6.3(\text{W})$$

（2）计算是否可以安全工作，应计算三极管最大工作电压、电流以及最大管耗。
输出电流幅值为

$$I_{ommax} = \frac{V_{CC} - U_{CES}}{R_L} = 2.6(\text{A})$$

晶体管最高工作电压

$$U_{cemax} = 2V_{CC} = 48(\text{V})$$

最大管耗为

$$P_{T1max} = \frac{1}{\pi^2} \frac{V_{CC}^2}{R_L} \approx 7.3(\text{W})$$

由计算得知，三项指标均小于晶体管的极限参数指标，故晶体管可以安全工作。

第三节 实际的互补对称功率放大电路

一、OCL 功率放大电路

实际的功率放大电路除了输出级以外，还应该包括输入级和驱动级。图 9.4 所示为一个实用的无输出电容器（Output Capacitorless，OCL）功率放大电路。OCL 功率放大电路为双电源互补对称功放电路。因为双电源且两管对称，因此静态时的输出电压为零，不必使用耦合电容隔直。

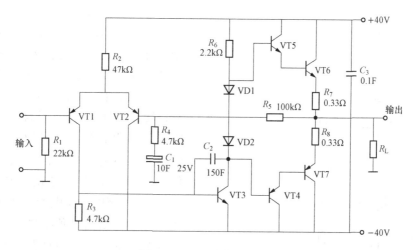

图 9.4 OCL 功率放大电路

1. 电路组成

OCL 功率放大电路的输入级是由三极管 VT1、VT2 组成的差动放大电路。输入电压加在 VT1 的基极与公共端之间，并通过 VT1 的集电极输出至下一级，属于单端输入、单端输出方式；中间级为由 VT3 组成的共射放大电路。C_2 是相位补偿电容；输出级由 VT4、VT5、VT6、VT7 组成，是一个 OCL 互补对称放大电路。其中，VT5、VT6 构成 NPN 型复合管，VT4、VT7 构成 PNP 型复合管。电路元件少，无需调整，即使采用功率较小的推动管 VT4、VT5 也可满足推动输出级输出 100W 以上的要求。输出级静态电流以减小交越失真为主，通常取 40～50mA。C_3 作电源高频去耦。从放大电路的输出端到 VT2 的基极之间利用电阻 R_5 引入一个深度的交、直流电压串联负反馈，其作用是展宽频带，减小输出波形的非线性失真，降低输出电阻，提高放大电路的带负载能力，并稳定静态工作点。

2. 主要技术指标

（1）闭环电压放大倍数。在电容 C_1 的容抗可以忽略的情况下，可以利用以下公式直接估算放大电路的闭环电压放大倍数

$$A_{uf} = \frac{U_o}{U_i} \approx 1 + \frac{R_5}{R_4} = 22$$

（2）额定输出功率。VT6、VT7 选择不同互补大功率管时，其额定输出功率为

2N3055/MJ2955（$V_{CC} = \pm35V$，$R_L = 8\Omega$）：50W；

MJ802/MJ4502（$V_{CC} = \pm35V$，$R_L = 4\Omega$）：75W；

MJ802/MJ4502（$V_{CC} = \pm35V$ 稳压，$R_L = 4\Omega$）：131W。

（3）总谐波失真。当输出频率为 1kHz 时，总谐波失真约为 0.35%；当输出功率为 1W（±1dB）时，输出频率范围 2Hz～110kHz 的总谐波失真小于 1%。

二、单电源供电的 OTL 功率放大电路

除了上述 OCL 功率放大电路外，在一些只能由单电源供电的场合，必须采用单电源的功率放大电路，一般采用如图 9.5 所示的无输出变压器（Output Transformerless，OTL）功率放大电路。OTL 功率放大电路通过电容与负载相耦合，而不用变压器输出，它与 OCL 功率放大电路的区别在于输出端接有大容量的电容器 C_2。图中，VT1 组成前置放大电路，VT2、VT4 构成 NPN 型复合管，VT3、VT5 构成 PNP 型复合管。设两复合管的特性相同，调节电阻 R_1 可使得静态时 K 点的电位为 $V_{CC}/2$，C_2 上的直流电压将被充到 $V_{CC}/2$。对交流信号而言，输出信号正半周电源通过 VT4 给 C_2 充电，充电回路为 $V_{CC} \rightarrow C_2 \rightarrow R_L \rightarrow$ 地。输出信号负半周电容上充的电通过 VT5 放电，放电回路为 $C_2 \rightarrow$ VT5 $\rightarrow$ 地 $\rightarrow R_L$。选择电容时若满足 $R_L C_2 \gg 1/f_L$，（f_L 为信号下限截止频率），电容 C_2

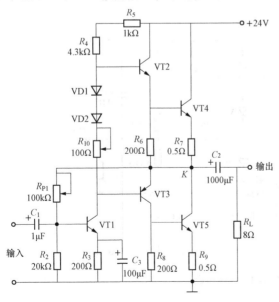

图 9.5　单电源供电的 OTL 功放电路

对于交流信号而言其容抗很低，可以看作短路，则电容 C_2 上的直流电位基本不变。那么用一个电容 C_2 和一个电源 $+V_{CC}$，就可以起到双电源的作用。VT4 管上的电源电压为 $V_{CC}-V_{CC}/2=V_{CC}/2$，VT5 管上的电源电压为电容 C_2 上的直流电压 $V_{CC}/2$。可见 OTL 电路的供电情况与 OCL 电路是类似的，只是在 OTL 电路中，每个输出管的直流电源电压为 $V_{CC}/2$。OTL 电路的工作原理与 OCL 电路完全相同，只是在计算功率时，电源电压应当用 $V_{CC}/2$ 代替。

图 9.5 中，静态时 K 点电位为电源电压的一半。前置放大电路 VT1 的静态偏置并没有取自电源电压 V_{CC}，而是取自 K 点。电路的优点是引入了一个交直流负反馈，既可以稳定静态工作点又可以使放大电路的指标得到改善。

第四节 集成功率放大电路

随着线性集成电路的发展，利用集成电路工艺已经能生产出品种繁多的集成功率放大器（简称集成功放）。集成功放具有稳定性好、电源利用率高、功耗较低、非线性失真小、内部有完整的保护电路等一系列优点。

集成功放的种类很多，按用途不同可划分为通用型功放和专用型功放，前者适用于各种不同的场合，用途比较广泛；后者专为某种特定的需要而设计，如专用于收、录机或电视机等的功放电路。按输出功率的大小可划分为小功率功放和大功率功放等，小功率的集成功放输出功率在 1W 以下，而大功率的集成功放输出功率可高达几百瓦。

本节以集成功率放大器 LM386 为例进行介绍。LM386 是常用的通用型低压集成功率放大器，其特点是增益可调（20～200 倍）、通频带宽（300kHz）、功耗低（$V_{CC}=6V$ 时静态功耗仅为 24mW）、适用电源电压范围宽（4～12V 或 5～18V）、低失真（0.2%），因而广泛应用于收音机、对讲机、电源转换及波形发生电路等。它有两个标准输出功率，分别为 325mW（$V_{CC}=6V$，$R_L=8\Omega$）、1W（$V_{CC}=16V$，$R_L=32\Omega$）。该电路外接元件少，使用时不需加散热片，调整也比较方便。

图 9.6 所示为 LM386 的内部电路原理图。由图可见，内部电路由三级组成，输入级为由 VT1、VT2、VT3、VT4 组成的差动放大电路，VT1、VT4 为 VT2、VT3 的偏置电路，VT5、VT6 为 VT2、VT3 的恒流源负载，输入级属于双端输入单端输出的差放电路；中间级为由 VT7 组成的推动级；输出级是由 VT8、VT9 和 VT10 组成的准互补功放电路，其中 VT8、VT9 组成互补型复合管，VD1、VD2 给输出级提供静态偏置电压，使输出级工作在微导通状态。

图 9.7 所示为 LM386 的外部接线图。第 2 输入端为反相输入端，3 为同相输入端；1 和 8 是增益设定端；4 是公共端，5 是输出端，6 是电源端，7 是去耦端。

当 1、8 端开路时，设信号从 3 端输入，则对于差模信号来说，电阻（R_5+R_6）中点为交流地电位。电路经 R_7 引入的交流反馈类型为电压串联负反馈，则电路的闭环增益为

$$\dot{A}_{uf}=\frac{\dot{U}_o}{\dot{U}_i}\approx\frac{1}{\dot{F}}=\frac{\frac{R_5+R_6}{2}+R_7}{\frac{R_5+R_6}{2}}=1+\frac{2R_7}{R_5+R_6}=21$$

当 1 和 8 间外接 $10\mu F$ 的电容时，电路的闭环电压增益为

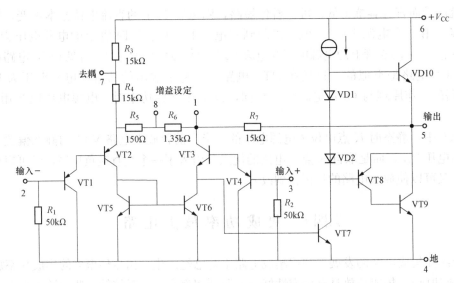

图 9.6　LM386 电路原理图

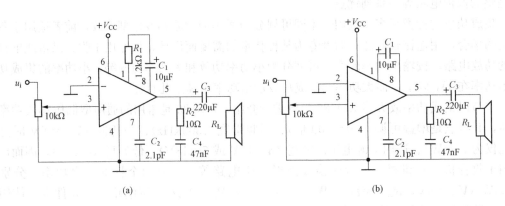

(a)　　　　　　　　　　　　(b)

图 9.7　LM386 的典型接法

(a) 放大 40 倍；(b) 放大 200 倍

$$\dot{A}_{uf} \approx 1 + \frac{2R_7}{R_5} = 201$$

如果 1 和 8 之间接入一个电阻 R 与一个 $10\mu F$ 电容 C 串联电路，则电路的闭环增益将在 21～201 之间。取 $R=680\Omega$，则电路的增益约为 50 倍。

图 9.7 中，电容器 C_2 的作用是防止电路产生自激振荡，C_3 为 OTL 电路所必须外接的大电容，由于放大电路的负载通常为扬声器，属于感性负载，R_2 和 C_4 是补偿元件，作用是使负载接近于纯电阻。

集成功率放大电路的主要性能指标除最大输出功率外，还有电源电压范围、电源静态电流、电压增益、频带宽、输入阻抗、输入偏置电流、总谐波失真等。

第五节　OTL 低频功率放大器的 Proteus 仿真

本节以 OTL 功率放大器为例进行仿真，在 Proteus 中画出如图 9.8 所示的电路图。图中，采用 9V 单直流电源供电；晶体管 Q1 组成前置放大级（推动级），工作在甲类状态，集电极电流 I_{C1} 由电位器 RV1 进行调节；I_{C1} 的一部分流经电位器 RV2 及二极管 D1，给 Q2、Q3 提供偏压。调节 RV2，可以使 Q2、Q3 得到合适的静态工作电流，工作于甲乙类工作状态，克服交越失真。Q2、Q3 采用参数对称的 NPN 和 PNP 型晶体管，组成互补推挽 OTL 功放电路。Q2、Q3 管为射极输出器形式，输出电阻低，驱动负载能力强，作为功率输出级；此外，RV1 在电路中引入了交、直流电压并联负反馈，一方面稳定放大器的静态工作点，一方面改善了非线性关系；输出端接 $1000\mu F$ 的大电容，通过充放电，做负电源使用；输出经大电容接模拟扬声器通过声卡输出；输入信号和输出信号分别接在示波器 A、B 通道上进行观察和比较。本次仿真主要观察交越失真波形、测量最大不失真输出电压及计算最大输出效率。

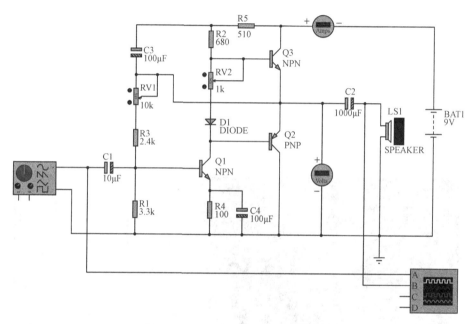

图 9.8　OTL 功率放大器仿真接线图

调节 RV2，使毫安表的读数为 5～10mA。此时，两个管子的 U_{CE} 均为 2.5V，电容 C_0 通过直流电源、T1 和 8Ω 扬声器负载充电至 2.5V。

RV2 与 D1 用来消除输出波形的交越失真。调节 RV2，使 T2 与 T3 两基极间电压减小，输出波形中将出现交越失真，如图 9.9 所示。反方向调节滑动变阻器 RV2，可使交越失真消失。

增大输入信号的幅值，输出波形出现削顶或削底失真，调节 RV1，使失真对称，减小输入信号幅值，观察失真是否对称，这样反复调节 RV1 并减小输入信号幅值，直到输出波形上下的波形失真刚刚同时消失为止，此时的静态工作点是最合适的。图 9.10 所示为无失真放大时示波器显示的输入与输出对比，输入信号峰峰值 20mV，输出信号峰峰值约为 1.7V。

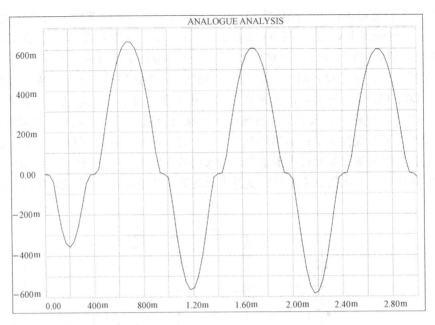

图 9.9　产生的交越失真波形图

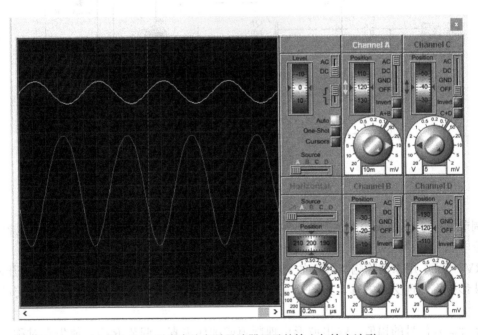

图 9.10　无失真放大时示波器显示的输入与输出波形

（1）对功率放大电路的主要要求是能够向负载提供足够的输出功率，同时应有较高的效率和较小的非线性失真。功率放大电路的主要技术指标是输出功率 P_{om} 和效率 η。

（2）常用的功率放大电路有 OCL 互补对称电路和 OTL 互补对称电路。

OCL 互补对称电路采用正、负两路直流电源，利用一个 NPN 三极管和一个 PNP 三极管接成对称形式。当输入电压为正弦波时，两管轮流导电，二者互补，使负载上的电压基本上是一个正弦波。OCL 电路的最大输出功率为 $P_{om} = \dfrac{(V_{CC} - U_{CES})^2}{2R_L}$，效率为 $\eta = \dfrac{P_{om}}{P_V} \approx 78.5\%$。

OTL 互补对称电路采用单电源，但输出端需接一个大电容。OTL 电路的最大输出功率为 $P_{om} = \dfrac{\left(\dfrac{V_{CC}}{2} - U_{CES}\right)^2}{2R_L}$，效率为 $\eta = \dfrac{P_{om}}{P_V} \approx 78.5\%$。

（3）OCT 和 OTL 互补对称电路可以工作在乙类状态。但由于晶体管本身存在着死区电压，故电路工作在乙类状态时电路存在着严重的交越失真，因此实际的互补对称电路都工作在甲乙类工作状态。电路工作在甲乙类工作状态时，晶体管在静态时已有一个较小的基极电流，每管的导电角略大于 $180°$，而小于 $360°$。

（4）由于集成功率放大电路具有许多突出的优点，如温度特性好、电源利用率高、功耗较低、非线性失真较小等，目前已经得到了广泛的应用。集成功放的种类很多，本章以 LM386 为例，扼要介绍了集成功放。

习　题

9.1　试回答下列问题：

（1）低频功放的主要技术指标是什么？

（2）甲类功放与乙类功放功率管的导通角分别是多少？

（3）理想情况时，电阻性负载甲类功放和双电源互补对称乙类功放的最大输出功率 P_{om}，最大直流电源消耗功率 P_V 和最高效率 η 分别是多少？

9.2　试回答下列问题：

（1）乙类互补对称功放电路由于两管交替工作会产生何种失真？如何消除？

（2）乙类互补对称功放电路，当负载开路时还是当负载短路时功率管容易损坏？

9.3　功率放大电路如图 9.11（a）所示，晶体管输出特性如图 9.12（b）所示。试完成：

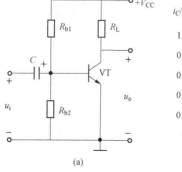
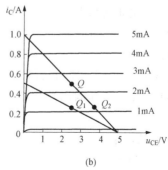

(a)　　　　　　　　　　　(b)

图 9.11　题 9.3 图

（1）$R_L=10\Omega$，静态工作点 Q 在交流负载线中点处（为简化，略去饱和压降），输入电压足够大时，试用图解法求最大输出功率 P_{om}、直流电源消耗的功率 P_V 和效率 η。

（2）$R_L=5\Omega$，重复问题（1）。

（3）$R_L=5\Omega$，静态工作点在图 9.3（b）中 Q_1 所示位置（$I_{CQ}=0.25A$，$V_{CEQ}=3.75V$），重复问题（1）。

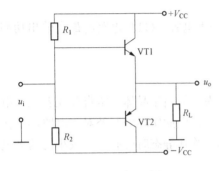

图 9.12　题 9.4 图

9.4　在图 9.12 所示的电路中，已知 V_{CC} 为 6V，R_L 为 8Ω，假设三极管的饱和压降 U_{CES} 可以忽略，试完成：

（1）估算电路的最大输出功率 P_{om}；

（2）估算电路中直流电源消耗的功率 P_V。

9.5　电路如图 9.12 所示的电路中，试完成：

（1）三极管的最大功耗等于多少？

（2）流过三极管的最大集电极电流等于多少？

（3）三极管集电极和发射极之间承受的最大电压等于多少？

（4）为了在负载上得到最大输出功率 P_{om}，输入端应加上的正弦波电压有效值等于多少？

9.6　在图 9.12 所示的电路中，已知 $R_L=8\Omega$，假设三极管的饱和管压降 $U_{CES}=2V$，如果要求得到最大输出功率 $P_{om}=5W$，试估算电路的直流电源电压 V_{CC}。

9.7　分析图 9.13 中的 OCL 电路原理，试回答：

（1）静态时负载 R_L 中的电流应为多少？

（2）若输出电压波形出现交越失真，应调整哪个电阻？如何调整？

（3）若二极管 VD1 或 VD2 的极性接反，将产生什么后果？

（4）若 VD1、VD2、R_2 三个元件中任一个发生开路，将产生什么后果？

9.8　在图 9.14 中，设功放管导通时的发射结压降以及静态损耗均可忽略。试完成：

（1）若正弦波输入信号的有效值为 10V，求电路的输出功率、效率及单管管耗。

（2）求功放管 VT1、VT2 的极限参数 I_{cm}、P_{cm} 和 $U_{(BR)CEO}$ 的最低值应为多大？

9.9　OTL 功放电路如图 9.15 所示。试完成：

（1）求静态时电容 C_2 两端的电压，若调节其值应调节哪个电阻？

（2）设功放管 VT1、VT2 的饱和管压降 $U_{CES}=1V$，估算电路的最大不失真输出功率 P_{om} 及效率 η。

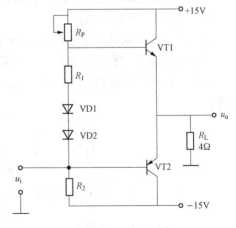

图 9.13　题 9.7 图

（3）设 $R_1=1.2k\Omega$，晶体管的 $\beta=50$，$P_{cm}=200mW$。如果 R 或二极管断开，试问晶体管是否安全？（VT1、VT2 均为硅管，$U_{BE}=0.7V$）。

9.10　由运放推动的音频功放电路如图 9.15 所示。试完成：

（1）设晶体管的饱和压降为 1V，问电路的最大输出功率 P_{om} 为多少？晶体管应如何选取？

（2）如输出电压 $U_{om} = \dfrac{2}{\pi} V_{CC}$，此时输出功率 P_o、电源功耗 P_V 和效率 η 分别为多少？

（3）为了达到问题（1）中的输出功率，输入电压 u_i 的峰值应为多少？

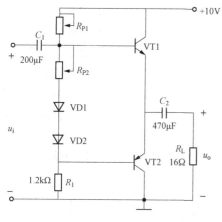

图 9.14 题 9.9 图

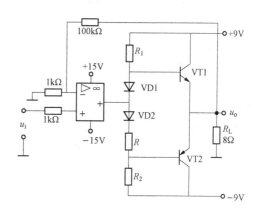

图 9.15 题 9.10 图

第十章 直 流 电 源

电子电路设备一般都需要稳定的直流电源供电。一般直流电源供电的方式有两种：一种是采用化学及物理电池（如干电池、蓄电池、太阳能电池等）供电；另一种是把交流电网中的交流电（即市电）变换成平滑、稳定的直流电。第一种供电方式只能用于小功率的便携式电子设备中，大多数的电子设备都是采用后一类供电方式。因此，直流电源需要实现从交流到直流（AC-DC）电压变换。一般直流电源的组成的框图如图10.1所示。其中，电源变压器的作用是把220V电网电压变换成所需要的交流电压；整流电路的作用是利用二极管的单向导电特性，将正、负交替的正弦交流电压变换成单向的脉动电压；滤波器的作用是将整流后的波纹滤掉，使输出电压成为比较平滑的直流电压；稳压电路的作用是使输出的直流电压在电网电压或负载电流发生变化时保持稳定。

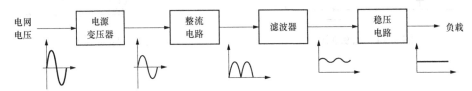

图 10.1 直流电源的组成框图

本章首先介绍在小功率直流电源中几种常用的整流电路和滤波电路，其次介绍常用稳压电路的稳压原理和串联型稳压电路的工作原理，最后介绍线性集成稳压电路和开关稳压电路的原理及应用。

第一节 单 相 整 流 电 路

整流电路是利用二极管的单向导电特性，将正负交替的正弦交流电压变换成单方向的脉动电压。在小功率直流电源中，经常采用单相半波、单相全波和单相桥式整流电路。单相桥式整流电路用得最为普遍。

一、单相半波整流电路

1. 电路工作原理

图10.2所示电路为纯电阻负载的单相半波整流电路（假设二极管为理想二极管）。在u_2为正半周时，二极管导通，则负载上的电压u_o、二极管的管压降u_D、流过负载的电流i_o和二极管的电流i_D为

$$u_o = u_2$$
$$u_D = 0$$
$$i_o = i_D = \frac{u_2}{R_L}$$

在负半轴时，二极管截止，则

$$u_o = 0$$

$$u_D = u_2$$

$$i_o = i_D = 0$$

整流波形如图 10.2（b）所示。由于这种电路只在交流的半个周期内二极管才导通，也才有电流流过负载，故称为单相半波整流电路。

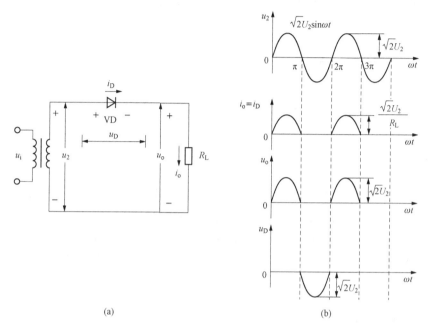

(a)

(b)

图 10.2 单向半波整流电路

(a) 电路图；(b) 各点波形

2. 直流电压 U_o 和直流电流 I_o 的计算

直流电压 U_o 是输出电压瞬时值 u_o 在一个周期内的平均值，计算式为

$$U_o = \frac{1}{2\pi} \int_0^{2\pi} u_o \mathrm{d}(\omega t) \tag{10.1}$$

在半波整流情况下

$$U_o = \begin{cases} \sqrt{2}U_2 \sin\omega t, & 0 \leqslant \omega t \leqslant \pi \\ 0, & \pi \leqslant \omega t \leqslant 2\pi \end{cases}$$

其中，U_2 是变压器二次侧电压的有效值，代入式（10.1）计算得

$$U_o = \frac{\sqrt{2}}{\pi} U_2 \approx 0.45 U_2 \tag{10.2}$$

式（10.2）说明，在半波整流情况下，负载上所得的直流电压只有变压器一次侧电压 U_o 有效值的 45%，如果考虑二极管的正向电阻和变压器等效电阻上的压降，则 U_o 数值还要低。

在半波整流电路中，二极管的电流等于输出电流

$$I_o = I_D = \frac{U_o}{R_L} = 0.45 \frac{U_2}{R_L} \tag{10.3}$$

3. 脉动系数 S

整流输出电压的脉动系数，定义为输出电压的基波最大值 U_{olm} 与输出直流电压值 U_o 之比

$$S = \frac{U_{olm}}{U_o} \tag{10.4}$$

式中，通过半波输出电压 u_o 的傅里叶级数求得基波最大值

$$U_{olm} = \frac{U_2}{\sqrt{2}} \tag{10.5}$$

所以半波整流电路的脉动系数为

$$S = \frac{U_{olm}}{U_o} = \frac{\frac{U_2}{\sqrt{2}}}{\frac{\sqrt{2}}{\pi}U_2} = \frac{\pi}{2} \approx 1.57 \tag{10.6}$$

脉动成分很大。

4. 选管原则

一般选管根据二极管的电流 I_D 和二极管所承受的最大反向峰值电压 U_{RM} 进行选择二极管的最大整流电流 $I_F \geqslant I_D$，二极管的最大反向工作电压 $U_R \geqslant U_{RM} = \sqrt{2}U_2$。

半波整流电路的优点是结构简单，使用的元件少。但是存在明显的缺点，如只利用了电源的半个周期；脉动大、在变压器的二次侧有直流分量，所以只适用于几瓦左右的小功率电路中。

二、单相全波整流电路

1. 电路与工作原理

将两个半波整流电路组合构成全波整流电路，如图 10.3（a）所示。当 u_2 为正半周时，VD1 导通，VD2 截止，i_{D1} 流过负载，产生上正下负的输出电压；当 u_2 为负半周时，VD1 截止，VD2 导通，i_{D2} 流过 R_L，产生输出电压的方向仍然是上正下负，故在负载上得到一个单方向的脉动电压，其整流波形如图 10.2（b）所示。

2. 直流电压 U_o 和直流电流 I_o 的计算

由输出波形可看出，全波整流输出波形是半波整流时的两倍，所以输出直流电压也为半波时的两倍，即

$$U_o = \frac{2\sqrt{2}}{\pi}U_2 \approx 0.9U_2 \tag{10.7}$$

$$I_o = \frac{U_o}{R_L} = 0.9\frac{U_2}{R_L} \tag{10.8}$$

3. 脉动系数 S

全波整流电路输出电压的基波频率为 2ω，经傅里叶级数展开求得基波峰值为

$$U_{olm} = \frac{4\sqrt{2}}{3\pi}U_2$$

脉动系数为

$$S = \frac{\frac{4\sqrt{2}}{3\pi}U_2}{\frac{2\sqrt{2}}{\pi}U_2} = \frac{2}{3} \approx 0.67 \tag{10.9}$$

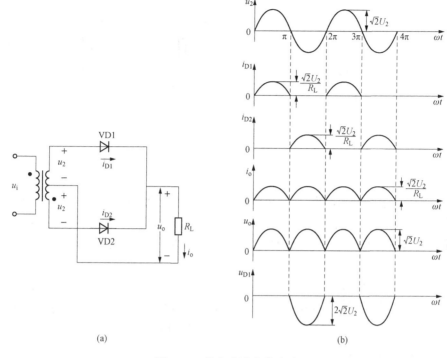

(a)   (b)

图 10.3 单向全波整流电路

（a）电路图；（b）各点波形

比半波整流明显下降。

4. 选管原则

由于 VD1、VD2 轮流导通，故流过每个管子的平均电流为输出平均电流的一半，即

$$I_D = \frac{1}{2} I_o \qquad (10.10)$$

因此，选管时要求

$$I_F \geqslant I_D = \frac{1}{2} I_o$$

每管承受的反向峰值电压 U_{RM} 为 u_2 峰值电压的两倍

$$U_{RM} = 2\sqrt{2} U_2 \qquad (10.11)$$

因而在选管时要求管子的

$$U_R \geqslant 2\sqrt{2} U_2 \qquad (10.12)$$

全波整流电路的优点是电源利用率高，比半波整流的输出电压提高了一倍，每个管子仅提供输出电流 I_o 的一半；但要求整流管耐压高，并且中心抽头的变压器工艺复杂；因此常采用全波整流的另一种形式——桥式整流。

三、单相桥式整流电路

1. 电路与工作原理

桥式整流电路如图 10.4（a）、（b）所示，电路中采用四只二极管接成桥式。通常将其简画成图 10.4（c）的形式。

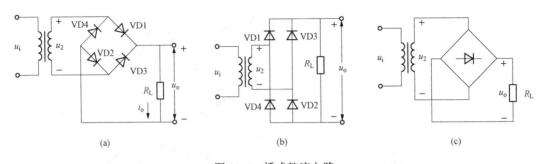

图 10.4　桥式整流电路

(a) 电路图画法一；(b) 电路图画法二；(c) 电路图简画法

　　分析桥式整流电路可知，当 u_2 为正半周时，VD1、VD2 导通，VD3、VD4 截止；当 u_2 为负半周时，VD1、VD2 截止，VD3、VD4 导通。而流过负载的电流的方向是一致的，其波形如图 10.5 所示，除管子所承受的最大反向电压不同于全波整流外，其他参数均与全波整流相同。

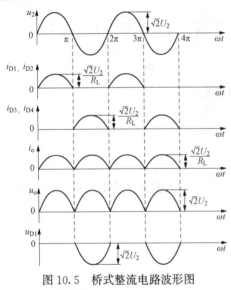

图 10.5　桥式整流电路波形图

2. 直流电压 U_o 和直流电流 I_o 的计算

　　由输出波形可看出，全波整流输出波形是半波整流时的两倍，所以输出直流电压也为半波时的两倍，即

$$U_o = 0.9 U_2 \tag{10.13}$$

$$I_o = 0.9 \frac{U_2}{R_L} \tag{10.14}$$

$$I_D = \frac{1}{2} I_o = 0.45 \frac{U_2}{R_L} \tag{10.15}$$

3. 脉动系数 S

　　由前面的分析可知，桥式整流电路的输出与全波整流相同，因此脉动系数也与全波整流的脉动系数相同，即

$$S = 0.67 \tag{10.16}$$

4. 选管原则

　　桥式整流电路中的二极管所承受的最大反向电流与全波整流相同，但承受的最大反向电压由两个二极管分担，因此是全波整流的一半，即

$$I_F \geqslant \frac{1}{2} I_o \tag{10.17}$$

$$U_R \geqslant \sqrt{2} U_2 \tag{10.18}$$

综上所述，桥式整流具有全波整流的全部优点，并且避免了全波整流的缺点，但需要 4 只二极管。目前，广泛使用的是封装成一个整体的桥式整流器，使用起来更加方便。

第二节　滤　波　电　路

　　整流电路的输出电压脉动较大，为了减小脉动，可在整流电路之后搭接滤波电路，滤波电路可滤出整流输出电压的交流分量，使输出直流电压更为平滑。

电容和电感是基本的滤波元件，主要利用电容器两端电压或流过电感的电流不能突变，达到输出波形平滑的目的。

一、电容滤波电路

电容能够储存一定量的电荷，改变两端电压必须改变两端电荷，而电荷改变的速度，取决于充放电的时间常数。常数越大，电荷改变得越慢，则电压变化得越慢，交流分量越小，也就是"滤除"了交流分量。这就是电容滤波的基本原理，电路如图 10.6 所示。

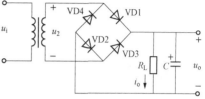

1. 空载（$R_L \rightarrow \infty$）

设电容 C 两端的初始电压 u_C 为零。当 u_2 为正半周时，u_2 通过 VD1、VD2 对电容充电；由于二极管导通的正向电阻很小，充电时间常数很小，能够完全跟上 u_2 的变化速度，输出电压即电容电压与 u_2 波形

图 10.6 单相桥式整流电容滤波电路基本原理

一致，达到 u_2 的最大值 $\sqrt{2}U_2$。当 u_2 为负半周时，VD3、VD4 导通，u_2 通过 VD3、VD4 对电容充电。此时，二极管的正向电压始终小于等于 0，故二极管均截止，电容无法放电，故输出电压将保持在 $\sqrt{2}U_2$，如图 10.7（a）所示。

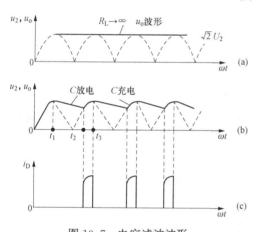

图 10.7 电容滤波波形

（a）空载波形；（b）带电阻负载波形；（c）i_D 波形

因此，电路在空载时，电容滤波效果好，不仅输出无脉动，而且输出直流电压提高到 $\sqrt{2}U_2$。此时，二极管承受的反向峰值电压也提高到 $2\sqrt{2}U_2$，选管时应选二极管的最大反向工作电压 $U_R \geq 2\sqrt{2}U_2$。另外，当电源接通时。正好对应 u_2 的峰值电压，这将有很大的瞬时冲击电流流过二极管。因此，选择二极管时其参数应留有一定裕度，电路中还应加入限流电阻，以防止二极管损坏。

2. 带电阻负载

图 10.7（b）所示为电容滤波在接入电阻负载后的工作情况。当 $t = 0$ 电源接通时，假设 u_2 在正半周，u_2 仍然通过 VD1、VD2 对电容充电，直到输出最大值 $\sqrt{2}U_2$。之后 u_2 下降，VD1～VD4 均反向偏置，故电容只能通过 R_L 放电。如果 R_L 较大，那么放电时间常数 $R_L C$ 也较大，放电速度缓慢，直到下一个周期 u_2 上升和电容上电压 u_C 相等的 t_2 时刻，u_2 通过 VD3、VD4 对 C 充电，直至 $t = t_3$，二极管又截止，电容再次放电。如此循环，形成周期性的电容器充放电过程。

综上所述，可以得到以下结论：

（1）电容滤波以后，输出的直流电压有所提高，降低了脉动成分。并且放电时间常数越大，输出直流电压越高，脉动成分越小。当 $R_L C \rightarrow \infty$ 时（相当于开路），输出电压最高，达到 $\sqrt{2}U_2$，$S = 0$，滤波效果最佳。因此，应选择大容量的电容作为滤波电容，并且要求负载电阻 R_L 也要大，即电容滤波适用于大负载场合下。

（2）电容滤波的输出电压 U_o 随输出电流 I_o 而变化。当负载开路，即 $I_o=0(R_L\to\infty)$ 时，电容充电达到最大值 $\sqrt{2}U_2$ 后不再放电，故 $U_o=\sqrt{2}U_2$。当 I_o 增大（即 R_L 减小）时，电容放电加快，使 U_o 下降。忽略整流电路的内阻，桥式整流、电容滤波电路的输出电压 U_o 值在点 $(\sqrt{2}\sim0.9)U_2$ 范围内变化。若考虑电路内阻，则 U_o 值下降。输出电压与输出电流的关系曲线称为整流电路的外特性。电容滤波电路的外特性如图 10.8 所示，由图看出，电容滤波电路的输出电压随输出电流的增大而下降很快，所以电容滤波适用于负载电流变化不大的场合。

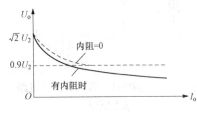

图 10.8 电容滤波电路的外特性

（3）由电容滤波工作过程和波形可以看出，电容滤波电路中整流二极管的导电时间缩短了，导电角小于 $180°$，且电容放电时间常数越大，导电角越小。由于电容滤波后，输出直流电流提高了，而导电角却减小了，故整流管在短暂的导电时间内将流过一个很大的冲击电流，这样易损坏整流管，所以应选择 I_F 较大的整流二极管。一般应选二极管

$$I_F \geqslant (2\sim3)\frac{1}{2}\frac{U_o}{R_L}$$

为了获得较好的滤波效果，实际工作中按下式滤波电容的容量

$$R_L C \geqslant (3\sim5)\frac{T}{2} \qquad (10.19)$$

式中：T 为交流电网电压的周期。

一般电容值比较大（几十至几千微法）时应选用电解电容器，其耐压值应大于 $\sqrt{2}U_2$。电容滤波整流电路，其输出电压 U_o 在 $\sqrt{2}U_2\sim0.9U_2$ 之间。当满足式（10.19）时，可将其估算为

$$U_o \approx 1.2U_2 \qquad (10.20)$$

脉动系数为

$$S = \frac{U_{olm}}{U_o} \approx \frac{1}{4\frac{R_L C}{T}-1} \qquad (10.21)$$

电容滤波电路结构简单，使用方便。但是当要求输出电压的脉动成分非常小时，则要求电容器的容量很大，这样不但不经济，而且有时甚至无法达到要求。当要求输出电流较大或输出电流变化较大时，电容滤波也不适用。此时，应考虑其他形式的滤波电路。

第三节 稳 压 电 路

交流电压经过整流滤波可得平滑的直流电压，但当输入电网电压波动和负载变化时，输出电压也随之而变。因此，需要稳压电路，使输出电压在电网波动、负载变化时基本稳定在某一数值上。

一、稳压电路的主要指标

稳压电路的主要指标指稳压系数 S_r 和稳压电路的输出电阻 r_o。

1. 稳压系数 S_r

稳压系数是在负载固定不变的前提下，输出电压的相对变化量 $\Delta U_o/U_o$ 与稳压电路输入电压的相对变化量 $\Delta U_i/U_i$ 之比，即

$$S_r = \frac{\Delta U_o/U_o}{\Delta U_i/U_i} \mid R_L = 常数 \qquad (10.22)$$

该指标反映了电网波动对输出电压的影响，S_r 越小，输出电压越稳定。

2. 稳压电路的输出电阻 r_o

输出电阻是指在输入电压不变时，若输出电流变化 ΔI_o，引起输出电压变化 ΔU_o，那么 ΔU_o 与 ΔI_o 之比即为输出电阻。

$$r_o = \frac{\Delta U_o}{\Delta I_o} \mid U_i = 常数 \qquad (10.23)$$

r_o 越小，当负载电流变化时，在内阻上产生的压降越小，输出电压越稳定。

此外，稳压电源还有电压调整率、电流调整率等其他性能参数。电压调整率，是指当电网电压（u_2）变化 10% 时，输出电压的相对变化量；电流调整率，是指当输出电流 I_o 从零变到最大时，输出电压的相对变化量；最大波纹电压，是指在输出端存在的 50Hz 或 100Hz 交流分量，通常以有效值或峰值表示；温度系数，是指电网电压和负载都不变时，由于温度变化而引起的输出电压漂移等。本章主要讨论 S_r，r_o。

常用的稳压电路有硅稳压管稳压电路和串联型直流稳压电路。

二、硅稳压管稳压电路

硅稳压管稳压电路如图 10.9（a）所示，是利用了二极管在击穿区的稳压特性。在反向击穿区，如图 10.9（b）所示，当流过稳压管的电流在一个较大的范围内变化时，稳压管两端相应的电压变化量 ΔU 很小，所以稳压管和负载并联就能在一定条件下稳定输出电压。

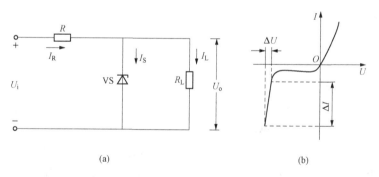

（a）   （b）

图 10.9　稳压管稳压电路

（a）电路图；（b）稳压管的伏安特性曲线

稳压管工作时应在规定电流范围内。由伏安特性可知，若工作电流太小（截止区），电压随电流变化大，不能稳压。但工作电流太大，稳压管的功耗过大甚至烧毁。一般工作电流应小于 $I_{Smax} = \dfrac{P_S}{U_S}$。小功率稳压管的工作电流范围大致范围是 5～40mA，大功率管工作电流可达几安培到几十安培。

稳压管稳压性能的好坏取决于稳压管的动态电阻 r_S。r_S 越小，稳压性能越好。

1. 稳压原理

图 10.4 (a) 中，U_i 是整流滤波后的电压，稳压管 VS 与负载电阻 R_L 并联。为保证稳压，VS 应工作在反向击穿区。限流电阻 R，一方面保证流过 VS 的电流不超过 I_{Smax}，同时，当电网电压波动时，通过调节 R 上的压降，保持输出电压基本不变。稳压管稳压原理如下：

(1) 输入电压 U_i 保持不变，若 R_L 减小，则 I_L 增大时，因 $I_R = I_S + I_L$，故使 I_R 增大。而 I_R 增大使 U_R 增大，从而使 U_o 减小（$U_o = U_i - U_R$）。由稳压管特性曲线知，当稳压管电压 U_S 略有下降时，电流 I_S 将急剧减小，而 I_S 减小又使 I_R 以及 U_R 均减小，结果使 U_o 增大。补偿了 U_o 的减小，从而保证输出电压 U_o 基本不变，即

$$R_L \downarrow \rightarrow I_L \uparrow \rightarrow I_R \uparrow \rightarrow U_o \downarrow \rightarrow I_S \downarrow \rightarrow I_R = I_L + I_S \downarrow \rightarrow U_o \uparrow$$

(2) 负载电阻 R_L 不变时，若电网电压升高，将使 U_i 增大，则 U_o 应增大，根据稳压管特性曲线，U_o 增大使 I_S 增大，而 I_S 增大使 I_R 增大，进而使 U_R 增大 U_o 减小，补偿了 U_o 的增大，使之基本稳定，即

$$U_i \uparrow \rightarrow U_o \uparrow \rightarrow I_S \uparrow \rightarrow I_R \uparrow \rightarrow U_R \uparrow \rightarrow U_o \downarrow$$

综上所述，稳压管是利用稳压管调节自身的电流大小来满足负载电流的变化，与限流电阻 R 配合，可以将电流的变化转换成电压的变化以适应电网电压和负载的波动。

2. 性能参数

(1) 稳压系数。按式 (10.22)，考虑 $\Delta U_o / \Delta U_i$ 时，利用图 10.10 所示的等效电路（仅考虑变化量），则

$$\frac{\Delta U_o}{\Delta U_i} = \frac{r_S /\!/ R_L}{R + r_S /\!/ R_L} \approx \frac{r_S}{R + r_S}$$

故

$$S_r = \frac{\Delta U_o U_i}{\Delta U_i U_o} \approx \frac{r_S}{R + r_S} \frac{U_1}{U_S} \tag{10.24}$$

当 $R \gg r_S$ 时

$$S_r \approx \frac{r_S}{R} \frac{U_1}{U_S} \tag{10.25}$$

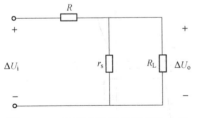

图 10.10 稳压电路的交流等效电路

(2) 输出电阻 r_o。从图 10.10 可求得输出电阻为

$$r_o = r_S /\!/ R \approx r_S \tag{10.26}$$

3. 限流电阻的选择

由前所述限流电阻 R 的主要作用是：当电网电压波动或负载电阻变化时，使稳压管的工作状态始终在稳压工作区内，即 $I_{Smin} \leqslant I_S \leqslant I_{Smax}$。当电网电压变化时，整流滤波电路输出电压（即稳压电路的输入电压）U_i 的变化范围为 U_{imax} 和 U_{imin}，负载电流最大时的值为 $\dfrac{U_S}{R_{Lmin}}$，最小时的值为 $\dfrac{U_S}{R_{Lmax}}$。

(1) 当电网电压最高，即为 U_{imax}，且负载电流最小为 $\dfrac{U_S}{R_{Lmax}}$ 时，流过稳压管的电流最大，其值不应超过 I_{Smax}，即

$$\frac{U_{imax} - U_S}{R} - \frac{U_S}{R_{Lmax}} < I_{Smax} \tag{10.27}$$

$$R > \frac{U_{imax} - U_S}{R_{Lmax} I_{Smax} + U_S} R_{Lmax} \qquad (10.28)$$

（2）当电网电压最低，即为 U_{imin}，且负载电流最大为 $\dfrac{U_S}{R_{Lmin}}$ 时，流过稳压管的电流最小，其值不应低于允许的最小值，即

$$\frac{U_{imin} - U_S}{R} - \frac{U_S}{R_{Lmin}} > I_{Smin} \qquad (10.29)$$

$$R < \frac{U_{imin} - U_S}{R_{Lmin} I_{Smin} + U_S} R_{Lmin} \qquad (10.30)$$

限流电阻只可在式（10.28）和式（10.30）范围内选取。如不能同时满足两式，则说明在给定条件下已超出稳压管的稳压范围了，需要限制使用条件或选用参数余量较大的稳压管。

硅稳压管稳压电路在输出电压不需要调节、负载电流比较小的情况下，稳压效果较好，所以经常用在小型电子设备中。但这种稳压电路输出电压不可调节，输出电压就是稳压管的稳压值 U_S。当电网电压或负载电流变化太大时，此电路也不适应，这时可采用串联型稳压电路。

第四节　集 成 稳 压 电 路

随着集成工艺的发展，稳压电路也制成了集成器件。它具有体积小、质量轻、使用方便、运行可靠和价格低等一系列优点，因而得到广泛的应用。目前集成稳压电源的规格种类繁多，具体电路结构也有差异。最简便的是三端集成稳压电路，即 W78×× 系列（输出正电压）和 W79×× 系列（输出负电压），它有 3 个引线端，即输入端（接整流滤波电路输出端）、输出端（与负载相连）和公共端（输入、输出的公共接地端）。

W78×× 系列，可提供 1.5A 电流输出和 5、6、9、12、15、18 和 24V 等各挡正的稳定电压输出，其型号的后两位数字表示输出电压值。例如，W7805，表示输出电压为 5V，其他依此类推。同类产品有 W78M×× 系列和 W78L××，它们的输出电流分别为 0.5A 和 0.1A。输出负压的系列为 W79××。

三端集成稳压电源使用十分方便，只要按需要选定型号，再加上适当的散热片，就可连接成稳压电路。下面以 W7805 为例，列举一些具体应用电路的接法，以供使用时参考。

一、基本应用电路

基本应用电路如图 10.11 所示，输出固定电压。其中，电容 C_1 能够在输入引线较长时抵消引线的电感效应以防产生自激；C_2 用来减小高频干扰；电路的输出电压为 5V。使用时应防止公共端开路，否则输出电位接近于不稳定的输入电位，有可能使负载过压而损坏。

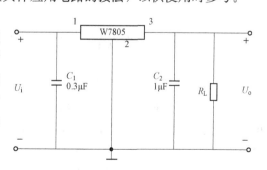

图 10.11　W7805 系列基本应用电路

二、扩大输出电流的电路

W78×× 或 W79×× 系列组件，最大输出电流为 1.5A。当需要大于 1.5A 的输出电流时，可采用外接功率管来扩大电流输出范围，

其电路如图 10.12 所示。

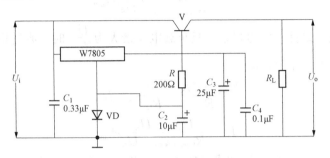

图 10.12　扩大输出电流的电路

三、扩大输出电压的电路

若所需电压大于组件的输出电压，可采用升压电路，如图 10.13 所示。图中，R_1 上的电压为 W7805 的标称输出电压 5V，输出端对地的电压为

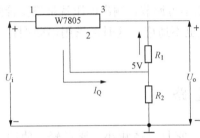

图 10.13　扩大输出电压的电路

$$U_o = 5V + 5V\frac{R_2}{R_1} + I_Q R_2 = \left(1 + \frac{R_2}{R_1}\right)5V + I_Q R_2$$

式中：I_Q 为 W7805 的静态工作电流，通常 $I_Q R_2$ 较小，输出电压近似为

$$U_o \approx \left(1 + \frac{R_2}{R_1}\right)5V \qquad (10.31)$$

四、输出电压可调的电路

当要求稳压电源输出电压范围可调时，可以应用集成稳压器与集成运放接成输出电压可调的稳压电路，如图 10.14 所示。在图 10.14 中，集成运放接成电压跟随器形式，电阻 R_1 上的电压近似等于 W7805 的标称输出电压 5V，因此，输出电压近似值为

$$U_o = \left(1 + \frac{R_2}{R_1}\right)5V \qquad (10.32)$$

所以，改变 $\dfrac{R_2}{R_1}$ 的值即可改变输出电压值。

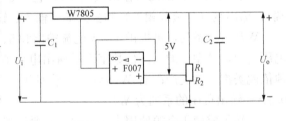

图 10.14　输出电压可调电路

第五节　AC‐DC 变换电路的 Proteus 仿真

AC‐DC 变换电路采用单相桥式整流电路、电容滤波以及 78xx 系列集成稳压输出直流，在 Proteus 中画出如图 10.15 所示的电路图，实现 AC‐DC 电源变换。图中，输入为 220V 单相交流电，变压器的匝数比为 37∶1，计算得到 u_2 的有效值 U_2 约为 5.9V，电容滤波后，输出直流电压 $U_{o(AV)} = 1.2U_2$，约为 7V，再经过集成三端稳压器 W7805，输出固定直流电压 5V。仿真结果的输出电压有效值与理论值相符。变压器二次侧输出 u_2、电源滤波后输出电压以及 W7805 稳压器的输出波形如图 10.16 所示。

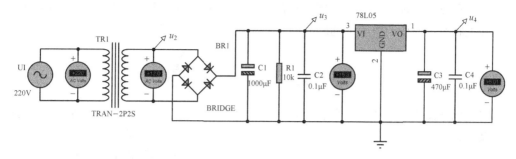

图 10.15　AC - DC 电源

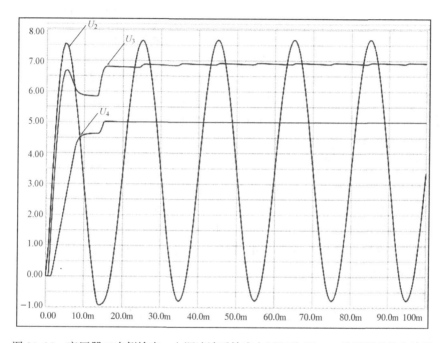

图 10.16　变压器二次侧输出、电源滤波后输出电压以及 W7805 稳压器的输出波形

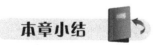

　　直流电源的任务是将交流电变换成稳定的直流电提供给负载,其组成一般有整流、滤波和稳压等几部分。

　　整流电路的任务是将交流电变换成单向脉动的直流电,变换的依据是晶体二极管的单向导电性。在各种整流电路中,桥式整流电路应用最为广泛。

　　滤波电路的作用是把整流后输出波形中的交流分量尽可能滤除,并保留其直流成分。电路组成或采用对交流分量阻抗大,对直流分量阻抗小的元件(电感)与负载串联,或采用对交流分量阻抗小,对直流分量阻抗大的元件(电容)与负载并联。

　　在对直流电源质量要求较高的场合,需用稳压电路。稳压电路的任务是在电网电压波动或负载电流变化时,使输出电压保持基本稳定。在大功率电源供应的场合,开关稳压电源以效率高的优点成为首选，同时其应用不断在向小功率应用方面延伸。开关稳压电源中调整管工作于开关状态，改变调整管的通断时间实现对输出电压的控制。

习　题

10.1　已知图 10.17 所示的单相桥式整流电路中 $u_2(t)=U_{2m}\sin\omega t$，二极管 VD3 已损坏而呈断路，试对应 $u_2(t)$ 的波形，画出输出电压 $u_o(t)$ 的波形，并求出 $U_{o(AV)}$。

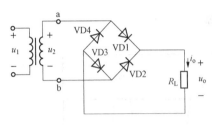

图 10.17　题 10.1 图

10.2　图 10.17 所示单相桥式整流电路中，若变压器二次侧电压有效值为 $U_2=20V$，试回答：

（1）正常工作时，直流输出电压 $U_{o(AV)}$ 是多少？

（2）每个二极管的正向平均电流 $I_{D(AV)}$ 及最大反向峰值电压 U_{RM}？

（3）若二极管 VD1 因虚焊而断路，将会出现什么现象？直流输出电压 $U_{o(AV)}$ 是多少？

（4）若二极管 VD1 极性接反则电路回出现什么问题？

（5）若四个二极管全部反接，则直流输出电压 $U_{o(AV)}$ 是多少？

10.3　图 10.18 所示电路是能输出两种整流电压的桥式整流电路。试分析各二极管的工作情况，并在图中标出直流电压 $U_{o(AV)1}$ 和 $U_{o(AV)2}$ 对地的极性。如果，已知 $U_{21}=U_{22}=10V$（有效值），试求出 $U_{o(AV)1}$ 和 $U_{o(AV)2}$ 的值。若 $U_{21}=12V$，$U_{22}=8V$ 时，试画出 u_{o1}、u_{o2} 的波形，估算各个二极管的最大反向峰值电压，并求 $U_{o(AV)1}$ 和 $U_{o(AV)2}$ 的值。

10.4　图 10.19 所示单相桥式整流电容滤波电路中，变压器二次侧电压有效值 $U_2=20V$，$R_L=20\Omega$，试求：

（1）负载电流 $I_{o(AV)}$；

（2）每个二极管的正向平均电流 $I_{D(AV)}$ 及最大反向峰值电压 U_{RM}；

（3）电容 C 的耐压应为多少？

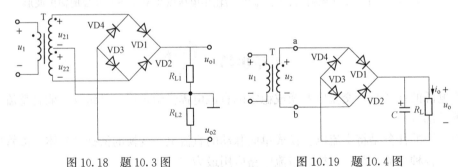

图 10.18　题 10.3 图　　　　　　　　图 10.19　题 10.4 图

10.5　图 10.19 所示单相桥式整流电容滤波电路中，设滤波电容 $C=1000\mu F$，交流电源频率为 $50Hz$，$R_L=5.1k\Omega$。试完成：

（1）若要求直流输出电压 $U_{o(AV)}$ 为 18V，问变压器二次侧电压 U_2 的值应为多少？

（2）如果 R_L 减小，直流输出电压 $U_{o(AV)}$ 是增大还是减小？二极管的导电角是增大还是减小？

（3）若电容 C 因虚焊而未接入，直流输出电压 $U_{o(AV)}$ 是增大还是减小？二极管的导电角是增大还是减小？

10.6 图 10.19 所示单相桥式整流电容滤波电路中，已知变压器二次侧电压 $U_2 = 20V$，$C = 1000\mu F$，$R_L = 40\Omega$，试求：

（1）电路正常工作时 $U_{o(AV)}$ 为多少？

（2）若电路中有一个二极管因虚焊而开路，$U_{o(AV)}$ 为多少？

（3）若电容 C 因虚焊而未接入，$U_{o(AV)}$ 为多少？

（4）若电路中有一个二极管因虚焊而开路且电容 C 因虚焊而未接入，$U_{o(AV)}$ 为多少？

（5）如果将负载开路（相当于 $R_L = \infty$），则 $U_{o(AV)}$ 为多少？

10.7 图 10.20 所示单相桥式整流电容滤波电路中，如果要求输出直流电压为 25V，输出直流电流为 200mA，问滤波电容 C 至少应选多大的容量？整流变压器的变比是多少？

10.8 已知倍压整流电路如图 10.20 所示，设二极管均为理想二极管，变压器二次侧电压 $u_2 = \sqrt{2} \times 300\sin\omega t$ (V)，R_L 足够大，试求电路中负载 R_L 两端的电压 U_o，并在图中标出各电容的电压极性。

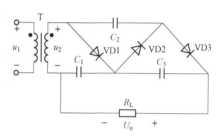

图 10.20 题 10.7 图

10.9 电路如图 10.21 所示，已知稳压管 VS 的稳定电压 $U_S = 12V$、$I_{Sm} = 20mA$、$I_S = 5mA$，负载电流变化范围为 $0 \sim 4mA$，电网电压波动范围为额定值的 $\pm 10\%$，试确定限流电阻的阻值。

10.10 半导体收音机内常用的低压稳压电路如图 10.22 所示，VD1、VD2 为硅二极管或三极管的发射结，试说明其稳压原理。

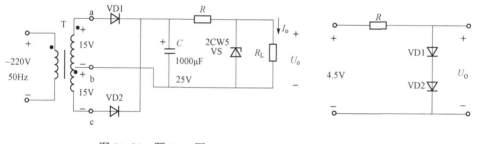

图 10.21 题 10.9 图   图 10.22 题 10.10 图

10.11 电路如图 10.23 所示，已知稳压管 VS 型号为 2CW5，其稳定电压 $U_S = 12V$，$I_{Sm} = 20mA$，$I_S = 5mA$，负载电流变化范围为 $0 \sim 5mA$，电网电压波动范围为额定值的 $\pm 10\%$，限流电阻 $R = 1k\Omega$。滤波电容 C 采用耐压为 50V、容量为 $470\mu F$ 的电解电容，试分析电路是否能正常工作？若不能，会出现什么问题？应改变哪个元件参数才能正常工作？

10.12 图 10.24 所示的稳压电路中，已知输入电压 $U_i = 10V$，稳压管 VS 稳定电压 $U_S = 6V$，限流电阻 $R = 100\Omega$，试思考负载电阻 R_L 减小至多少时电路将失去稳压作用。

10.13 图 10.25 所示直流稳压电路中，输出电压和输出电流如图所示试判断电路是否有错误，如有错误，请加以改正。

10.14 图 10.26 是由三端集成稳压器 W7805 组成的直流稳压电路。已知 W7805 的输出电压 $U_S = 5V$，$I_S = 9mA$，电路的输入电压 $U_i = 18V$，试求电路的输出电压。

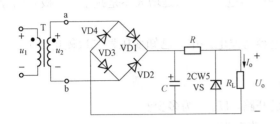

图 10.23 题 10.11 图

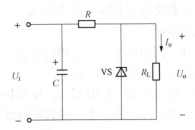

图 10.24 题 10.12 图

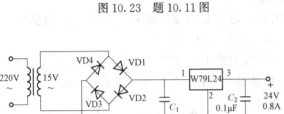

图 10.25 题 10.13 图

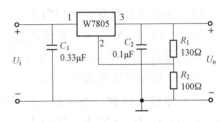

图 10.26 题 10.14 图

参 考 文 献

[1] 康华光. 电子技术基础：模拟部分. 6 版. 北京：高等教育出版社，2013.
[2] 童诗白. 模拟电子技术基础. 5 版. 北京：高等教育出版社，2015.
[3] 华成英. 模拟电子技术基础（第五版）学习辅导与习题解答. 北京：高等教育出版社，2015.
[4] 王连英. 模拟电子技术. 4 版. 北京：高等教育出版社，2021.
[5] 王立志，赵红言，齐凯，等. 模拟电子技术基础. 北京：高等教育出版社，2018.
[6] 刘润华，任旭虎. 模拟电子技术基础. 4 版. 北京：高等教育出版社，2017.
[7] 赵进全，杨拴科. 模拟电子技术基础（第 3 版）学习指导与解体指南. 北京：高等教育出版社，2021.
[8] Behzad Razavi，池保勇. 模拟 CMOS 集成电路设计. 2 版. 北京：清华大学出版社，2018.
[9] Donald A Neamen. 电子电路分析与设计. 4 版. 北京：清华大学出版社，2018.
[10] Richard C Jaeger，Travis N Blalock. 深入理解微电子电路设计——电子元器件、数字电路、模拟电路原理及应用：模拟部分. 宋廷强，译. 北京：清华大学出版社，2020.
[11] 李雪梅，童强，何光普. 模拟电子技术基础实验与综合设计仿真实训教程. 西安：西安电子科技大学出版社，2015.
[12] Robert A Pease. 模拟电路. 刘波文，译. 北京：北京航空航天大学出版社，2014.
[13] 许维蓥，郑荣焕. Proteus 电子电路设计及仿真. 2 版. 北京：电子工业出版社，2015.
[14] 程国刚，杨后川. Proteus 原理图设计与电路仿真就这么简单. 北京：电子工业出版社，2014.